高等职业教育“十四五”规划教

高等职业教育产教融合新形态

U0965415

粮食制品精深加工技术

LIANGSHI ZHIPIN JINGSHEN JIAGONG JISHU

宋宏光　主编

中国农业大学出版社

·北京·

内 容 简 介

本教材根据专业建设需要，结合专业培养目标和课程教学目标编写而成。本教材内容基于粮食加工与检验的工作过程，融粮食加工原理、分析检测、加工技术于一体，包括10个粮食加工项目（走进粮食世界、粮食产品的分类及其理化性质、粮油的检验技术、小麦制粉、稻谷制米、玉米深加工技术、马铃薯加工技术、面粉加工技能拓展、大豆蛋白加工技能拓展、特殊人群的功能性粮食食品）的教学任务。每个项目设有学习目标和思维导图，便于教师施教和学生学习；每个项目后设置项目测试题，便于检查学习效果，并设有拓展知识，便于学生了解粮食食品相关的前沿信息。为便于学生了解更多与功能食品相关的内容，书中设置了相应内容的二维码，鼓励学生自主学习。

本教材可供高等职业院校食品智能加工技术、食品检验检测技术等专业的师生使用，也可供粮油食品研究、开发和应用人员使用。

图书在版编目（CIP）数据

粮食制品精深加工技术 / 宋宏光主编．--北京：中国农业大学出版社，2024.12.
ISBN 978-7-5655-3372-3

Ⅰ．TS210.4

中国国家版本馆CIP数据核字第20249ZQ762号

书　名　粮食制品精深加工技术
作　者　宋宏光　主编

策划编辑　张　玉　　**责任编辑**　贾梦婕
封面设计　中通世奥图文设计中心
出版发行　中国农业大学出版社
社　址　北京市海淀区圆明园西路2号　　**邮政编码**　100193
电　话　发行部 010-62733489，1190　　读者服务部 010-62732336
编辑部 010-62732617，2618　　出　版　部 010-62733440
网　址　http://www.caupress.cn　　**E-mail**　cbsszs@cau.edu.cn
经　销　新华书店
印　刷　河北朗祥印刷有限公司
版　次　2024年12月第1版　　2024年12月第1次印刷
规　格　185 mm×260 mm　16开本　16.25印张　401千字
定　价　49.00元

编 审 人 员

主　编　宋宏光（黑龙江农业经济职业学院）

副主编　贾健辉（牡丹江师范学院）

陈秀丽（黑龙江农业经济职业学院）

参　编（以姓氏笔画排序）

万文瑜（黑龙江农业经济职业学院）

王菲菲（黑龙江农业经济职业学院）

刘玉兵（黑龙江农业经济职业学院）

刘昕宇（黑龙江农业经济职业学院）

刘　洋（黑龙江农业经济职业学院）

刘　微（黑龙江农业经济职业学院）

郃怡菘（海南经贸职业技术学院）

邱　爽（黑龙江农业经济职业学院）

李永明（黑龙江农业经济职业学院）

宋泉莹（北京中医药大学）

高晓峰（黑龙江省富坤粮食加工有限公司）

徐　微（哈尔滨学院）

鹿保鑫（黑龙江八一农垦大学）

董　伟（黑龙江农业经济职业学院）

裴绍林［益海嘉里（富裕）生物科技有限公司］

潘燕墨（广东海洋大学）

主　审　李晓红（黑龙江农业经济职业学院）

前　言

民以食为天，粮食作为人类赖以生存和发展的基础，其加工技术的发展与创新对提升粮食产业附加值、保障国家粮食安全具有重要意义。随着科技的进步和社会的发展，粮食制品精深加工技术已成为推动粮食产业高质量发展的关键力量。本教材依据专业人才培养目标，广泛吸纳粮食加工行业企业专家意见和建议，按职业岗位能力和要求设计教材内容，教材内容着重突出实用性和针对性，充分体现实践教学与实际生产过程的结合，旨在系统地介绍粮食制品精深加工的原理、技术、设备及应用。同时，融入职业技能相关标准，以培养具有创新精神和实践能力的粮食产业高素质高技能型人才。

党的二十大报告提出，加快建设农业强国，扎实推动乡村产业、人才、文化、生态、组织振兴。这为粮食产业的高质量发展指明了方向。本教材在编写过程中，充分吸收了党的二十大精神，强调粮食制品精深加工技术对推动农业产业升级、促进农民增收、保障国家粮食安全的重要作用。

在粮食制品精深加工技术的教学过程中，坚持以立德树人为根本任务，将课程思政贯穿于教学的全过程。通过介绍我国粮食产业的现状与挑战，引导学生深刻认识粮食安全的战略意义，增强国家粮食安全意识。同时，结合粮食加工技术的发展历程，弘扬工匠精神，培养学生的职业素养和责任感。此外，通过探讨粮食加工过程中的资源节约与环境保护问题，引导学生树立绿色发展理念，为构建人与自然和谐共生的美好家园贡献力量。

本教材由宋宏光担任主编，贾健辉、陈秀丽担任副主编，由李晓红主审。具体的编写分工如下：宋宏光编写项目一中任务一、项目二；贾健辉编写项目四中任务一、任务二；刘玉兵编写项目六；陈秀丽编写项目七中任务一、任务二、任务三；刘微编写项目一中任务二；徐微编写项目五中任务一；董伟编写项目五中任务二、任务三；刘昕宇编写项目四中任务三、任务四；邱爽编写项目九中任务一；郜怡菘编写项目三；王菲菲编写项目八中任务一、任务二；李永明编写项目九中任务二；潘燕墨编写项目十中任务一、任务二；宋泉莹项目十中任务三；刘洋编写项目七中任务四、任务五；万文瑜编写项目八中任务三。由黑龙江八一农垦大学鹿保鑫教授、黑龙江省富坤粮食加工有限公司高晓峰董事长和益海嘉里（富裕）生物科技有限公司裴绍林为本书的技术指导。

本教材内容呈现方式多样化，得益于配套的数字资源，能够有效激发学生的学习兴趣。在内容编排上，针对关键知识点和技能点，配备了视频、动画等丰富的数字资源，以直观易懂、生动形象的方式传递教学信息，旨在全面满足培养食品技术领域高素质、高技能人才的迫切需求。通过学习本教材，学生将能够快速融入粮食食品行业的研发、生产和检测等岗位，为日后持续学习、不断提升个人开发能力奠定坚实的基础。

本教材在编写过程中参考、借鉴和引用了相关著作、教材和其他文献等，对相关作者和给予大力支持的中国农业大学出版社一并表示衷心的感谢！限于编者的水平和条件，书中难免有误，敬请读者斧正。

编者

2024 年 11 月

目　　录

项目一

走进粮食世界

【学习目标】

【知识目标】

1. 熟悉粮食加工技术的主要内容。
2. 了解粮食加工行业的现状与发展。

【能力目标】

1. 掌握粮食加工技术学习方法。
2. 能全面把握解决粮食加工问题的有效性策略。

【素质目标】

1. 能够将爱国、敬业、诚信、友善融入学习全过程。
2. 能恪守职业道德，具有严谨、认真的态度，能进行团队协作。
3. 培养创新思维和发展能力。

【思维导图】

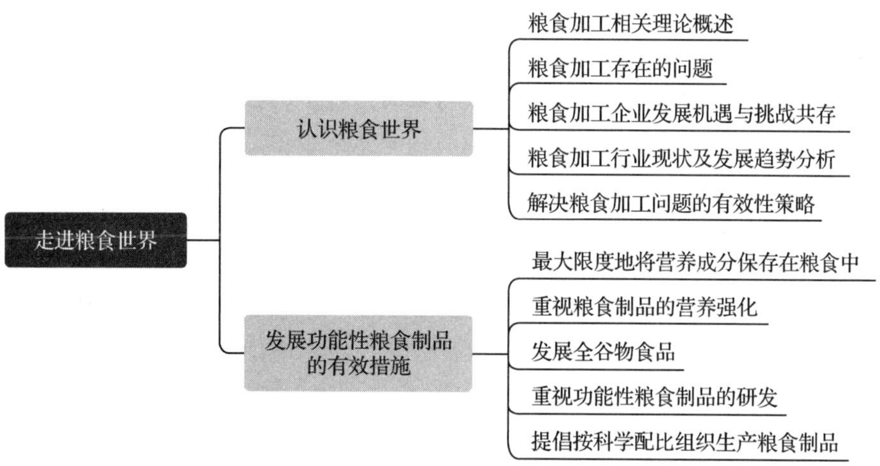

【项目描述】

本项目主要介绍粮食加工相关理论、粮食加工行业现状及发展趋势分析等，重点是掌握发展功能性粮食制品的有效措施。结合案例，探索我国粮食制品生产应遵循的有关原则，为提高人们的营养和健康水平，助推“健康中国”贡献一份力量。

任务一　认识粮食世界

【任务导入】

问

“民以食为天，食以安为先，安以质为本，质以诚为根”是什么意思？

国家以人民为根基，而人民以粮食为自己生活所系，粮食以安全为首要条件，粮食安全以粮食质量为根本，而要保证粮食的质量，又必须以粮食生产者（生产商和农户等）的诚信为根本。

这句话很简短，却有着十分深刻的含义，它说透了一个国家及其人民赖以生存的根本。

必备知识

一、粮食加工相关理论概述

粮食是主要的农产品，粮食加工产品是我国人民膳食结构的主体，粮食工业是我国食品工业的重要组成部分。粮食原料主要是农作物的籽粒，如稻谷、小麦、玉米、大豆、花生等，也包括富含淀粉和蛋白质的植物根茎组织，如马铃薯、甘薯等。《黄帝内经》提出“五谷为养、五畜为益、五菜为充、五果为助”的膳食搭配理论，认为五谷是人体赖以生存的基本物质，五畜补益五脏精气，五菜协同给养，五果辅助补充营养，各种食物合理搭配，保证用膳者必需的热能和各种营养素的供给。

粮食加工是指以粮食为基本原料，采用物理机械、化学、生物工程等技术进行加工转化，制成供食用以及工业、医药等各行业应用的成品或半成品的生产领域。粮食加工技术是指以化学、机械工程和生物工程学为基础，研究粮食精深加工和转化的基本原理、工艺和产品质量的科学技术。

（一）粮食加工的步骤

（1）选择原粮。在粮食加工产业化建设与发展过程中，为满足粮食食品加工相关质量要求，需要选用不同品种、不同质量的原料，且需要选择适合的加工技术及设备，做好粮食杂质处理工作。

（2）碾米制粉。这一环节的工作主要是指采用相关的技术和设备，实现原粮脱壳、去表皮和胚、颖果碾碎、逐道碾磨成粉。

（3）成品整理。这一环节的工作需要根据相关的质量标准和等级标准做好去碎粒和杂质、增加光洁度等相关工作；按照相关的粮食标准和要求进行化学处理，如增加适量的矿物质、维生素等营养物质，以提高成品品质。

（4）副产品的利用。这一环节的工作主要是指对粮食加工产生的副产品进行回收和重复利用，从而提高粮食加工的综合效益，如用谷物表皮制作饲料；将碎米制成米粉、米淀粉；利用米糠和玉米胚制油、提取药物；从小麦胚中提取、制备浓缩维生素 B_1、维生素 E 等。

（二）粮食加工的意义

积极推进粮食加工产业化建设与发展，实现粮食的深加工，并提高粮食深加工水平。采用科学、合理的技术和设备，提高粮食加工产品的质量。提高粮食加工的技术水平，在积极推进我国农业产业化建设与经营、推进我国农业结构优化升级、增强农业的经济效益方面发挥着重要的作用。随着人们生活水平的不断提高，人们对粮食加工产品的品种、质量、营养、安全、卫生等方面的要求更高，为更好地满足市场上对粮食加工产品的需求，需要实现粮食的深加工，提高粮食加工的技术和品质。

二、粮食加工存在的问题

随着我国农业现代化建设与农产品产业化建设的进一步发展，随着市场对粮食加工产品的需求的转变，粮食加工业在发展过程当中面临着新情况、新问题，为推进粮食加工企业的进一步发展，需要准确把握和分析下面这些问题。

（一）总体加工能力不强

在积极推进我国粮食加工产业化的过程当中，很多地区存在着粮食加工产业化程度不高、粮食加工损失和浪费比较严重的问题，影响了粮食加工的经济效益。很多地区粮食加工的规模比较小，主要依靠小企业或小作坊进行粮食加工，它们往往缺乏先进、高效的生产设备，且加工方式比较落后、比较简单，采用的加工方法不够科学、不够先进，在粮食加工过程中存在比较多的问题，例如，因无法准确地控制温度、碾磨力度等导致浪费；加工的产品达不到我国的卫生标准等。粮食在加工过程中会产生大量的副产品，如米糠、麸皮、稻壳或碎米等，很多副产品都拥有着比较高的价值，但是很多小规模的加工企业和小作坊，受到相关的技术、设备和工艺的限制，对粮食加工副产品的利用效率不高。部分粮食加工企业为迎合市场消费需求，过度加工，过度追求精深加工，从而损害了粮食本身的营养价值。很多的粮食加工企业没有严格地依照相关的粮食加工标准进行加工产品品质检测，操作没有严格地依照粮食加工相关标准和要求进行。

（二）粮食加工存在质量安全问题

推进粮食加工产业化发展，最重要的一点是确保粮食加工产品的质量与安全，为人们提供绿色、健康、安全的产品。但在实际工作过程中，存在很多粮食加工产品质量不达标、安全无保障的情况。在对加工产品进行检测的时候，缺乏专业化的、先进化的、精细化的设备和仪器，检测人员的专业水平参差不齐，导致一些潜在问题和隐患没有及时发现和解决，从而诱发粮食安全问题。某些加工企业为使加工的产品色泽更诱人、味道更好、保质期更长，在使用添加剂的时候，没有严格地依照相关的标准和规定进行添加，存在食品添加剂超标的情况，危害人们的健康。

三、粮食加工企业发展机遇与挑战共存

目前，我国粮食加工业面临着诸多不利因素，如低水平同质化竞争激烈，低价值链的加工占大部分，高价值链技术依靠国外，产业初级加工产品多，企业的效益和竞争力低。企业内部缺乏技术创新能力和发展活力，企业外部又面临粮油价格波动和融资困境的挑战。

在“十一五”和“十二五”期间，政府将粮食生产、流通和调控市场体系作为工作重点，积极应对粮油市场价格多变的局面，支持粮食加工企业生产。2008 年，国家降低了粮油加工企业纳税负担。2009 年，国家出台了一系列关于中小粮食加工企业贷款优惠政策。2010 年，国家各部门积极落实《全国新增 1000 亿斤粮食生产能力规划(2009—2020 年)》，加强粮油生产基地建设，保障粮食加工企业生产原料来源。2011 年，国家对储备粮承储企业免征印花税、房产税、城镇土地使用税，继续支持粮油加工副产物综合利用，给予财税优惠政策，大为减轻了企业税负。2011—2013 年，国家连续多年支持粮食加工企业技术改造工作，累计发放中央补助资金 12.5 亿元，扶持了 661 个粮油加工项目，带动社会投资 178.7 亿元。2014 年，中央一号文件聚焦农业现代化主题，支持开展关于农村和农业贷款业务。国家这些惠粮政策包括企业税收减免、技术改造资金支持、贷款支持等，全方位优惠政策确保了粮食加工企业生产所需原料来源，稳定了粮油市场价格，降低了企业生产经营成本，优化了企业生产经营环境。

粮食自给的政策是中国长期以来关于粮食问题的基本方针。在“十三五”规划纲要中，进一步明确了保障国家粮食安全的优先次序，目的就是集中力量先把最基本、最重要的保住。粮食安全是国家安全的重要基础，国家储备是应对各种风险挑战的重要保障。“十三五”时期，我国粮食和物资储备工作取得历史性成就。粮食连年丰收，产量连续稳定在 1.3 万亿斤以上，市场供应充裕，活力不断增强，粮食储备库存充足，粮食安全形势持续向好。确保国家粮食安全的制度体系更加完善，优质粮食工程成效明显，粮食应急保障体系基本形成，应对风险挑战能力大幅提高。“十四五”规划纲要，把增强粮食综合生产能力作为约束性指标纳入规划，也是我国第一次把实施粮食安全战略纳入五年规划。加强粮食生产功能区建设。加大粮食生产功能区政策支持力度，相关农业资金向粮食生产功能区倾斜，优先支持粮食生产功能区内目标作物种植。以产粮大县集中、基础条件良好的区域为重点，打造生产基础稳固、产业链条完善、集聚集群融合、绿色优质高效的国家粮食安全产业带。“十四五”规划对粮食储备设施工程、绿色仓储提升工程、物流枢纽工程等都有具体规定。一系列惠农政策在一定程度上解决了中小粮食加工企业的融资困境。

粮食加工企业生产规模偏小，粗放式发展和产能过剩仍是行业发展障碍。当务之急，应尽快解决粮油加工行业产能过剩问题，促进产业结构升级，开发优势产品，开展品牌竞争，改变传统、单一的加工模式，避免企业粗放式发展和同质化竞争。

四、粮食加工行业现状及发展趋势分析

消费观念引导滞后，成品粮过度加工问题突出，新理念、新技术推广不足，加工工艺不规范，加工副产物利用率低等是造成粮食加工环节损失的重要原因。

应提高粮食加工转化率，提升粮食加工行业数字化管理水平，发展全谷物产业，加强粮食资源综合利用，以在加工环节节粮减损取得实效。

中国粮食作物主要由谷物、豆类和薯类组成，习惯上又称为中国四大粮食作物，即稻谷、小麦、玉米、大豆。四大粮食作物种植相关企业分布广泛，地域差异较大。伴随着改革开放进程，人们的思想从“吃饱”向“吃好”转变，食物消费结构持续升级。我国是一个农业大国，但农业生产水平较为薄弱，所以我国一直重视农业的发展，在生产和贸易两方面都积极地给予支持和保护，为现代化建设提供物质保障。

如今，世界历经变局，粮食生产与贸易的均衡格局被打破，全球粮食安全风险陡增。2021年，中央首次把粮食产量纳入宏观经济调控目标，首次实行粮食安全党政同责，为粮食安全提供重要保障。

2021年，中共中央办公厅、国务院办公厅印发的《粮食节约行动方案》明确提出，要提升粮食加工行业数字化管理水平，发展全谷物产业，加强粮食资源综合利用，在加工环节节粮减损取得实效。

为促进粮食加工业向规模化生产和集约化经营方向转变，增强粮食加工企业自身能力，降低生产成本，减少粮食损失、浪费，提出如下建议：

(1)加快高新技术在粮食加工过程中的应用。积极推广新技术、新工艺、新装备，促进粮食加工机械装备水平的提高和新技术的应用，加快淘汰高耗粮、高耗能、高污染的落后生产能力，提高粮食加工和转化利用率。

(2)引导粮食加工企业推行适度深加工。根据资源消耗和能源需求，确定粮食加工精细度水平，解决粮食过度加工问题，挖掘资源综合利用价值，实现企业效益最大化。

近年来，随着我国农业现代化和现代农业产业建设一系列举措的实施，我国粮食加工业也取得了快速发展，粮食深加工水平、产品的质量、加工技术水平等正在提高。在积极推进我国粮食生产产业链建设，推进我国农业产业化经营，促进我国农业结构优化升级，增强农业产业综合效益，推进现代化农业产业建设与发展等相关工作的过程中，需要针对粮食加工存在的新情况、新问题，采取有效的措施，从而推进我国粮食产业的健康发展。

五、解决粮食加工问题的有效性策略

在推进我国粮食加工产业化发展的过程中，需要针对粮食加工中存在的一些新情况和新问题进行分析，针对这些问题采取有效的策略和方法，帮助其解决这些问题，从而推进我国粮食加工产业的优化和升级。

(一)提高粮食加工的专业化能力和水平

为确保粮食加工取得较高的效益，有效减少粮食加工过程中的浪费问题，需要进一步提高粮食加工的专业化能力和水平。根据粮食加工实际工作需要，加大相关方面的技术及设备投入力度、研发力度，开发和设计更加先进、高效的粮食加工工艺设备。具体措施如下：

(1)政府鼓励和支持相关方面的技术创新，加大财政投入，确保科技支撑计划、农业科技成果转化专项、现代农业产业体系建设专项等的有效执行和落实。

(2)聘请和引进相关专业技术水平高的人才。

(3)鼓励粮食加工企业强化自身建设，定期检查和更新设备，自觉学习先进的技术和工艺。

(4)鼓励粮食加工企业与相关的研发机构、科研院所和高校等联合，共同实现创新；加大在高效节能技术、关键技术及其相关的设备方面的创新与研发。

(5)创新和提高健康谷物食品、加工副产品综合利用等相关方面的技术和工艺；实现粮食加工成套设备自助化开发和高新技术产业化。

(6)引进智能化控制技术、大型化和集约化技术等，通过一系列的举措，有效提高粮食加工的专业化水平、集约化水平以及加工能力和效益，进一步推进我国粮食加工企业逐渐向规模化、标准化方向发展。

(7)鼓励和支持一些粮食加工龙头企业发展和壮大;培养一些规模比较大的粮食加工企业集团;鼓励和支持中小型粮食加工企业进行升级和内部优化。

(8)在提高粮食产品的加工质量和效益的同时,提高市场竞争能力。在积极地推进及标准化建设的过程中,需要有效地将市场、基地、农户连接起来,从而有效实现相关资源的整合和充分利用。

(9)根据市场对粮食加工产品的需求和相关要求,进一步完善卫生等产品质量检测标准。对于那些生产的产品不符合质量标准的小规模粮食加工企业或小作坊,监督其进行整改或者直接淘汰。

(10)通过提高相关技术和工艺,确保粮食加工副产品能够得到高效的利用,保障粮食加工的综合效益。例如,利用米糠和玉米胚制油、提取药物;从小麦胚中制备浓缩维生素 B_1、维生素 E 等。

(11)在粮食精深加工过程中,需要把握住“度”,不能一味追求“亮、白、精”,规避因过度加工导致的粮食严重浪费、粮食自身价值损害等现象,引导人们科学消费、健康消费。

(二)确保粮食加工的质量和安全

在推进粮食加工产业发展的过程中,需要确保粮食加工的规范化。根据市场需求,完善粮食加工质量管理制度以及法律法规、管理条例,用于约束和规范粮食加工企业的各项行为,保证粮食安全。要提高粮食加工人员的综合素质及责任感,粮食加工企业也需要树立正确的经营理念,改进和优化粮食加工工作区域环境,有效规避“脏、乱、差”的现象。依照粮食的质量标准及粮食检验方法标准,加强对粮食加工每一道工序的产品质量检查、卫生检查,严格管理食品加工流程,及时发现并消除粮食加工过程中存在的安全和质量问题及隐患,确保粮食安全。

(三)开创粮食加工的新局面

我国粮食加工企业的生产设备绝大部分已实现机械化和自动化,作坊式生产已成为历史。但在整体发展上,加工深度不够,综合利用差。因此缩小与世界先进水平的差距,开创粮食加工的新局面,是当前的重要任务。

(1)积极开展适合加工的优质、专用型粮食原料品种的选育工作,加快粮食原料的优质化和专用化进程,完善和制定质量标准,尽快改变我国粮食加工原料参差不齐的现状,从根本上保证加工产品的质量。

(2)进一步加快高新技术在粮食加工业上的应用,提高生产效率,降低生产成本,保证产品质量。

(3)积极开展生物技术在粮食加工中的应用研究,通过基因工程、细胞工程、发酵工程、酶工程等途径,进行品种选育,提高加工转化效率,保证产品质量和开发新产品,提高粮食加工产品的附加值。

(4)研究并开发粮食与食品色、香、味及营养素的保存、品质改良与提高的新工艺和新技术,在分子水平上研究食品稳定性、加工可能性,提高营养及感官质量。

(5)开发功能食品、方便食品、运动食品、婴儿食品、老年保健食品等,积极推进主食生产的工业化。

(6)研究粮食与食品在储藏和流通的过程中品质变化的规律,科学、合理地选择最佳的储藏条件,保持粮食、油料和食品的品质和新鲜度,研究粮食和食品保藏与保鲜相应的包装技术和包装材料。

(7)提高粮食加工副产品的综合利用率,降低生产成本,提高经济效益。

(8)积极开展以玉米、马铃薯为主的粮食深加工与转化技术研究,发展淀粉糖、变性淀粉、功能性低聚糖、氨基酸等高附加值产品的生产。

(9)面向国际市场,在生产、管理、产品标准和产品质量上尽快与国际接轨。关注食品安全,增强产品在国际市场上的竞争力。

(10)加强粮食加工的科学研究和人才培养,不断推出新的科研成果,提高粮食加工业的科技贡献率,提高我国粮油资源的利用率,提高粮食加工业的科技水平和效益水平。

在积极推进我国现代化农业建设及现代化农业产业发展的过程中,需要进一步强化农产品深加工及相关方面的建设。我国在不断发展的过程中逐渐实现了粮食加工规模化和集约化,粮食加工相关的技术及装备也在创新和提高。为满足当前人们的粮食需求及相关的要求,在粮食加工方面仍需进行进一步的创新。加大粮食加工相关技术及设备的投入和研发力度,准确地把握和分析粮食加工存在的问题,并采取有效的措施解决这些问题,在此基础上提高粮食加工水平,提高粮食加工的效益,实现粮食加工业的进一步发展。

任务二　发展功能性粮食制品的有效措施

【任务导入】

营养与健康是食品之本。我国经济发展进入新常态,随着人们生活水平的提高,食品消费正逐步向吃出健康、吃出长寿的新阶段转变。近年来饮食过于追求口感、风味,饮食结构严重失衡,由此引发的健康问题日益突出,尤其是糖、脂、酸三大代谢紊乱造成的各种慢性非传染性疾病,已成为健康的头号杀手,对社会和患者家庭都造成了沉重的经济负担。

> **问**
>
> 吃出来的疾病,可以再吃回去吗?

必备知识

肥胖是威胁我国居民健康的重要公共卫生问题。近年来,党中央、国务院高度重视慢性病防治工作,不断推进完善肥胖防治政策。为贯彻落实《"健康中国2030"规划纲要》《中国防治慢性病中长期规划(2017—2025年)》《健康中国行动(2019—2030年)》等一系列政策文件中对居民肥胖防治提出的目标任务要求,国家卫生健康委员会坚持预防为主、防治结合,建立针对不同人群的精细化分层肥胖防治体系,推动各地将肥胖防治纳入政府重要工作,确保肥胖防治工作落实落细。脂代谢紊乱引发的高血压和心脑血管疾病、酸代谢紊乱引发的结石和痛风的治疗,对社会和患者家庭造成了很重的经济负担。我国的高血压患者、血脂异常者人数已超过美国,成为第一"代谢综合征"和"富贵病"大国,这些慢性病严重影响着居民的健康和生活质量。而营养结构不合理、微量营养素缺乏和营养失衡也是影响人类及各种人群身体健康的重要问题。因此,我国各种人群都面临着营养摄取不足和营养结构失衡的双重问题。

近年来，民众健康的刚性需求，党和政府高度重视。2016年又将“健康中国”写入了《中华人民共和国国民经济和社会发展第十三个五年规划纲要》，其中，慢性病的防控和营养状况的改善均是关注重点。其实，慢性病可防可控，只要按照《中国居民膳食指南(2016)》中的6个核心条目的要求，科学膳食，特别是杂粮的适量食用，对改善饮食结构失衡、调整三大代谢紊乱、提升全民健康状况等都具有重要的意义。同时，药食同源的功能性粮油食品可助推“健康中国”目标的实现，对预防人体营养不良十分有益。

我国粮油食品加工业是一个传统产业，担负着我国军供民食的重任，在国民经济中占有重要地位，也是我国食品工业的重要支柱产业。为尽快适应国民对功能性粮油食品的迫切需求以及市场的呼唤，粮油科技应协同创新，向营养型、功能型转变。在今后相当长的一段时间里，粮油食品加工企业在生产粮油及其制品时需要采取的有效措施有如下几个方面。

一、最大限度地将营养成分保存在粮食中

2015年，我国粮食生产实现粮食“十二”连增，但因过度加工，我国每年损失的粮食已高达75亿kg，因此，全面推进粮食加工减损刻不容缓。粮食加工企业要防止过度加工造成的粮食、营养和能源的浪费，科学开展粮食加工，减少精米、精面等重外观、轻营养的产品开发，进一步推进资源节约型和环境友好型现代粮食加工业发展。提倡在粮油加工中，根据“注重纯度，控制精度”的原则，改变大米过精、面粉过白、油色过浅的现象，以达到提高纯度、控制精度的目的。根据市场需要，积极生产发芽糙米、糙米、专用米、留胚米、米糠食品，全麦面粉、专用面粉、小麦麸皮制品，冷榨油、专用油脂等新型营养健康食品及系列化、优质化、方便化主食食品，以满足消费者的不同需求。

二、重视粮食制品的营养强化

营养状况是决定公众健康和民族素质的重要因素。高品质的营养强化食品、功能食品将是人类获得健康的最经济、有效的途径。经全球80多个国家、半个多世纪的探索与实践，营养强化食物以及其所独有的安全、经济、简便、不用改变饮食习惯等特性而被各国政府首选为改善公众营养状况的途径。并且，他们一致认为通过对主食(面粉、大米、食用植物油脂)的营养强化可以有效提高公众营养水平。

三、发展全谷物食品

全谷物食品是指完整、破碎或压片的谷物，基本的组成包括淀粉质胚乳、胚芽与皮层，各组成部分的相对比例与完整的颖果一样。全谷物食品的营养特点是富含膳食纤维、微量营养素和植物生化物质等有益成分，并属于低血糖[生成]指数(Glycenic Index，GI)食物。发展全谷物食品对预防双重营养不良十分有益，可有效预防营养缺乏和营养过剩，特别是营养过剩。科学研究表明，全谷物食品能有效降低很多疾病的风险，包括中风、糖尿病、心脑血管疾病等，并有利于体重控制，因此，发展全谷物食品是改善国民膳食营养状况，预防和控制慢性病的重要膳食改善措施之一。

(一)重点发展的全谷物(杂粮、豆、薯类)食品

发展全谷物食品已被写入我国食品工业“十三五”发展规划，所以要大力发展全谷物的主食制品，如全小麦粉、全糙米粉、全荞麦粉和全燕麦粉等。今后重点发展的全谷物制

品有全麦粉(全麦馒头、挂面、面条、面饼等)、全谷物方便冲调粉(糊状类)、糙米粉(冲调糊)、发芽糙米(糙米饭)、全粒杂粮、全谷物膨化食品等,可以改善国民膳食营养状况。目前,全谷物食品的营养与健康作用已成为食品科学界关注的热点。谷物食品消费在我国居民膳食营养结构中占有非常重要的地位,因此,要努力加强对全谷物食品的系统研究,探讨全谷物的营养和生理特性,为全谷物的生产加工提供科学证据。

(二)发展全谷物(杂粮、豆、薯类)食品的健康效应

如今,“全谷”或“全粮”已经成为流行词汇,营养专家都在提倡食用全谷杂粮食品,因为它的健康效应已经得到大量研究结果的证明。

(1)增加营养供应。在同等质量、同等能量的前提下,全谷食品可提供相当于精白米 3 倍以上的维生素 B_1、维生素 B_2 和钾、镁等矿物质;精白面粉和全麦粉相比,维生素 B_1 含量只有全麦粉的 1/4。

(2)摄入更多的防病健康成分。全谷杂粮食品不仅含有较多的膳食纤维和多种维生素,还含有丰富的抗氧化物质。表皮红色、紫色、黑色的杂粮是花青素的重要来源,而黄色的全谷杂粮食品含有类胡萝卜素,大麦和燕麦食品含有丰富的 β- 葡聚糖,这些功能性成分不仅对健康很有益处,还具有预防癌症和冠心病的发生、控制餐后血糖值和胆固醇值、明目和延缓衰老等多种作用。

(3)有助于降低患肠癌的风险。食用全谷杂粮食品,在同等质量下,可以摄入更多的膳食纤维和抗性淀粉,它们不仅能帮助清肠通便,且在大肠中能够促进有益菌的增殖,改善肠道微生态环境,有助于降低患肠癌的风险。

(4)能使餐后血糖上升缓慢。糖尿病人最宜食用全谷豆类食品。越是精白、细软的主食,越容易升高血糖,而食用全谷豆类食品,消化吸收慢,餐后血糖比较低,能减少胰岛素的需要量。

(5)增强饱腹感。食用杂粮豆粥类食品较耐饥饿。若要减肥,就要控制膳食能量,同时,维生素、矿物质等营养素一样都不能少,也不能感觉明显饥饿,因此在同等能量情况下,选择饱腹感强、营养丰富的杂粮豆粥类食品更为适合。

(6)有助于预防肥胖。研究证明,常食全谷杂粮食品的人,随着年龄增长,发胖的概率比较小,而食精白米、精白面的人,到中年就容易发福。食用全谷杂粮食品不容易饮食过量,而且餐后血糖值上升缓慢,胰岛素需求量少,有利于抑制脂肪的合成,因此对控制体重十分有利。

(7)有效预防饭后困倦。食用大量精白、细软的主食,胰岛素水平会快速升高,而胰岛素水平高就是人体餐后困倦状态的原因之一。食用全谷杂粮食品不易困倦,能在一定程度上避免这个问题。

(8)保证体力和思维能力。B 族维生素对于神经系统的高效工作和充沛体能来说非常重要。在膳食中,维生素 B_1 的最佳来源就是全谷杂粮食品,经常食用全谷杂粮食品的人精力充沛、不易疲劳。

(9)帮助平衡激素水平。研究发现,平日食用全谷杂粮食品较多的女性,在同样的条件下,体脂肪含量低。同时,食用全谷杂粮食品可获得足量膳食纤维,有利于减少膳食中胆固醇的吸收率,避免雌激素等固醇类激素水平过高。

(10)帮助改善皮肤质量。以全谷杂粮食品为主食,既能获得足量膳食纤维,使肠道排泄通畅,也能平衡激素水平、提供丰富的 B 族维生素,因此,可以减少面部皮肤出油过多、生痘、开裂和脂溢性皮炎等情况,使皮肤逐渐变得光洁、平滑。

以上发展全谷物(杂粮、豆、薯类)食品的十大健康效应正符合《中国居民膳食指南(2016)》实施的初衷(要求)。食物多样、以谷类为主是平衡膳食模式的重要特征,要求每天摄入谷薯类食物 250~400 g,其中,全谷物和杂粮豆类 50~100 g,薯类 50~100 g。

四、重视功能性粮食制品的研发

随着我国国民经济的快速发展,民众的健康意识增强,生活方式也在改变,生活标准不断提高。功能性粮食制品,正逐渐成为我国居民改善营养、预防疾病和提升健康指数的消费品(主副食品),预示着我国的功能性粮食制品产业将要进入迅速扩张的发展机遇期。这将是今后粮食加工产业发展中新的增长点。尤其在我国居民消费升级和社会老龄化加剧的大背景下,我国功能性粮食制品行业的发展将会进一步提速,未来将会是黄金发展期。

粮食加工的原料有不少是“药食同源”的基础原料,富含多种具有特定保健生理活性的物质,尤其是副产品中的种类更为丰富。粮食加工企业及科研部门正在研究,通过应用现代提取、分离技术和生物技术将其分离、富集起来,再科学地组合到粮食产品中去,使其成为具有特定保健功能的粮食制品。此外,我国还是一个杂粮生产“王国”,杂粮中富含多种生理活性物质可供利用,是生产功能性粮食制品的最佳原辅料。当前,我国的粮食加工企业及科研部门也很注重功能性粮食制备技术的研究,研究采用超临界流体萃取技术和分子蒸馏等技术来分离提取蛋白质、多糖、黄酮类、肽类等功能因子,为功能性粮油食品及制品的开发打下有利的基础。

五、提倡按科学配比组织生产粮食制品

在粮食加工中,提倡按科学配比组织生产预配粉、食用植物调和油等产品,使营养互补,以提高粮食制品的营养、健康价值,满足不同人群的需求,“平衡膳食、辩证用膳”。提倡大米、面粉、杂粮搭配,粗细粮搭配的饮食理念,粮食加工企业要生产出更多、更好的“优质、营养、健康、安全、方便”的粮食制品,尤其是用以供应特殊人群的低脂、低盐、低能量的粮食制品。因此,在我国现有情况下,大力发展功能性粮食制品是十分必要的,也是十分迫切的。

随着我国建设小康社会步伐的不断推进,国民生活水平逐步提高,今天的社会公众对健康的需求与关注,正在呈几何级数激增。特别是公众对于粮食制品产业的关注与诉求,不再只是安全,而是在安全基础上的食品种类的丰富和营养功能价值的提升。这就要求我国粮食制品生产应遵循有关原则,在质量上要追求营养平衡、健康疗效,对以粮食制品为载体的功能食品要求“安全、优质、营养、健康、方便、卫生”,从而提高公众的营养和健康水平,助推“健康中国”。

拓展知识

世界粮食日的由来

粮食是每个人生活的必需品,在整个国民经济中具有不可替代的地位。1972 年,连续两年气候异常造成了世界性粮食歉收,出现了世界性粮食危机。联合国粮农组织相继召开了两次粮食会议,以使世界关注粮食及农业生产的问题,从而增加粮食生产,更合理地

进行粮食分配，与饥饿和营养不良做斗争。即便这样，问题依旧没有得到解决，世界粮食形势日趋严重。基于这种情况，1979 年，联合国粮农组织第 20 届大会决定从 1981 年起，把每年的 10 月 16 日(粮农组织创建纪念日)定为世界粮食日。每年的世界粮食日，包括粮农组织在内的国际机构、各国政府及民间组织都会根据主题开展各种宣传与纪念活动。

精彩微课

认识粮食世界

发展功能性粮食制品的有效措施

项目二

粮食产品分类及其理化性质

【学习目标】

【知识目标】

1. 学会粮食产品的分类及其理化性质。
2. 掌握杂粮与主要粮食的区别。
3. 了解豆类的食用特性。

【能力目标】

1. 能区别五谷杂粮营养价值。
2. 能对豆类食品营养标签合规案例进行分析。

【素质目标】

1. 能够将爱国、敬业、诚信、友善融入学习全过程。
2. 能恪守职业道德，具有严谨、认真的态度，能进行团队协作。
3. 培养创新思维和发展能力。

【思维导图】

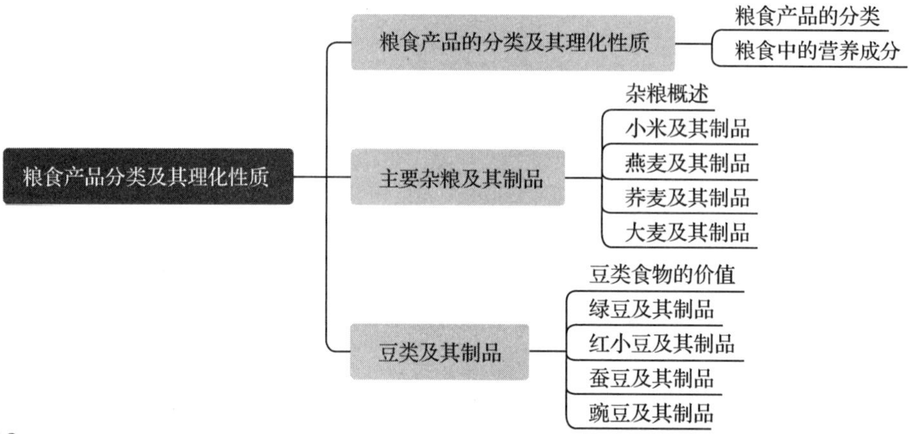

【项目描述】

本项目主要介绍粮食产品的分类及其理化性质等，重点介绍杂粮与主要粮食食品的区别；豆类食品常用的生产技术。结合案例，对粮食食品标签进行合规管理。

任务一　粮食产品的分类及其理化性质

【任务导入】

在中国古代，粮食又称作谷、五谷、八谷、九谷、百谷，但多称为五谷。

> **问**
>
> 人们常说的“四体不勤，五谷不分”，意思是褒义还是贬义呢？

原始社会至西周

原始社会，中国的粮食品种主要有粟、黍、稻、菽（大豆）、大麦、小麦、薏苡等。北方以种植粟、黍为主，南方以种植水稻为主。

夏、商、西周时期，中国的粮食品种有黍、稷、稻、小麦、大麦、菽、麻 7 种，主要的粮食品种是黍、稷。直至明代以前，中国的粮食品种大致如此。在《诗经·小雅》中，农作物的排列顺序是：黍、稷、稻。当时人们很“迷信”自然，称社为地神，稷为谷神，故将二者结合（社稷），作为国家的代名词。

春秋秦汉时期

春秋战国时期，随着铁制农具的出现和灌溉的发展，人们才有条件种植对水土要求较高的菽和粟。虽然粮食作物品种变化不大，但是，作物的结构发生了很大变化。

变化的特点是菽的地位上升，并和粟一起成为主要的粮食作物。这在中国农业发展史上是一个历史性的变化。从战国到唐代，粟一直是中国北方的主要粮食。在西周以前，中国粮食品种以黍、稷为主，其他粮食品种不占主要地位。

春秋战国时期，出现了五谷的概念，表明当时粮食作物的品种有了初步定型。主要粮食品种有粟（禾、稷）、菽、黍、稻、小麦、大麦、麻 7 种。

秦汉时期，粮食结构有所变化，主要粮食品种有粟、稻、小麦、大麦、大黍、粱、大豆。汉代董仲舒建议在关中一带推广小麦。汉魏时期由于石磨的推广，麦子被磨成面粉，这一饮食史上的进步也促进了小麦生产的发展。

魏晋至明清

魏晋南北朝，粮食品种的顺序是：谷（稷、粟）、黍、粱、大豆、小豆、大麻、大麦、小麦、水稻、旱稻。

隋唐五代时期，主要粮食品种的顺序是：稻、粟、麦。

宋元时期，稻麦两熟制逐步形成，双季稻得到推广，明代以后，水稻继续发展，因此清代前期有“湖广熟，天下足”的说法。同时，玉米、甘薯、土豆被从国外引进，更加丰富了粮食品种。当时主要的粮食品种有水稻、小麦、谷子、玉米、豆类。

1950 年以后

1950 年，粮食品种是指小麦、大米、大豆、小米、玉米、高粱和杂粮 7 大类。

1952 年，粮食品种减为 4 种：小麦、大米、大豆和薯类。

1957 年，粮食品种增为 5 种：小麦、大米、大豆、杂粮和薯类。

1971 年，杂粮又被改为“玉米”等，粮食品种为：小麦、大米、大豆、玉米、薯类。

1979 年后，《辞海》对粮食的解释是各种主要食料的总称，如小麦、高粱、玉米、薯类等。

1996 年，根据种植面积及产量，粮食品种排列为：稻谷、小麦、玉米、薯类、大豆、谷子、高粱、其他杂粮。

必备知识

一、粮食产品的分类

(一)原粮的分类

1. 谷物类

谷物类包括禾谷类粮食和荞麦。禾谷类粮食中的稻谷、大麦、高粱、粟、黍等去壳之后的米粒与不带壳的小麦、青稞、玉米等都是果实，由皮层、胚、胚乳三部分构成。皮层为保护组织，包括果皮和种皮两部分，包围在胚乳的外部。胚为幼小植物体，是种子的生命部分，内含较多的高能物质和矿物质元素。胚乳是养分贮藏库，禾谷类粮食的胚乳特别发达，含有丰富的淀粉和蛋白质。荞麦属蓼科植物，但其成分与使用价值和禾谷类粮食相似，因此，通常将它列在谷类粮食中。

(1)稻谷。可以制取大米，大米可以制作米饭、米粉、年糕、淀粉、麦芽糖等。

(2)小麦。可以制取面粉，面粉可以制作馒头、面包、面条、饼干、糕点等。

(3)玉米。可以加工成玉米面、玉米淀粉、淀粉糖和制作酒精等。

(4)大麦。可以制作啤酒，粉末可制糖，代替小麦与黄豆制取酱油。

(5)燕麦。可以制作麦精片、面条。

(6)黑麦。可以制作面包、白酒和酒精。

(7)荞麦。可以制作面条。

2. 豆类

豆类包括大豆、豌豆、蚕豆、小豆、绿豆等，都是种子，由种皮和胚两部分组成。种皮为保护组织，脱去种皮为胚，胚由胚根、胚茎、胚芽和子叶组成。豆类的两片子叶很发达，含有丰富的蛋白质和糖类。大豆含有较多的脂肪等营养物质。

(1)大豆。可以制作豆粉、豆浆、豆乳、豆豉、酱油等。

(2)豌豆。可以制粉、做罐装食品等。

(3)蚕豆。可以制作味精、酱油、豆酱等。

(4)绿豆。可以制作糕饼、粉丝等。

3. 薯类

薯类包括甘薯、马铃薯、木薯等。薯类不是果实种子，而是块根或块茎，所含营养成分主要是淀粉。

(1)甘薯。可以制作淀粉、食醋、粉条、白酒、味精、赖氨酸等。

(2)马铃薯。可以制作淀粉、淀粉糖、淀粉衍生物、味精、酒精等。

(3)木薯。木薯含有氢氰酸，生食有毒，可以制取淀粉、淀粉糖等。

(二)粮制食品的分类

粮制食品通常按照原料性质、加工方法和食品用途来分类。

1. 按原料性质分类

(1)淀粉类。如淀粉、淀粉糖、粉丝、米粉、糕点等。

(2)蛋白质类。如豆腐、面筋、组织蛋白、分离蛋白等。

(3)脂肪类。如大豆油、米糠油、胚芽油、起酥油、人造奶油等。

(4)纤维食品。如脱脂米糠、玉米胚饼等。

2. 按加工方法分类

(1)烘烤食品。如面包、饼干等。

(2)蒸煮食品。如方便米饭、馒头等。

(3)酿造食品。如酱油、食醋等。

(4)油炸食品。如油条、油炸方便面等。

(5)膨化食品。如膨化大豆蛋白、膨化玉米淀粉等。

3. 按食品用途分类

(1)主食品。如面条、面包等。

(2)副食品。如豆制品、酱油、醋等。

(3)嗜好品。如酒、饮料等。

(4)营养食品。如营养豆奶、强化面包等。

(5)方便食品。如方便面、方便米饭等。

二、粮食中的营养成分

粮食中的营养物质被人体摄取后，其作用有三：一是供给热能；二是构成身体组织；三是调节生理机能。粮食中的谷类及薯类，糖类含量最高，而大豆中的蛋白质最多，并含有大量脂肪(表 2-1)。

表 2-1　常见粮食的化学成分　　%

粮食种类		水分	淀粉及糖分	蛋白质	脂肪	维生素	物质
谷类	稻谷	13.00	68.20	8.00	1.40	6.70	2.70
	粳米	14.03	77.64	6.42	1.01	0.26	0.64
	籼米	13.21	77.50	6.47	1.76	0.20	0.86
	糯米	14.62	76.25	6.69	1.44	0.21	0.79
	小麦	15.00	68.50	11.00	1.90	1.90	1.70
	精白粉	13.50	75.40	9.10	0.90	0.40	0.70
	标准粉	13.50	72.50	10.40	1.70	0.80	5.80
	麦麸	11.50	56.00	13.90	4.20	10.50	2.68
	大麦	13.95	68.04	9.87	1.68	3.78	3.68
	荞麦	13.07	71.85	6.48	2.55	2.20	1.85
	玉米	13.17	72.40	5.22	6.13	1.41	1.67
	高粱	10.90	70.80	10.20	3.00	3.40	1.70
豆类	大豆	10.20	25.30	36.30	18.40	4.80	5.00
	蚕豆	12.00	52.50	24.70	1.40	6.90	2.50
	豌豆	10.90	58.40	20.50	2.20	5.70	2.30
	绿豆	9.50	58.80	23.80	0.50	4.20	3.20
	赤豆	9.00	60.70	21.70	0.80	4.60	3.20
甘薯	鲜薯	67.10	29.00	2.30	0.20	0.50	0.90
	薯干	10.70	83.00	4.30	0.40	0.90	1.70

在粮食籽粒中，各种营养成分的分布是不均衡的，如谷类籽粒，胚乳中以淀粉为主；糊粉层和胚部以蛋白质、脂肪、可溶性糖、维生素为主。豆类子叶则以蛋白质、脂肪为主。薯类的块根或块茎，其肉质部分则以淀粉和可溶性糖为主，并含有一定的果胶物质。

几乎所有粮食籽实的皮层，都以纤维素、半纤维素和矿物质为主，组织坚实，对种子具有一定的保护作用。胚部含有丰富的营养物质和较多的水分，以及活性很高的各种酶类。

（一）糖类

糖类是粮食的主要成分。在谷类粮食中，糖类占其干物质的 70% 以上，在豆类和薯类的籽实中，糖类也占有很大的比重。它是供给人类营养的主要能源。

糖类是一些多羟基的醛类或酮类，它主要由碳、氢、氧 3 种元素组成，其分子通式可以写成 $C_x(H_2O)_y$，由于糖分子中氢、氧的比例常为 2∶1，与水分子（H_2O）氢、氧原子数比（2∶1）相同，所以常把糖类称为碳水化合物。但是有些糖类的氢、氧比例并非 2∶1，如鼠李糖 $C_6H_{12}O_5$；也非所有的碳水化合物都是糖类，如乙酸 $C_2H_4O_2$。

粮食中的糖类可分为单糖、低聚糖和多糖 3 大类，多糖是粮食中的主要营养成分。

1. 单糖

单糖是最简单的糖类，是一个多羟醛或多羟酮。粮食中的单糖主要有葡萄糖、果糖、半乳糖、木糖等，一般都以结合状态构成双糖和多糖贮存在粮食中。

单糖具有水溶性，其分子中带有自由的羰基（醛基或酮基），具有还原能力，所以又称还原糖。单糖是构成低聚糖和多糖的基本单位，它可以不经消化液的作用，直接被人体吸收利用。低聚糖和多糖在人体内都必须分解成单糖后，才能被人体吸收利用。

2. 低聚糖

低聚糖是由 2 个至多个单糖分子缩合而成的一些较为简单的糖类。粮食中的低聚糖，主要有蔗糖、麦芽糖、纤维二糖（以上三者为双糖，即由两个单糖分子组成）、棉子糖（三糖）、水苏糖（四糖）。低聚糖为可溶性糖，其双糖最为重要。自然界存在的双糖，按其性质可分为还原性糖和非还原性糖 2 种。

麦芽糖为还原性双糖，由 2 个分子葡萄糖结合（α-1,4- 糖苷键相连接）而成，其中一个单糖单位形成苷，而另一个单糖单位仍保留半缩醛羟基，可以开环成链式，有还原性，具有一般单糖的性质。麦芽糖水解后，完全生成葡萄糖。在自然界，麦芽糖主要是通过淀粉在麦芽糖淀粉酶的作用下水解而得的。正常的粮食中不含游离的麦芽糖，谷类粮食在发芽时，幼芽中即产生较多的麦芽糖。麦芽中含这种糖最多，因此叫麦芽糖。

蔗糖为非还原性双糖，由一个葡萄糖分子和一个果糖分子组成。这种糖在甘蔗中含量最多，故名蔗糖。蔗糖是食品中最重要的甜味剂，它水解后即生成转化糖。转化糖是葡萄糖与果糖等量的混合物，它是很甜的糖，若以蔗糖的甜度为 100 计，则转化糖的相对甜度为 160，葡萄糖为 70，果糖为 150。谷类粮食中的蔗糖主要集中在胚中，胚乳中的含量很低。一般新鲜粮食中蔗糖含量较高，陈粮中蔗糖含量不断下降，豆类中蔗糖的含量比谷类高。

3. 多糖

多糖又称高聚糖，是一种高分子化合物，由许多单糖分子结合而成。多糖经酸或酶水解，可生成单糖。粮食中的多糖主要是淀粉，其次是纤维素和半纤维素，薯类中还有少量的果胶物质。

淀粉是粮食籽粒中最重要的贮藏性多糖。它是人体所需食物热能的主要来源,也是轻工业和食品工业的重要原料。淀粉在禾谷类粮食籽粒中的含量特别多,一般在60%以上,占碳水化合物总量的90%左右。淀粉在粮食籽粒中的分布极不均匀,禾谷类粮食籽粒中的淀粉主要集中在胚乳的淀粉细胞内,豆类集中在种子的子叶中,薯类则集中在块根和块茎里,其他部分一般都不含淀粉,只有玉米是例外,胚中含淀粉25%。

淀粉在粮食中以淀粉粒的形式存在。淀粉粒的形状、大小和结构因粮种而不同。粮食中的淀粉结构有两类,一类为直链淀粉,另一类为支链淀粉。淀粉粒中直链淀粉和支链淀粉的比例随作物种类和品种的不同而异。禾谷类淀粉中直链淀粉含量为20%~25%,豆类淀粉中直链淀粉含量为30%~35%,豌豆中直链淀粉含量为60%~75%,而糯性粮食,如糯米、糯玉米等,则几乎都是支链淀粉。直链淀粉在工业上的用途比较多,可制成强度很高的纤维和透明薄膜,无味、无毒性,并有抗水和抗油的功能,是一种良好的食品包装材料。支链淀粉也能制成透明薄膜,但强度很差,遇水立即溶解,一般被用作糖果内包装纸。

纤维素和半纤维素主要存在于粮粒的皮层中。纤维素是植物组织中的一种结构性多糖,是组成植物细胞壁的主要成分。半纤维素也是组成植物细胞壁的主要成分之一,初生细胞壁和次生细胞壁中都含有半纤维素。人体消化系统不能分泌出纤维素酶类,纤维素和半纤维素都不能被人体消化吸收,其对人体无直接营养意义,因此在粮食加工时,需将粮粒外部含纤维素很多的皮层去掉。

(二)蛋白质

一般谷类粮食含蛋白质不超过15%,豆类和油料中蛋白质含量可达30%~40%。在评价某种粮食的营养性和食用性时,蛋白质的品质和数量占有重要的地位。

1. 蛋白质的化学组成

在自然界中,所有的简单蛋白都含有碳、氢、氧、氮4种元素,此外,大多数蛋白质还含有少量的硫,结合蛋白还含有铁、硫、镁、锌、钼、铜等元素。

氮是蛋白质中的特殊元素,几乎所有的蛋白质都含有一定量的氮,其含量一般为15%~19%,平均为16%,因此在进行蛋白质的定量分析时,只要测定样品中的含氮量,求出蛋白质换算系数,就可以粗略推算出蛋白质的含量。其公式是:

$$蛋白质含量 = 含氮量 \times 蛋白质换算系数$$

通用的蛋白质换算系数为6.25,即1份氮相当于100/16=6.25份的蛋白质。但这种换算系数是以蛋白质的含氮量为转移的。由于各种粮食的蛋白质的含氮量不同,所以在测定各种粮食蛋白质含量时,应分别采用相应的蛋白质系数进行换算。

蛋白质的基本组成单位是氨基酸,蛋白质彻底水解后,便可得到各种氨基酸。组成蛋白质的氨基酸有20多种,其中有8种氨基酸人体自身不能合成,必须从食物蛋白质中提取,如果食物中缺乏这些氨基酸,就会影响人体的正常生长和健康,因此,这些氨基酸称为必需氨基酸。这8种氨基酸是色氨酸、赖氨酸、苏氨酸、缬氨酸、亮氨酸、异亮氨酸、蛋氨酸和苯丙氨酸。此外,对于儿童来说,组氨酸和精氨酸也是必需的氨基酸。

2. 蛋白质的分类及性质

通常根据蛋白质化学组成的复杂程度,将蛋白质分为简单蛋白和结合蛋白2类。

(1)简单蛋白。简单蛋白又称单纯蛋白,只含有α-氨基酸。粮食种子胚乳或子叶中的贮藏性蛋白质都属于这一类。简单蛋白根据溶解度的不同,又可分为7类。

①清蛋白。溶于水及中性盐溶液，热稳定性差，60 ℃变性。粮食种子中都有清蛋白，如豆清蛋白和麦清蛋白，但含量很少。

②球蛋白。不溶于水，溶于中性盐的稀溶液，加热不全部凝固。球蛋白是豆类和油料种子中的蛋白质的主要成分，如大豆球蛋白、花生球蛋白等。

③醇溶蛋白。不溶于水及中性盐溶液，溶于 70%~80% 的酒精。醇溶蛋白为禾谷类粮食种子中的贮藏性蛋白，如小麦醇溶蛋白、大麦醇溶蛋白和玉米醇溶蛋白等。

④谷蛋白。不溶于水、盐液、酒精，溶于稀酸或稀碱溶液。谷蛋白是某些植物种子中的贮藏性蛋白质，禾谷粮食种子中均有，如米谷蛋白、麦谷蛋白等。

除以上 4 类蛋白质外，简单蛋白中还有组蛋白、精蛋白和硬蛋白，这些大多数是动物性蛋白质。

(2) 结合蛋白。简单蛋白与非蛋白质物质结合而成的复合体，称为结合蛋白。其非蛋白质的部分称为辅基。根据辅基化学成分的不同，结合蛋白又可分为核蛋白、色蛋白、磷蛋白、糖蛋白和脂蛋白 5 类。核蛋白的辅基是核酸，色蛋白的辅基是含金属的色素，磷蛋白的辅基是磷酸，糖蛋白的辅基是多糖，脂蛋白的辅基是脂类。粮食中仅胚部含有极少量的结合蛋白，主要是核蛋白。在粮食加工时，结合蛋白会随着胚的除去而损失掉。结合蛋白的稳定性较差，故含胚成分多的食品不易贮藏。

3. 粮食中蛋白质的含量及氨基酸成分

粮食中蛋白质的含量因粮食种类而不同。一般来说，豆类含蛋白质最多，油料次之，禾谷类较少（表 2-2）。同一种粮食，其蛋白质含量又因品种、土壤和气候条件而不同。以小麦为例，红皮硬质春小麦的蛋白质含量最高，而白皮软质冬小麦的则最低。南方多雨，北方干旱，北方小麦的蛋白质含量又比南方高。

表 2-2 常见粮食种子的蛋白质含量 %

粮食种类	蛋白质	粮食种类	蛋白质	粮食种类	蛋白质
小麦	7.5~15	燕麦	10~12	菜豆	10~25
普通硬麦	12~13	玉米（马齿种）	9~10	花生	21~36
普通软麦	7.5~10	高粱	10~12	向日葵	25~27
硬粒小麦	13.5~15	大米	7~9	芝麻	24~26
大麦	12~13	大豆	32~46	油菜籽	20
黑麦	11~12	豌豆	20~25	棉籽	17~32

粮食的种类不同，各类蛋白质的含量也各不相同（表 2-3）。禾谷类种子中的蛋白质主要是醇溶蛋白和谷蛋白，其中以高粱的醇溶蛋白含量和大米的谷蛋白含量最为突出。而小麦的特点则是胚乳中醇溶蛋白与谷蛋白的含量几乎相等，它们能形成面筋。燕麦例外，球蛋白的含量最多。豆类和油料种子中的蛋白质绝大部分是球蛋白。

各类蛋白质在粮食籽粒中的分布是不均匀的。小麦籽粒中醇溶蛋白和谷蛋白全部包含在胚乳内，而清蛋白和球蛋白则在胚和胚乳中部存在。一般胚和糊粉层里面主要是球蛋白和少量的清蛋白，只有玉米例外，胚中还含有少量的谷蛋白。

醇溶蛋白和谷蛋白中含有大量的谷氨酸，其中绝大部分呈酰胺形式。此外，脯氨酸和亮氨酸也很多，这是禾谷类粮食蛋白质的又一特点。

表 2-3　粮食种子蛋白质中各类简单蛋白的相对含量　%

蛋白质来源	种子中蛋白质总量	清蛋白	球蛋白	醇溶蛋白	谷蛋白
大米	8~10	2~5	2~8	1~5	85~90
小麦(HRS)	10~15	5~10	5~10	40~50	30~40
大麦	10~16	3~4	10~20	35~45	35~45
燕麦	8~20	5~10	50~60	10~15	5
黑麦	9~14	20~30	5~10	20~30	30~40
玉米	7~13	2~10	10~20	50~55	30~45
高粱	9~13	痕迹	痕迹	60~70	30~40
大豆	30~50	少量	85~95	极少量	极少量
芝麻	11~20	≤4	80~85	极少量	极少量

麦胚和米胚中的蛋白质主要是球蛋白,也有少量的清蛋白,无醇溶蛋白和谷蛋白,故胚中含赖氨酸较多。以小麦为例,大约是胚乳的 2.5 倍,所以胚的营养价值较胚乳高。但是胚在加工时大多数会被除去,因此,谷类加工的成品粮中赖氨酸更加缺少。

豆类和油料种子中的蛋白质主要是球蛋白,含赖氨酸较多,因此营养价值较高,可与谷类粮食混合食用,以提高谷类粮食的营养价值。

(三)脂类

脂类物质包括脂肪、类脂(蜡、磷脂、糖脂、类固醇)和一些脂肪伴随物(脂溶性色素及脂溶性维生素等)。

1. 脂肪

脂肪是脂肪酸的甘油三元酯,即脂肪酸与甘油所形成的酯,称三酰甘油酯或三酸甘油酯。脂肪酸是脂肪分子中的主要成分,它由氢和碳排列成长键,氧化时必须从空气中夺取大量的氧而放出热能,因此,人体能从脂肪中获得能量。

组成脂肪的脂肪酸有饱和脂肪酸和不饱和脂肪酸 2 类。通常动物脂肪酸中含饱和脂肪酸多,常温下呈固态;植物脂肪酸中含不饱和脂肪酸多,常温下呈液态。粮食脂肪酸中主要的不饱和脂肪酸有油酸、亚油酸和亚麻酸等。不饱和脂肪酸对人体来说有较高的营养价值,如亚油酸、亚麻酸是维持人体正常生长发育和健康所必需的脂肪酸,而且这些脂肪酸人体自身不能合成,必须从食物中摄取,因此称为必需脂肪酸。粮食是人体必需脂肪酸的主要来源。

谷类粮食中脂肪含量虽然较少,但大部分集中在胚部和皮层,如米糠含油量为 16%~21%,小麦胚含油量为 14.3%,大麦胚含油量为 22.4%,玉米胚含油量为 33%~35%,这些谷类粮食的加工副产品,都是很好的食用油源。

粮食中脂肪的存在,对粮食的安全贮藏和食品加工有重要影响。粮食食品在加工和贮藏的过程中,各营养成分的劣变以脂肪最快,淀粉其次,蛋白质的劣变较慢。

2. 类脂

类脂是类似脂肪的物质,但严格地讲,只包括脂肪酸的衍生物,主要是蜡、磷脂、糖脂和固醇。

(1)蜡。蜡是由高级脂肪酸与高级一元醇脱水缩合生成的脂。粮食种子中的蜡,通常不积存于细胞内，而是分布于果皮和种皮的表皮上面，可以增加皮层的不透水性和稳定性，对粮粒有一定的保护作用。

蜡在常温下呈固态，不亲水，比水轻，熔点不高，可以切割，有滑腻感，有光泽。蜡在肠胃中不能消化，不具备食物营养作用，因此在粮食食品中应尽量降低蜡的含量。

（2）磷脂。磷脂属于复合类脂。它与脂肪的不同之处在于第 3 个羟基被磷酸酯化，而其他 2 个羟基则形成脂肪酸脂。根据磷酸基上结合的化学基团的不同，磷脂又可分为卵磷脂和脑磷脂 2 类。磷酸基与胆碱结合为卵磷脂，与胆胺、丝氨酸或肌醇结合为脑磷脂。

磷脂普遍存在于植物细胞中，是种子的贮藏养料，成熟的种子中更多。豆类和油料含磷脂较多，大豆中磷脂的含量特别丰富，占干重的 2.8% 左右，油菜籽磷脂的含量占 1.5% 左右。磷脂在粮食种子中大多集中在胚中，如小麦全粒含量为 0.65%，而胚中含量为 1.55%。

卵磷脂和脑磷脂，是生物体内重要的成分，在生理上有重要的作用，对人体有比较大的营养价值，对高胆固醇及维生素 A 缺乏症等疾病均有一定的疗效。因此，在制油过程中，让磷脂保留在油品中是有利的。但是，因为磷脂的胶体作用，会把酶、微生物和其他杂质等带进油品，这对油品的保藏和品质是非常不利的，所以，对于含磷脂较多的油品，如豆油、棉籽油，必须加以精炼。取得的磷脂在食品工业中可以用作乳化剂。

（3）糖脂。它具有一般脂类溶解性质，有脑糖脂和甘油醇糖脂，脑糖脂存在于哺乳动物组织中，燕麦、大米及大豆中也有少量存在；甘油醇糖脂又称为植物糖脂，存在于绿色植物中。糖脂水解后产生脂肪酸和半乳糖。

（4）类固醇。存在于动植物体中，有游离固醇和固醇酯 2 种形式。动物固醇中最常见的是胆固醇，植物固醇中以麦角固醇为代表。

粮食中的植物固醇，有豆固醇、谷固醇、燕麦固醇和油菜固醇等。谷类粮食中固醇的含量不多，主要存在于粮食的胚中。植物固醇本身不能被人体吸收利用，但它具有抑制人体吸收胆固醇的作用，所以多吃植物油类食品，可以在一定程度上降低人体血液中的胆固醇。

3. 脂肪伴随物

脂肪伴随物在结构上不与脂肪相似，而在溶解特性上与脂肪相似。粮食中的脂肪伴随物主要有脂溶性色素和某些脂溶性维生素等。

脂溶性色素有叶绿素、叶黄素、胡萝卜素、棉酚等。近年来，叶绿素及其衍生物被广泛地应用于食品工业，作为食用色素及防腐脱臭剂。胡萝卜素和叶黄素都属于类胡萝卜素，胡萝卜素为共轭多烯烃，呈黄色；叶黄素是胡萝卜素的含氧衍生物，呈黄色。人体或动物从食物中取得类胡萝卜素，把它转变为维生素 A，其中，β- 胡萝卜素的功效最大，故有“维生素 A 原”之称。

粮食种子中一般都含有少量的类胡萝卜素，玉米籽粒中的含量为 0.1~9 mg/kg，其中，主要是 β- 胡萝卜素、隐黄素和玉米黄素，黄玉米中的含量最多，白玉米中最少。高粱中的类胡萝卜素只有玉米的一半。在某些甘薯品种（黄心）中，β- 胡萝卜素的含量可达 40~80 mg/kg。各种豆类种子在未成熟时，类胡萝卜素的含量较多，通常在 2~7 mg/kg。

棉酚是一种有毒物质，毛棉油呈深棕色或红褐色，就是因为含有棉酚，故毛棉油不能食用。

(四)维生素

粮食中的维生素分为脂溶性维生素(维生素A、维生素D、维生素E、维生素K 4种)和水溶性维生素(维生素B_1、维生素B_2、维生素B_5、维生素C等)两大类。

维生素A是一种淡黄色的黏稠液体,其主要生理功能是维持上皮细胞组织的完整与健康,以及维持正常视觉。人体缺乏维生素A时,最初会产生夜盲症,严重时眼角膜充血硬化和感染发炎。粮食种子中不含维生素A,但含有β-胡萝卜素,β-胡萝卜素在人体内能转变成维生素A,因此,在粮食加工中,应尽量保留其固有色,可以充分利用胡萝卜素的营养功能。

维生素D是固醇类物质,其主要功能是调节钙、磷代谢,维持血液钙、磷浓度正常,促进牙齿与骨骼的正常发育。缺乏维生素D,儿童会骨骼发育不良,容易患佝偻病,成人则会骨骼脱钙。维生素D仅存在于动物体内,但在麦胚油、棉籽油等植物油中含有少量麦角固醇,麦角固醇经紫外光照射后可变成维生素D。

维生素E又称生育酚或抗不育维生素,为透明的淡黄色油状液体,其功能与动物的生殖功能有关,长期服用可以延缓衰老。粮食中的维生素E分布很广,特别是胚部富含维生素E,比如小麦胚就是提取维生素E的良好原料,因此,维生素E又称麦胚醇。在各种植物油中,维生素E的含量都很丰富,所以植物油是人体维生素E的良好来源。

维生素B_1、维生素B_2、维生素B_5等B族维生素,各成员在化学结构和生理功能上并无关系,但在溶解性与分布上则大致相同。维生素B_1又称抗脚气病维生素,对维持正常糖代谢起着十分重要的作用。人体缺乏维生素B_1时,轻则神经系统失常,脑力、体力容易疲乏,消化不良,食欲不振,重则患多发性神经炎,即脚气病。维生素B_2又称核黄素,人体不能合成维生素B_2,人类食物中如果缺少维生素B_2,则呼吸能力减弱,整个新陈代谢受阻碍。粮食籽粒中含有少量的维生素B_2,其含量比维生素B_1要少一些,分布情况大致相同。维生素B_5又称抗癞皮病维生素,包括烟酸和烟酰胺2种化合物。烟酰胺是辅酶Ⅰ和辅酶Ⅱ的主要成分,人体缺乏烟酸时会引起癞皮病。B族维生素广泛存在于粮食中,主要集中在胚、皮层和糊粉层中,胚乳中的含量很少。在粮食加工时,B族维生素大多转入副产品中。在食品制造时,如水洗、加热、烘烤或油炸等工序,B族维生素容易流失或受破坏,因此应尽量采取措施减少损失。

维生素C又称抗坏血酸,是烯醇式已糖酸内酯。它具有多种功能,人体自身不能合成。人体缺乏维生素C时,可能会引起多种病症,其中最显著的是坏血病。谷类籽粒中都不含维生素C,只有在种子发芽时才有合成。维生素C全部集中在幼芽中,胚乳中不含维生素C,但豆类发芽后,幼芽和子叶都含维生素C。维生素C性质不稳定,易因加热而破坏,故在食品加工中损失最重。

(五)矿物质和水

1. *矿物质*

粮食中矿物质的含量,一般用“灰分”来表示。在粮食灰分中,磷最多,它们大都以有机状态存在,在种子的代谢过程中起着极为重要的作用。钾的含量仅次于磷,多半以离子状态存在,对碳水化合物的合成、转运和贮存,以及蛋白质的代谢都有极密切的关系。镁和钙都是植酸盐的成分,镁还是叶绿素的成分。铁和硫的含量都很少,但铁是辅基卟啉的重要成分,硫是蛋白质中含硫氨基酸及辅酶A的特有成分。

灰分在粮食籽粒各部分的分布是不平衡的,粮粒中一般以表皮、糊粉层所含灰分最多，胚次之。粮食在加工过程中，精度越高，其灰分含量越少。有人提倡降低加工精度，以满足人体对钙、磷、铁等矿物质元素的需要。

2. 水分

各类粮食在正常情况下一般含有13%~14%的水分。粮食中的水分有2种状态：一是游离水，二是结合水。游离水即自由水，这种水可以被保留在物体团粒间或孔隙内，而且仍具有普通水的性质。贮藏加工过程中粮食水分的增减，主要是游离水的变化。结合水即束缚水，这种水与吸收它的物体紧密结合，作为该物质的主要组成部分。结合水与粮食中蛋白质、碳水化合物、纤维素等亲水性物质，通过吸附作用相结合，因此性质稳定，一般不能被曝晒除去，温度在 -25 ℃也不会结冰。排除这种水，会改变物质的性质。这种水不能为生物所利用。在粮食与食品检测中，用烘干法测得的粮食水分通常是游离水与结合水的总和。

粮食的含水量，对贮藏、加工及食品制造都有重要的影响。在粮食贮藏过程中，游离水的存在对粮食的安全贮藏十分不利。只有当粮食的含水量下降到结合水的范围内，粮食才能处于稳定的休眠状态。粮食贮藏实践中规定的安全水分标准是：谷类12%~14%，豆类10%~13%，油料7%~9%。

在粮食加工时，水分过高或过低都会影响粮粒的物质性质和工艺品质。一般稻谷加工的标准水分是13.3%~16.0%，籼稻比粳稻略低。小麦入磨前需要先通过润麦处理，使水分要求达到14%~14.5%，以增加皮层的韧性，避免麦皮破碎混入粉中，降低面粉质量。

☞拓展知识

粮食加工对谷物营养价值的影响

谷类加工主要是经过适当碾磨，去除杂质和大量的谷皮，使其呈粉状或粉粒状，便于烹调，增进感观性状，提高消化吸收率。由于谷粒构造的特点，维生素、无机盐和含赖氨酸较高的蛋白质集中在谷粒的外围部分和胚芽，胚乳内部含量逐渐降低，因此这些营养素的存储情况与加工方法、加工精度有密切关系。

在小麦碾磨加工中，在出粉率为99%时，维生素PP、维生素B_2和吡哆含量急剧下降。在出粉率为85%时，维生素B_1含量陡然降低。在出粉率为70%时，这些B族维生素的含量仅保留原有总量的35%以下，所以过分地提高米、面精度，会使谷胚连同内胚乳周围的糊粉层及吸收层大部分转入副产品中（如糠皮中），也使含赖酸基较高的蛋白质及B族维生素严重损失。反之，如出粉（米）率太高，虽然保留了较多的营养素，但产品中带有大量谷皮，维生素和植酸量增加，不利于人体消化吸收及利用。

《留胚米》（GB/T 42227-2022）规定：留胚米是指采用稻谷或糙米为原料加工的、胚芽保留率达到80%以上的商品大米。米粒中包括全胚粒、平胚粒、半胚粒，最大限度保留“有机杂质”和“无机杂质”等营养成分。一般而言，留胚米又称胚芽米。米胚中含有丰富的脂肪、蛋白质和维生素B_1等，营养价值很高，因此留胚米的营养成分相当丰富。留胚米加工技术是新兴的大米加工技术之一，代表了大米加工产业的发展方向。

任务二　主要杂粮及其制品

【任务导入】

> **问**
>
> 1. 常吃杂粮都有哪些好处呢？
>
> 2. 吃杂粮的误区有哪些？

《黄帝内经》说，“毒药攻邪，五谷为养，五果为助，五畜为益，五菜为充”。什么意思呢？意思是药物为治病攻邪之物，其性偏，五谷杂粮是保证人体营养必不可缺的，水果、肉类、蔬菜是必要的补充剂。现代人生活水平提高，饮食精细化，鱼、肉、果、菜等在饮食结构中所占比例增加，导致饮食失调，疾病横生。不少“富贵病”是由于人们吃得过精过细而导致的。人们不太喜欢吃粗粮，主要原因还是入口的口感不好。由此可见，有时候感觉并不都是对的。粗粮中的膳食纤维虽然不能被人体消化利用，但能通肠化气，清理废物，促进食物残渣尽早排出体外。因此，合理饮食对健康生活具有相当大的意义。

必备知识

一、杂粮概述

我国高度关注居民的营养健康水平。2016 年，国家卫生计生委疾病预防控制局发布《中国居民膳食指南(2016)》，结合中华民族饮食习惯以及不同地区食物可及性等多方面因素，提出符合我国居民营养健康状况和基本需求的膳食指导建议。2017 年，国务院办公厅印发《国民营养计划(2017—2030 年)》，从我国国情出发，立足我国人群营养健康现状和需求，明确了今后一段时期内国民营养工作的指导思想、基本原则、实施策略和重大行动。2019 年，国务院印发《国务院关于实施健康中国行动的意见》，提出实施合理膳食行动，聚焦当前人民群众面临的主要营养健康问题和不合理膳食行为，针对全人群加强营养和膳食指导，推动提升我国居民营养健康水平。

1. 关于倡导杂粮消费，优化中华民族膳食结构

合理膳食是健康的基础。近 30 年来，我国居民膳食模式中谷类作为传统主食的地位发生了变化，居民的谷类消费量逐年下降，动物性食物和油脂摄入量逐年增多。为此，《中国居民膳食指南(2016)》提倡“食物多样，谷类为主”，保持我国膳食的良好传统，避免高能量、高脂肪和低碳水化合物膳食对健康的不利影响。

国家卫生健康委员会贯彻落实《国民营养计划(2017—2030 年)》和《健康中国行动(2019—2030 年)》，完善营养健康标准体系，推动开展营养健康食堂、营养健康餐厅等试点示范建设，组织开展营养师和营养指导员培训和考核试点工作，营造良好的营养健康环境。推动发展营养导向型农业和食品加工业，支持农业农村部实施营养主食、双蛋白工程等重大项目，为居民提供多样化的营养健康产品。开展系列宣传倡导，提倡每天的膳食包括谷薯类、蔬菜水果类、畜禽鱼蛋奶类、大豆坚果类等食物；每天至少摄入 12 种以上食物，每周摄入至少 25 种以上食物；主食应当注意增加全谷物和杂豆类食物，提升居民的营养知识素养。

2. 关于弘扬杂粮文化，实施中小学生食育行动

2019 年，教育部、市场监管总局、卫生健康委联合印发《学校食品安全与营养健康管理规定》，对中小学校科学配餐和膳食营养、加强营养健康宣传教育等提出了明确要求，并将营养健康知识纳入学校健康教育教学内容。国家卫生健康委正在研究制订学校集体供餐单位营养操作规范等标准，推动开展营养健康学校等试点示范建设，为学生创造营养健康的学校环境，促进学生健康饮食习惯的养成。

3. 关于宣传杂粮健康营养知识，引导大众杂粮消费

国家卫生健康委高度重视营养知识普及工作，推动普及合理膳食理念。多年来，以“全民营养周”和“中国学生营养日”等为契机，在全国广泛开展系列主题宣传活动，普及“食物多样、营养安全、吃动平衡”的合理膳食健康生活方式。《中国公民健康素养——基本知识与技能（2024 年版）》中指出：“体重关联多种疾病，要吃动平衡，保持健康体重，避免超重与肥胖。”“膳食应以谷类为主，多吃蔬菜、水果和薯类，注意荤素、粗细搭配，不偏食，不挑食。”

二、小米及其制品

谷子碾去颖壳和皮层后称为小米。我国谷子的种植面积仅次于稻谷、小麦、玉米，居第 4 位，河北产量最高，其次是黑龙江、山西、山东、内蒙古、吉林、河南、辽宁、陕西等地。

我国名贵的小米品种有河北桃花镇的“九根齐小米（桃花米）”、山西次村乡的“沁州黄小米”、山东马坡的“马坡金谷小米”等。

小米有粳性小米和糯性小米 2 种，营养价值较高，在人体内的消化吸收较好，是我国传统的食品之一。

（一）小米的营养价值

小米蛋白质含量为 9.3%~9.7%，在谷类粮食中是较高的。

小米蛋白质的氨基酸构成特别丰富，含有亮氨酸、色氨酸和甲硫氨酸等人体必需氨基酸，是禾谷类粮食所少有的。小米的主要营养成分、微量元素、必需氨基酸含量大多高于大米和小麦。

小米中所含的类似雌性激素物质，有保护人体皮肤细嫩、延缓衰老的作用，还可防止老年斑、色斑的产生，起到抗衰老的效果。小米还含有一种特殊功能的黏蛋白，能维持人体心血管壁的弹性，防止动脉粥样硬化，使皮下脂肪减少，防止肝肾中结缔组织萎缩，预防胶原蛋白缺乏病发生，并对人体的呼吸道、消化道、关节腔和浆膜腔有良好的滑润作用。

小米含糖（淀粉）量是所有谷物中最高的，而淀粉的消化吸收率在 99.4% 左右。因为小米中含有支链淀粉较多，能迅速分解、转换供能、补充血糖，所以可以使机体在较短时期内得到恢复，这也是一些糖尿病患者在食用小米后，血糖升高的主要原因之一。小米的这种理化反应和生物效应，对产妇大有益处，却不利于糖尿病患者控制餐后血糖。且小米中的蛋白质属于半完全蛋白质，缺少某些氨基酸（如赖氨酸），因此不适合糖尿病者长期食用。

（二）小米的健康价值

粳性小米可作为主粮，一般用于焖饭、煮粥或磨成小米粉食用。小米还具有一定的食疗功效。《神农本草经》记述，小米味咸、微寒，养肾气、除胃热、利小便，是一种食药兼用的功能食品。

(1)将小米 50 g、黄精 10 g、枸杞子 10 g 制成“二精粥”,可抗衰老。

(2)将小米 50 g、生黄芪 30 g、山药 10 g、枸杞子 10 g、玉米须 30 g、藕粉 10 g 制成“芪米粥”,可用于肾病的辅助治疗。

(3)小米、粳米各 50 g,红枣 5 枚,枸杞 15 g,桂圆、酸枣仁各少许,先将酸枣仁煎汁去渣,与小米、粳米、红枣、枸杞、桂圆共煮成粥,睡前食用,可改善因熬夜导致的血虚眩晕、耳鸣、失眠等症。

(4)小米、菊花可制成明目的“菊花药膳”。

(5)小米、胡萝卜可制成富含维生素 A 的“小米胡萝卜粥”。

(6)小米、山楂制成“小米山楂药膳”,可供高血压患者长期食疗,具有良好的辅助降低血脂、血黏度的效果。

(7)将小米制成“功能性小米营养粉”,通过合理的营养搭配,使氨基酸含量均衡,有目的性地进行营养强化,如老年小米营养粉、儿童补钙(锌、铁)小米营养粉、孕妇小米营养粉等,可作为特殊膳食人群专用食品。

(8)糯性小米适宜酿酒、酿醋,或制成饴糖、糕点、方便食品、米粽传统食品等,这些食品都具有良好的功能特性。

(三)提高小米营养价值的有效措施

小米所含必需氨基酸构成比例不平衡,亮氨酸和色氨酸含量超出世界卫生组织(WHO)的推荐值,而赖氨酸的含量却不到推荐值的 50%,同时,小米中与赖氨酸结构近似的精氨酸含量过高,更影响了赖氨酸的合理利用,所以小米蛋白质的生物效价只有 57%,稍高于高粱(56%)。小米与富含赖氨酸但缺少甲硫氨酸的豆类混合搭配食用,有良好的互补效果,可以显著提高两者的食用价值。

1. 混合搭配食用

将小米与玉米、高粱、大豆、小麦等多种粮食混合加工,制成杂合面食用,能显著提高小米的营养价值。

2. 小米的营养强化

小米的营养强化比较简单,只要按一定比例把有关营养素添加到小米粉中去,进行机械搅拌、混合均匀,再制作小米面食品即可。

3. 糙小米及糙小米粉

小米的营养成分,大部分存在于胚芽、外表皮和谷糠中,在碾制过程中,胚芽以及谷子釉质部分和谷糠一起被磨碾掉了,所以大量的营养物质随之流失。例如,精小米中脂肪含量为 3.5%,而细谷糠中则高达 17%,维生素 E、维生素 B 及丰富的膳食纤维都流失到谷糠中,因此精小米的营养价值下降。经常食用糙小米对人体健康十分有利,尽管其口感较差。随着膳食纤维制品的开发,许多国家和地区开始兴起食用糙米的热潮,如糙米粉、糙米饮料等制品。

三、燕麦及其制品

燕麦,又称莜麦、铃铛麦、野小麦等,主要分布在内蒙古、山西、河北的高寒地带。我国栽培的燕麦以裸粒型为主,又称裸燕麦(莜麦)。燕麦对提高人类健康水平具有重要的价值,因而受到重视。2014 年,我国燕麦总产量为 85 万吨。《绿色食品　燕麦及燕麦粉》(NY/T 892-2014)于 2015 年 1 月 1 日开始实施,确保燕麦食品及其制品生产过程规范、产品安全,这对我国燕麦产业发展具有重要意义。

(一)燕麦的营养价值

1. 燕麦的营养成分

燕麦蛋白质含量在禾谷类粮食中居首位,且营养价值较高,8 种必需氨基酸齐全。配比合理,人体利用率高,其中,赖氨酸含量是大米的 2 倍多。燕麦中油脂的亚油酸含量约为 45%。

燕麦营养成分中所含膳食纤维、微量元素、维生素都十分丰富,并含有禾谷类作物中独有的皂苷,因此燕麦具有较高的食用价值。随着我国粮油食品工业中健康食品、方便食品的兴起,一些燕麦片、即食方便燕麦片、即食莜麦粉、莜麦方便面、健康莜麦面茶、燕麦乳等新型燕麦食品相继问世,已逐渐成为航空人员、旅游者、婴幼儿、中老年人等特殊群体的健康食品。尤其是各种燕麦片,更是受到中老年人、糖尿病患者、亚健康人群的喜爱。

2. 燕麦的食用禁忌

(1)燕麦片粥、燕麦打浆食用时,均不宜添加糖和食盐。

(2)胃病患者,不宜食用燕麦全面粉制品。

(3)燕麦粉制品,应根据个人健康状况食用,一般以半饱为宜。

(4)为保持燕麦营养素不被流失,在用燕麦片煲粥、烹调时,均不宜用水淘洗,要将麦片和麦末同煲、同冲食用为佳。

(5)在选购燕麦粉时,最好是选全麦面粉,因为其食用价值最高。

(二)燕麦的健康价值

燕麦不仅营养价值高,同时还具有一定的健康价值。我国中医学认为,燕麦味甘、性平,对人体具有滑肠、润肠作用,可益肝和脾,并可用于辅助治疗妇女难产、驱虫、产妇催乳、婴幼儿营养不良等。燕麦具有多种生理功能,如调节血脂、调节血糖、减肥、改善胃肠功能、延缓人体衰老等。燕麦中的亚油酸是人类最重要的必需脂肪酸,不仅可用来维持人体正常的新陈代谢,而且是合成前列腺素的必要成分。燕麦中的单不饱和脂肪酸、可溶性纤维(β- 葡聚糖)、皂苷等,可以降低人体血液中胆固醇、甘油三酯等的含量,从而减少患心血管疾病的风险。

燕麦中含有大量的多酚类抗氧化物质,如肉桂酸衍生物、对香豆酸、对羟基苯甲酸、邻羟基苯甲酸、4- 羟基苯乙酸、香草醛、儿茶酚等活性成分,使燕麦具有降血脂、提高免疫力、抑制脂质氧化及延缓衰老等重要生理功效。此外,燕麦所含有的微量皂苷与膳食纤维结合,可以吸收胆汁酸,减少胆石症。燕麦含有多种抗氧化物质,包括维生素 E、植酸、酚类物质。

四、荞麦及其制品

荞麦,又称三角麦、荞子等。荞麦本来不属于禾本科的粮食作物,但其营养素及食用品质与禾本科粮食十分相似,所以将其列入谷类粮食系列。荞麦花朵大而多,花期长,蜜腺发达,具有香味,花蜜质量好,是我国三大蜜源作物之一。

我国生产的荞麦有甜荞麦和苦荞麦。荞麦营养全面,具有独特食用价值。

(一)荞麦的营养价值

荞麦含有其他杂粮所没有的叶绿素、芸香苷(芦丁),与甜荞麦相比,苦荞麦中芸香苷含量高 13.5 倍,维生素 B_2 高 1.16 倍。荞麦的营养价值和健康价值较高,并且,组氨酸、精氨酸含量较高，有利于儿童的健康成长。

荞麦的营养价值很高，其蛋白质以球蛋白为主，富含禾谷类粮食中较少的赖氨酸，其含量达 740 mg/100 g，是小麦的 2.8 倍；脂肪中的油酸和亚油酸含量占 75%~80%；淀粉容易糖化，人体消化吸收快，单粒淀粉直径比普通淀粉粒小 5~11 倍，多属软质淀粉，使荞麦食品具有易熟、易消化吸收的特点。荞麦还富含多种维生素，胡萝卜素、维生素 B_1、维生素 B_2、维生素 B_5、维生素 E 等的含量均高于大米、小麦。荞麦食品中含有其他谷物所不具有的多元酚衍生物的生物类黄酮物质、荞麦糖醇、2,4- 二羟基顺式肉桂酸等，其中，芸香苷含量高达 610~800 mg/100 g。芸香苷是黄酮类物质之一。这些成分对人体具有明显的降血脂、降血糖、抗氧化、改善便秘等食疗健身功能。在食品制作时，根据各种食品的品质需要，可将荞麦面粉与小麦面粉进行合理搭配，制作馒头、豆包、面包、饼干等多种粮油食品。

（二）荞麦的健康价值

荞麦同时还具有保健、食疗价值，是一种加工制作保健食品、食疗食品的理想原辅料。中医学认为，荞麦味甘、性平、无毒，对人体具有清热、解毒、消食、化积的功用。现代医学研究证实，荞麦的种子、幼苗和花叶中含有能防治高血压的芸香苷，经常食用荞麦食品对缓解高血压患者的症状很有好处。

临床应用的“全荞麦片”具有消炎、清热、化瘀的功效。在西欧国家，荞麦是对小麦蛋白过敏的病人的食物之一。经荞麦中的芸香苷降解的苷元槲皮素具有消炎作用，可用于辅助治疗支气管炎、咳嗽等疾病。由荞麦生产的荞麦咖啡，由于含有天然芸香苷，因此对减少老年斑有良好的作用。可用荞麦抗营养因子的浓缩物生产天然减肥药物。荞麦淀粉的工业化应用为变性淀粉工业、黏合剂生产、药物缓解剂的生产增加了新产品。

我国利用新工艺，还生产出以 3 种苦荞粉为原料的“复方苦荞双降粉”(降血糖、降血脂)，并用其制作功能性粮油食品。以荞麦为原料，采用纯麦曲为糖化发酵剂及传统黄酒生产工艺生产，保留了荞麦固有的营养成分，又融合了麦曲中的营养，所制得的荞麦黄酒可用于辅助治疗高血压、糖尿病，是良好的保健饮料酒。荞麦中的苦味素，是清热、降火、健胃的疗效成分，我国已研制出苦荞系列食品，受到糖尿病、心血管疾病等特殊膳食人群的欢迎。

（三）苦荞麦保健新食品

随着研究与产业发展的日渐成熟，苦荞麦不仅可作为加工各种保健食品的原料，而且从中提取的各种天然活性成分可作为食品配料。生物类黄酮、多酚、多肽等是苦荞麦的重要功能因子，对人体具有清除超氧化自由基、软化血管、防治动脉粥样硬化、抗脂质过氧化和保护红细胞等功效。苦荞麦中的槲皮素和异槲皮苷是芸香苷的同系衍生物，具有更多的生物活性功能。苦荞异槲皮苷具有抗抑郁症的效果。新研制生产的有苦荞米、苦荞茶、苦荞面类食品、苦荞醋类食品和苦荞保健酒等。

1. 苦荞米和苦荞茶

苦荞米、苦荞茶是两款风味型保健饮品，其中的槲皮素和 *D*- 手性肌醇含量分别提高了 9.08 倍和 3.63 倍。

2. 苦荞面类食品

苦荞麦的淀粉含量约为 60%，是苦荞麦食品加工的主要原料，但因面筋含量低，加工品质较差。采用挤压预糊化成型工艺和苦荞功能食品配料强化技术开发的苦荞方便米粉、苦荞保鲜湿面、苦荞麦配方面粉等面食产品，具有良好的抗氧化活性和口感。

3. **苦荞醋类食品**

苦荞醋口服液和苦荞黄酮醋软胶囊两款新产品，在传承醋健康功能基础上，复合了苦荞富含的生物类黄酮、*D*-手性肌醇、酚酸、硒等功能活性成分。我国已实现苦荞醋类食品的产业化生产。

4. **苦荞保健酒**

苦荞保健酒以苦荞麦为原料，采用制酒传统工艺发酵，并提取苦荞酒糟中的黄酮类活性物质，调配勾兑至酒中，保留了苦荞麦富含的功能成分和抗氧化活性。

五、大麦及其制品

大麦是世界上非常古老、分布非常广的谷物之一，总产量仅次于小麦、水稻、玉米，居第4位。在我国青藏高原某些地区，青稞（裸大麦）是唯一适应种植的粮食作物，是当地藏民、牧民的主要食粮。大麦是食用和经济价值较高的禾谷类作物，是我国食品工业的重要原辅料，也是我国农作物的出口品种之一。

大麦有带稃和不带稃2种。裸大麦在江苏称为“元麦”，在湖南称为“米大麦”，而在青藏高原称为“青稞”。稃大麦又称“啤酒大麦”。大麦通过碾剥加工除去内、外稃，成为大麦米，又称“珠麦”。

（一）大麦的营养价值

大麦是我国食品工业的重要原辅料，药食同源，具有较高的营养和食用价值。大麦的蛋白质含量高于小麦粉和玉米粒的含量，主要是胶原蛋白和谷蛋白，其生物效价为64%（比大米、小麦都低）。大麦面团中面筋含量也低，粗纤维含量高达4%（青稞中含1.5%左右），比其他禾谷类粮食高。大麦中的矿物质含量、维生素含量比小麦高。在食用时进行合理搭配，可提高大麦的营养价值和食用范围。

大麦籽粒糖类含量为71%~79%，其中，淀粉含量在68%左右，可溶性糖含量达6%~7%，比其他谷类粮食高。大麦及大麦芽中含有丰富的淀粉酶，能促进淀粉的分解，所以，人们食用大麦类食品容易消化吸收。大麦中所含脂肪主要为不饱和脂肪酸，如亚油酸、油酸等，占总数的80%。

大麦中的钙、磷、铁、镁等矿物质元素比较丰富，其含量高于大米和小麦，有利于幼儿和青少年成长发育，可以促进人体纤维蛋白溶解、血管扩张，抑制凝血酶的生成，对降低血清胆固醇有一定的辅助疗效。大麦中的维生素 B_1 是增强消化机能、抗神经炎、预防脚气病的重要成分。烟酸有降低人体血脂和胆固醇的作用。裸大麦中还含有生育三烯酚和生育酚，可以抑制胆固醇的合成。大麦还是富含芸香苷的谷类，有强化毛细血管的作用，所以患高血压或脑动脉硬化者，常食大麦食品对身体健康很有好处。工业用大麦主要用于发芽。对于供酿造啤酒、制麦芽等用途的大麦，必须先储藏一段时间，待完成后熟期（一般为3个月）后，才能用作发芽。但储藏期不宜超过1年，否则会导致发芽率下降、蛋白质变性，从而失去食用价值。

（二）大麦的健康价值

中医药学认为，大麦味甘、咸，性凉，对人体具有清热利水、和胃宽肠、消食去积的功效。现代生物化学、药理学、临床学对大麦营养成分提取物及其药理的研究成果，向人类揭示和证明了大麦籽粒、大麦芽、大麦嫩苗均具有很高的生物学价值。

1. 酶类

大麦中含有多种酶类，如淀粉酶、蛋白分解酶、酯化酶等，有助人体消化吸收。

2. 膳食纤维和 β- 葡聚糖

大麦中含有丰富的膳食纤维，在人体消化过程中，膳食可增大体积、助肠道有益菌群生长、抑制脂类成分吸收，以及减少代谢毒物通过肠道的时间，从而减少结肠癌之类病症的发生。大麦中，β- 葡聚糖和戊聚糖的含量较高，容易被人体消化吸收，具有减少血液胆固醇、控制糖尿病人血糖升高的效果。

3. 尿囊素

大麦还含有尿囊素，现代药理学研究证明，尿囊素溶液能促进化脓性创伤及顽固性溃疡愈合，还可辅助治疗慢性骨髓炎和胃溃疡等病症。

4. 大麦芽

大麦芽药食兼用，具有良好的药用效果，中医药学把大麦芽效用归纳为“消食、和中、下气，主治消化不良、食欲不振、呕吐、下痢等”。大麦芽富含维生素 E 和蛋白质，有助于毛发生长，是抗衰老的食物之一，还有保护和增强消化道黏膜、改善通便和防治腹泻等生理功能。因为富含淀粉酶、麦芽糖、葡萄糖、蛋白分解酶等，中医常用于治疗食积不消、胸腹胀满、食欲不振、呕吐泄泻、乳胀不消等病症，是中医常用的一味良药。

5. 大麦苗、大麦嫩叶汁（粉）、麦绿素

大麦苗是大麦的幼苗，能治疗小便不畅，且冬季面目手足皱疡，可煮汁洗之，这是民间的传统便方。从大麦嫩叶中提取的大麦嫩叶汁（粉），有消炎、镇痛以及食疗糖尿病、降低血糖、降低血压、减肥等作用。麦绿素是大麦苗汁的精华，富含维生素、矿物质、活性酶、叶绿素、蛋白质等活性成分，可以增强肌体素质和免疫力，从而预防、治疗多种疾病。

6. 其他

大麦可用于制醋，作为调味品。制醋剩余的糟粕、醋渣，酸而微寒，主治气滞风壅，手臂脚、膝痛，可取炒醋糟粕适量裹之，这是民间的传统便方。

拓展知识

多吃杂粮好吗？吃杂粮的六大误区要牢记！

我们平时的主食除细粮外，还有一些杂粮，适当地吃些杂粮对身体有好处，但并不是吃得越多越好。

现在人们的保健养生意识越来越强，特别是在饮食方面，很多中老年人饮食开始偏重于杂粮，认为杂粮能提高饱腹感，控制餐后血糖和血脂。但杂粮并不是 100% 安全的，错误的做法会影响身体健康。

关于杂粮的误区有哪些？

1. 饮食单一

在很多人的意识中，粗粮只局限于薯类和玉米，其实不然，长时间吃会造成营养单一。吃杂粮也要注意饮食多元化，不能只吃一两种。

2. 烹调杂粮质地太硬

很多人不善烹调，结果使得杂粮质地太硬，从而增加肠胃不适感。一般要先把杂粮提前浸泡 2~3 h，大部分豆子和莲子需浸泡 12 h 后再煮。也可以用电压力锅来烹煮杂粮，只要掌握正确的烹调方法，杂粮饭和杂粮粥就能做得质地柔软，也可以发酵出面包和馒头，易被消化。在烹调食物时,一半白米或白面,一半杂粮,能使人体消化正常,而且不会给胃壁带来伤害。

3. 食用杂粮时太急于求成

一部分消化能力弱的人把精制米面更换为全谷杂粮,这样消化系统会不适应,常常因为碳水化合物消化率下降而引起胀气。在平时饮食中,要逐渐增加粗粮摄入,如米饭中配燕麦或杂豆,这样能给肠道一定的适应时间,慢慢改善肠道菌群,逐渐处理膳食纤维和抗性淀粉等。等消化道适应之后,再按照 1∶1 的比例搭配白米和杂粮。在此过程中,能让消化能力慢慢增强,不管是体力还是精力都逐渐变好。

4. 只是一味地喝稀粥

因为杂粮烹调时煮成粥是最为方便的,所以很多人会用杂粮粥直接替代白米饭,但粥是高水分食物,同等质量的情况下,其营养价值远远低于白米饭。杂粮粥有一定的饱腹感,长时间下去会使热量过低,体内营养不足,易引起疲劳感,所以煮杂粮粥时要尽量制作得稠一点。

5. 烹调时放太多油和糖

一部分人吃杂粮食材时会放糖或放油,如吃紫米粥或八宝粥时加入白糖;制作成全麦饼干或面包时加太多黄油,这样会影响身体健康。

6. 杂粮加工得太细

部分消化不良的人会把杂粮煮得软烂或打成粉再吃,这不适合患糖尿病和高血糖的人,因为这种吃法会增加消化速度,导致餐后血糖升高。需控制血糖的人尽量整粒烹调,不能打成粉末或煮成糊状,尽可能地保留杂粮的天然物理结构,这样能延缓餐后血糖和血脂升高。

任务三 豆类及其制品

【任务导入】

> **问**
>
> 豆类食物有哪些营养价值?

五豆补五脏,红豆补心脏、白豆补肺脏、绿豆补肝脏、黄豆补脾脏、黑豆补肾脏。豆类食品是一种高蛋白、低脂肪食品,它含有丰富的植物蛋白,蛋白质含量在30%~50%,生理价值几乎与肉相当,且富含人体需要的 8 种必需氨基酸。大豆食品几乎不含胆固醇,却含有丰富的磷脂和豆固醇,有助于降低血清胆固醇。

大豆软磷脂有促进肝中脂肪代谢、防止脂肪肝形成的作用。大豆含有丰富的矿物质和 B 族维生素,大豆异黄酮具有一定的抗氧化作用。豆类食物还含有植物雌激素,可以减轻妇女更年期症状,预防骨质疏松。

常吃的豆类有红豆、白豆、绿豆、黄豆、黑豆。

1. 红豆补心脏

红豆又称赤豆、红小豆,被李时珍称为“心之谷”。红豆还含有较多的膳食纤维,具有良好的润肠通便、降血压、降血脂、调节血糖、解毒抗癌、预防结石、健美减肥的作用。红豆有良好的利尿作用，能解酒、解毒，对心脏病、肾病、水肿均有一定的作用。红豆含有的叶酸，是产妇、乳母催乳的好食物。

2. 白豆（芸豆）补肺脏

芸豆营养丰富，还含有丰富的维生素C，蛋白质含量高于鸡肉，钙含量为鸡肉的7倍多，铁含量为鸡肉的4倍，B族维生素也高于鸡肉。芸豆具有增强抗病能力、提高人体免疫力的功能，还是一种难得的高钾、高镁、低钠食品，尤其适合心脏病、动脉硬化、高血脂、低血压症和忌盐患者食用。吃芸豆对皮肤、头发都有好处，它可以提高肌肤的新陈代谢，促使机体排毒，有减肥的作用。

3. 绿豆补肝脏

绿豆不仅有良好的食用价值，还具有非常好的药用价值，有"济世之粮谷"之说，是药食同源的食物。绿豆含有大量蛋白质、B族维生素及钙、磷、铁等矿物质，有增白、淡化斑点、清洁肌肤、祛除角质、抑制青春痘的功效。常食绿豆有辅助降压的作用，还有很好的清热解毒作用，是夏季最受欢迎的解暑佳品。

4. 黄豆补脾脏

黄豆又称大豆，是更年期女性、糖尿病患者、心血管病患者的理想食品。黄豆有健脾、润燥、消肿的功能。黄豆的蛋白质含量高且质量优，它可以增加人体的骨密度，促进骨骼健壮。黄豆含有丰富的优质脂肪，富含不饱和脂肪酸和大豆磷脂，有保护血管弹性、健脑和防止脂肪肝形成的作用，对人体健康非常有利。黄豆中的大豆蛋白质和豆固醇，能明显地改善和降低血脂、胆固醇，从而降低患心血管疾病的概率。大豆同样有美容、抗癌的功能。

5. 黑豆补肾脏

黑豆素有豆中之王的美称，特别适合肾虚者食用。黑豆有解毒利尿、除烦、消肿下气、滋肾阴、止盗汗、乌发以及延年益寿的作用。豆豉就是用黑豆发酵制成的。

"五谷宜为养，失豆则不良"，饮食平衡要有豆类的摄入。一般成年人以每天进食100 g的豆制品为宜。在食用时还要注意：红豆利尿，故尿频者少食；豆浆要煮熟喝，腹胀者要少食黄豆，否则会加重腹胀；绿豆性凉，故脾胃虚弱者少食。

必备知识

一、豆类食物的价值

豆类是我国的传统食品，是植物性蛋白质的最好来源，并且含丰富的不饱和脂肪酸、钙、磷、铁等，每天膳食吃100 g以上的大豆或豆类制品（豆腐、豆浆等）就能保证供应身体所需钙量的一半左右。大豆中还含有较多的维生素B_1、维生素B_2和烟酸等。

食物中除豆类食物是植物蛋白质的重要来源外，还包括坚果类。坚果类包括花生仁、葵花籽、核桃仁、杏仁、松子、南瓜子及西瓜子等。坚果类食物含有丰富的维生素和矿物质，还含有蛋白质、脂肪等。在豆类食物中，大豆的蛋白质含量最高，含有丰富的赖氨酸，是优质蛋白质。大豆油脂中不饱和脂肪酸含量高达85%（亚油酸含量最多），同时还含有较多的磷脂，因此大豆是预防冠心病、高血压、动脉粥样硬化等疾病的理想食品，碳水化合物的含量则相对较少。豆类还含有丰富的钙和维生素B_1，维生素B_2含量也是植物性食物中的较高者。

豆类是日常生活中不可或缺的一种食材，只是平时人们并不是十分重视它们。《中国居民膳食指南(2016)》提出每人每天应摄入全谷物和杂豆类 50~150 g，民间也有“每日吃豆三钱，何须服药连年”“五谷宜为养，失豆则不良”等说法，说明豆类在日常饮食中起着关键作用。常吃豆类有以下 6 个好处。

1. 补充蛋白质

俗话说，“豆子是地里长出来的肉”，这是因为豆类的蛋白质含量最高可达到 40% 左右，而且豆类蛋白质的氨基酸组成很接近人体的需求，其营养价值并不比肉类低，甚至可以替代肉类蛋白质，是膳食中蛋白质的良好来源。另外，豆类蛋白质中富含谷类食物缺乏的赖氨酸，所以与谷类搭配食用，可通过蛋白质互补从而大大提高膳食中蛋白质的利用和吸收。

2. 降低胆固醇

有研究发现，每日饮食中增加一份豆类食物可使“坏”胆固醇水平降低 25%，进而降低患心脏病的风险。这是因为豆类中含有一种重要的营养素——卵磷脂，它可以降低血液中的胆固醇，防止脂肪沉积在血管壁，从而起到软化血管、降低血脂的作用。

另外，豆类中还含有大量植物纤维，它们可以抑制肠道对胆固醇的吸收；可与肠道内的胆酸盐结合并排出体外，减少胆酸盐在体内积存；有利于胆固醇转变为胆酸和胆汁酸排出体外。

除此之外，豆类中还含有较多的植物甾醇，也具有降低胆固醇的功效。

所以，常吃豆类能够帮助人们降低体内的胆固醇水平，从而起到减少心血管病的风险。

3. 维护肠道健康

豆类食物是肠道的健康“卫士”。一方面，豆类中含有大量膳食纤维，它们能够促进胃肠蠕动，加快肠道中有害物质的排泄，减少食物在肠道内的停留时间，从而起到预防便秘、降低患结肠癌的风险。另一方面，豆类食物中含有较多的低聚糖，主要为水苏糖和棉子糖，这 2 种成分是特殊人群进食豆类及制品后产生腹胀的“罪魁祸首”，曾一度被视为有害成分。但是近年来的研究证实，它们能够促进双歧杆菌生长，并抑制外源性致病菌和肠内腐败细菌的增殖，对促进排便和维护肠道健康有着十分重要的作用。

4. 增强免疫力

豆类中除富含蛋白质、膳食纤维外，还含有 B 族维生素、卵磷脂、植物甾醇、大豆皂苷、钙、磷、钾、镁等营养元素。现代营养学研究证明，每天食用豆类食物及制品，坚持2周时间，人体就可以减少脂肪含量，降低患病的概率，增强免疫力。

5. 降低患癌风险

西方营养学家研究发现，中、日等亚洲国家的妇女患乳腺癌、直肠癌的风险明显低于西方国家，这与亚洲国家的女性常吃大豆及其制品有关。因为豆类中含有的植物甾醇、异黄酮、皂苷等成分均有明显的抗诱变作用，对乳腺癌、大肠癌及男性前列腺癌等均有较好的预防效果。

6. 补充雌激素

黄豆、黑豆、青豆等大豆类都含有较多的大豆异黄酮，这是一种植物激素，能够弥补女性雌激素分泌不足的缺陷，还能缓解更年期综合征和骨质疏松。

豆类食物的好处虽然很多，但是如果长期过量食用，也会给健康带来一些副作用。

二、绿豆及其制品

(一)绿豆的营养价值

绿豆,豆科一年生草本植物。我国产于黄河、淮河流域的河南、河北、山东、安徽等省。绿豆种皮的颜色主要有青绿、黄绿、墨绿3大类,种皮分有光泽(明绿)和无光泽(暗绿)2种,色浓绿而富有光泽、粒大整齐、形圆、煮之易酥者品质最好。绿豆是我国人民的传统豆类食物。

绿豆中的多种维生素及钙、磷、铁等矿物质都比粳米多,因此,它不但具有良好的食用价值,还具有非常好的药用价值。在炎炎夏日,绿豆汤是老百姓最喜欢的消暑饮料。

绿豆所含蛋白质主要为球蛋白,其组成中富含赖氨酸、亮氨酸、苏氨酸,但蛋氨酸、色氨酸、酪氨酸比较少。其磷脂成分中有磷脂酰胆碱、磷脂酰乙醇胺、磷脂酰肌醇、磷脂酰甘油、磷脂酰丝氨酸、磷脂酸。

绿豆与小米共煮粥,可提高营养价值。

(二)绿豆的功效

绿豆的营养元素很丰富,有优质蛋白、不饱和脂肪酸、维生素、无机盐等,因而也具有很多功效。据研究,绿豆含有丰富的胰蛋白酶抑制剂,吃绿豆可以补充胰蛋白酶抑制剂,有助于减少蛋白分解,保护肝脏。

另外,据测定,每100 g绿豆还含有21.6 g蛋白质,可以提高身体免疫力,补充精力,消除疲劳感。绿豆还含有丰富的钙质,有助于骨骼的健康发展,维持骨骼的健康。除此之外,还可以清热解毒、增进食欲、防治冠心病等。

(1)清热解毒。绿豆含有丰富的膳食纤维和钾元素,利于通便排尿,对病毒有抑制作用,所以有清热解毒的功效。

(2)增进食欲。绿豆含有丰富的蛋白质、磷脂,可以促进神经兴奋,提高身体机能,增加身体营养,增进食欲。

三、红小豆及其制品

红小豆,又称红豆、赤小豆、小豆,主要产区在我国东北三省,其次是河北、河南、山东、安徽、江苏等地。千粒重150 g以上者为大粒红豆,90~150 g者为中粒,90 g以下者为小粒,多数品种属于中粒,种皮多为赤色。

(一)红小豆的营养价值

种皮呈浅红、鲜红、深红或紫红色泽的小豆称为红小豆,被誉为粮食中的"红珍珠",既是调剂人们生活的营养食品,又是食品饮料加工业的重要辅料。

红小豆的蛋白质、糖类和B族维生素丰富,与禾谷类混合食用,可以营养互补而提高彼此的功效。

我国自古以来就有食用红小豆的传统习惯。一年四季,尤其是盛夏季节,红小豆汤、红豆乳,不仅解渴,还有清热解暑的功效。人们用红小豆面粉和小麦粉、大米粉、小米粉、玉米粉等搭配制成杂粮面粉,可制作多种高蛋白、低脂肪、多营养的功能食品。红小豆的出"沙"率约为75%。红豆沙是制作红豆食品的主要原料。

红小豆的赖氨酸含量高于小米和大米,所以红小豆是做腊八粥的"当家花旦",具有改善食味、增强食欲等多重功效。

红小豆淀粉含量较高(66%~75%),糊化后呈粉沙性,我国已工业化生产红豆沙粉,广泛应用于冷饮、烘焙等食品行业,所制得的豆沙冰点、冰棒、冰激凌、夹馅面包、蛋糕、豆包、炸糕等各种食品,色泽自然、豆香醇厚、适口、营养,容易消化吸收。

(二)红小豆的健康价值

中医学认为,红小豆味甘、性平、酸、无毒,具有利水除湿、和血排脓、消肿解毒的功效,对金黄色葡萄球菌、福氏痢疾杆菌和伤寒杆菌都有明显的抑制作用,多用于治疗水肿、脚气、黄疸、便血、泻痢等症疾。

红小豆含有较多的功能性成分皂苷,可刺激肠道,具有通便、利尿的作用,对心脏病、肾脏病也有一定的辅助疗效作用。红小豆还含有较多的膳食纤维,药食同源,如将红小豆和鲤鱼煮汤食用,对水肿、脚气、小便困难等有食疗作用,还可以补体虚;与冬瓜同煮后的汤汁是水肿者的食疗饮品;与扁豆、薏苡同煮,可用于辅助治疗腹泻;与马齿苋加食醋煎汤,可用于痔疮及大便带血等症状的治疗;与连翘和当归煎汤,可用于治疗肝脓肿;与蒲公英、甘草煎汤,可用于治疗肠痛;用红小豆 50 g、胡桃仁 60 g、薏苡仁 60 g,共煮稀粥食用,可治疗泌尿系统结石。

四、蚕豆及其制品

蚕豆,又称胡豆、佛豆、罗汉豆,因其豆荚形状如蚕,又成熟于养蚕时节得名。我国蚕豆产量占世界总产量的 70% 以上,主要产区在四川、湖北、湖南、云南、江苏、浙江、安徽等省,其次是甘肃、青海、河南等省,名优品种主要有浙江嘉善、亚湖等的“天凝香蚕豆”“慈溪大白蚕豆”,青海大通等的“青海大蚕豆”,上海嘉定的“嘉定白蚕豆”等。尤其是青海的大蚕豆,素以产量高、质量优而闻名。

蚕豆种皮一般为青绿色,千粒重 1 300~2 000 g,有的大粒品种达 3 000 g 以上,展现名副其实的“大豆”风采。

(一)蚕豆的营养价值

蚕豆既是食品加工业的原料,也是我国人们的一种传统小吃食品,属于低热量食物,对于患高血压、高血脂、肥胖症等特殊人群来说是一种良好的功能性豆类食品。

蚕豆蛋白质的必需氨基酸构成比例不够理想,所以在食用蚕豆时宜与大米等低赖氨酸的粮食混合煮食,可以提高蚕豆、大米两者的蛋白质含量,实现氨基酸互补。蚕豆是植物性蛋白的重要来源之一。研究报告显示,将蚕豆去壳,研磨成蚕豆面粉,适量加入小麦面粉,可使之营养品质大为提高,还不会影响小麦面粉加工制作各种面食。

(二)蚕豆的健康价值

中医学认为,蚕豆性平、味甘、有小毒,具有补脾益胃、清热利湿的功效;适用于脾胃不健、食少及湿热壅盛所致的水肿、小便不利、黄水疮等,还可医治隔食、水肿等病;具有止血、降低血压的功效。蚕豆的花、荚果、种仁及叶均可入药,具有止血、利尿、解毒消肿之辅助疗效。营养学研究发现,蚕豆除含有各种常见的营养成分外,还含有卵磷脂、磷脂酰乙醇胺、磷脂酰肌醇、腐胺、精胺等功能成分。

医学研究发现,食用蚕豆,可在一定程度上控制震颤,阻滞脑细胞退化,从而防止脑细胞进一步病变,使帕金森病病情缓解。蚕豆中所含功能成分磷脂,是人体神经组织及其他膜性组织的组成成分,所含胆碱是人体神经细胞传递信息不可缺少的化学物质,所以常食蚕豆及蚕豆制品,对增强记忆力具有良好的作用,对青少年及脑力劳动者十分有益。蚕豆具有健脾利湿、止血降压的特性，将蚕豆与红糖、冬瓜等搭配，可辅助治疗水肿、痢疾、秃疮、胎漏等症，是一种健康食品。蚕豆是低热量食物，对于高血脂、高血压和心血管疾病患者来说是理想的绿色功能性食物。

五、豌豆及其制品

豌豆，又称麦豆、戎豆，在我国产量以四川为最高，其次是陕西、河南、河北、江苏、湖北、山西、山东、云南、广东等省。豆皮有黄色、白色、黄绿色、灰褐色等。按使用品质和用途分，有菜豌豆和谷食豌豆2类。大粒白色豌豆千粒重约250 g。

豌豆是粮菜兼用之物，脂肪酸含量中的60%为不饱和脂肪酸，还是钾、铁、硒等微量元素的营养源。

（一）豌豆的营养价值

新鲜豌豆和豌豆的嫩荚是上好的菜蔬，豌豆罐头畅销国内外。豌豆不仅可以用于酿酒、酿造酱油，还可以制成酱、糕点等食品。将豌豆蛋白和豌豆纤维加入肉制品中，可生产功能性制品。

豌豆的赖氨酸含量偏高，而蛋氨酸和色氨酸含量偏低，所以豌豆蛋白质的利用率低。将豌豆与小米、精米、小麦等低赖氨酸的粮食混合食用，通过氨基酸的互补，能有效地提高两者的食用价值。

（二）豌豆的健康价值

中医学认为，豌豆味甘、性平，具有和中益气、利小便、止泻、解疮毒之功用，其幼苗可作为蔬菜，新鲜豌豆叶、茎可清凉解暑，含有丰富的维生素，所以常用来辅助医治霍乱、吐痢、痈肿等疾病。豌豆能抑制人体内黑色素的形成，富含膳食纤维，可用于辅助防治结肠病、降低血液胆固醇等。新鲜豌豆还含有分解亚硝酸胺的酶，具有辅助防癌、抗癌的特殊功效，降低患前列腺癌的风险。

豌豆荚作为蔬菜可以清肠健胃，所含的赤霉素和植物凝集素等成分，具有抗菌、消炎，增强新陈代谢的作用。豌豆苗可清炒、做汤、涮火锅等，是非常美味的食材。

豌豆苗是一种高钾、低钠蔬菜，具有清肝明目的食疗功效。它含有大量的胡萝卜素、叶黄素，对保护视神经、改善视力非常有益。其中，高含量的胡萝卜素，还可以保护上皮细胞完整、预防炎症、提高免疫力，尤其适合经常熬夜用眼、眼睛疲劳干涩、视力模糊者。同时，它含有大量的镁及叶绿素，有助于排出体内毒素、保护肝脏。豌豆苗钾含量是钠的50倍，因此有消肿利尿的功效，不但可以缓解因熬夜出现的“熊猫眼”、肿眼泡，对“三高”（高血压、高血脂、高血糖）人群也非常有利。另外，它的草酸含量低，尤其适合老人、小孩、孕妇等缺乏矿物质的特殊人群食用。

拓展知识

豆类过量食用的副作用

1. 抑制矿物质的吸收

豆类食物含有较多植酸，这种物质会阻止肠道中必需矿物质的吸收，如钙、镁、铜、铁等，尤其是锌的吸收，所以大量食用豆类食物，可能会引起微量元素缺失。

2. 引起胀气

豆类食物含有较多的蛋白质、不溶性膳食纤维、低聚糖等，吃多了不易消化，可能会引起胃腹胀气、放屁、消化不良等症。

3. 影响营养吸收

豆类含有一些抗营养因子,如单宁、植酸、蛋白酶抑制剂、植物凝集素等,它们可能对甲状腺、蛋白质消化、矿物质吸收等有一定的负面影响。

4. 诱发痛风

豆类是高嘌呤食物,过多食用会诱发或加重痛风。

食物是人体的营养来源,每一种食物有各种不同含量的营养素,没有哪一种食物可以满足人体的全部营养需求。没有十全十美的食物,也没有一无是处的食物。各种食物营养特点不同,必须合理搭配才能营养全面,营养均衡是健康的基础,所以提倡“科学认识食品,膳食均衡保健”。

项目三

粮油的检验技术

【学习目标】

【知识目标】

1. 掌握粮食、油料检验程序。
2. 学会粮食类型互混检验方法。
3. 掌握各种原粮的感官品质要求。

【能力目标】

1. 能熟练进行粮食扦样、分样方法操作。
2. 能熟练使用容重测定仪器。
3. 能熟练使用原粮感官鉴定的技术。

【素质目标】

1. 能够将爱国、敬业、诚信、友善融入学习全过程。
2. 能恪守职业道德,具有严谨认真、团队协作等综合素质。
3. 培养创新思维和发展能力。

【思维导图】

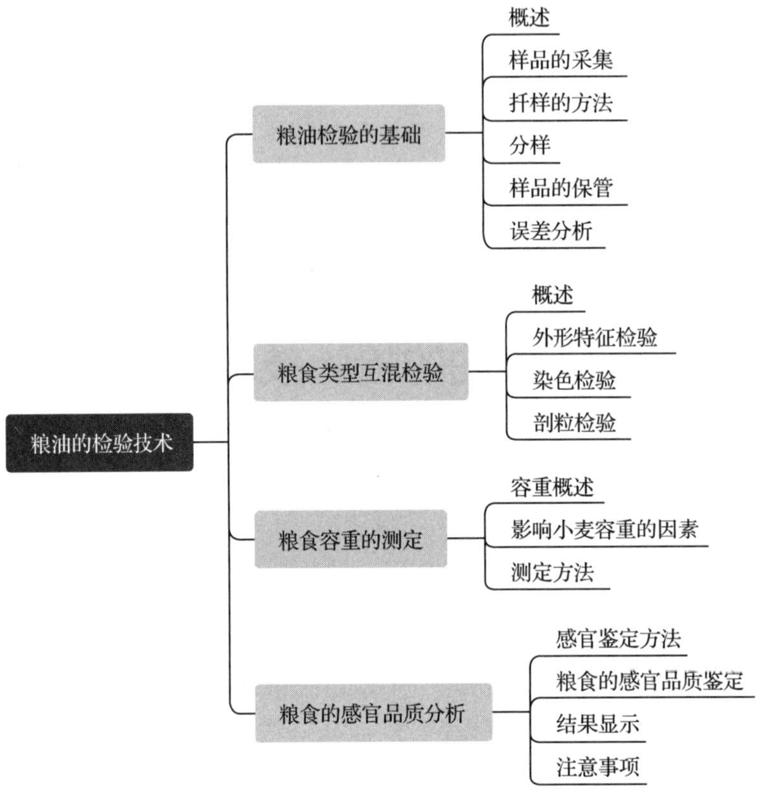

【项目描述】

粮食标准涉及面广、政策性强、技术性强，粮食产品质量关系亿万农民切身利益，关系千家万户吃饭问题。随着粮食市场的发展，技术标准已成为国际市场竞争的重要手段，合法的粮食国家标准既可以对我国的农产品构筑合理的技术保护体系，又可以破除一些国家对我国农产品出口的刁难、封锁，从而保护我国农产品市场、保障粮食食品质量安全、促进农业经济持续发展、提高我国粮食在国际市场的竞争能力等。

任务一　粮油检验的基础

【任务导入】

问

如何让百姓既吃得饱，又吃得好、吃得放心?

粮食检验工作在粮油及其制品的生产、加工、流通过程中起着“眼睛”的作用，它有利于发现粮食及其产品存在的质量隐患和问题，确保人们吃上安全、放心的食品；有利于提升质量管理水平，加强质量控制，提高经济效益；有利于粮油资源获得最佳使用品质和最佳用途，发挥最大的效能。

必备知识

一、概述

粮油原料检验技术的方法主要包括粮油原料的感官检验、理化检验和微生物检验。

检验标准是为了在一定的范围内获得最佳秩序，经协商一致制定并由公认机构批准，共同使用和重复使用的一种规范性文件。检验标准包括：国际标准、国家标准、行业标准、地方标准、企业标准。

粮油品质检验工作的基本程序：取样→分样→检验→数据的分析处理→出具检验报告品质评价。

二、样品的采集

从一批受检的粮油及其加工成品、半成品和副产品中，按规定采集少量具有代表性的样品，供分析、检验用的操作过程，称为扦样或取样。

扦样是一个困难而且需要非常谨慎的操作过程，它在粮油品质检验工作中是一项非常重要的工作。在进行粮油品质分析过程中，首先就是扦样，然后对所取样品进行分析、检验。再根据受检样品分析检验结果，确定出该批粮油的品质。因此，样品必须具有代表性，只有具有代表性的样品，才能反映出该批受检粮食质量的真实性。

样品是从受检粮油中的不同部位随机扦取若干次的小部分经混合而得的。把这个样品经 1 个或几个步骤分成几个更小的样品，每个步骤都要经过反复对分递减或随机抽取少量重新合并，以达到充分混合的目的。

（一）样品分类

按照扦样、分样和检验过程（图 3-1），粮油样品被分为原始样品、平均样品和试验样品 3 类。

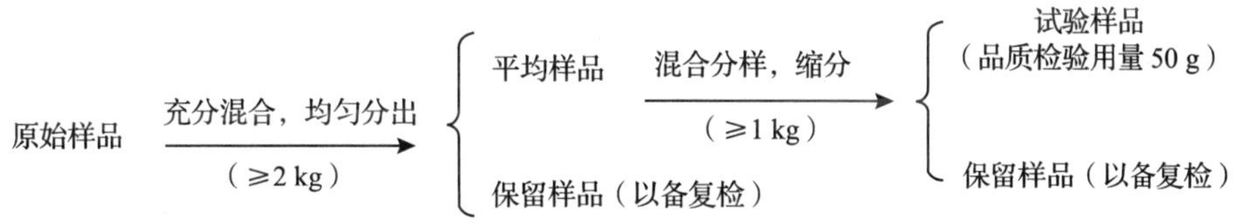

图 3-1　扦样、分样和检验过程

1. 原始样品

从一批受检的粮油中最初扦取出来的样品，称为原始样品，或总样品，即从一批受检的粮油中所扦取的全部初次样品混合而成的样品。

至于扦取原始样品的数量，应根据一批粮油的数量和满足质量检验的要求（实际分析量）而定。

（1）粮食、油料的原始样品一般不少于 2 kg。

（2）油脂的原始样品不少于 1 kg。

（3）零星收付的粮油样品，可酌情减少，灵活掌握。

2. **平均样品**

将原始样品按照规定方法经过充分混合,均匀地分出一部分,准备作为全面质量检验用的样品,称为平均样品,或缩分样品。平均样品的数量一般不少于 1 kg。

3. **试验样品**

将平均样品经过连续混合分样,根据需要从中缩分出一部分作为试验用的样品,称为试验样品,或供试样品,简称试样。试样的数量根据具体检验项目和方法而定。

对于调拨、出口的粮食要保存不少于 1 kg 的原始样品,作为保存样品,保存样品经登记、密封、加盖公章和经手人签字后置于干燥、低温(水分超过安全水分标准者应置于 15 ℃以下)处妥善保存 1 个月,以备复检。

(二)扦样器具

从一批粮食中采取原始样品的器具称为扦样器,或探子。扦样器分为包装粮扦样器和散装粮扦样器等。

1. **包装粮扦样器**

包装粮扦样器(图 3-2)是用金属管切割而成的,一端呈锥形,另一端有中空的木手柄。根据探口长度和探口宽度,可将其分成大粒粮食、中小粒粮食和粉状粮食扦样器 3 种。扦样时,以手握器柄,使包装粮扦样器探口向下,从袋的一端斜对角插入,另一端转动器柄使探口向上,平直抽出扦样器,将样品从器柄一端倒入盛样容器中。

2. **散装粮扦样器**

散装粮扦样器(图 3-3)是由 2 根金属管套制而成的,内、外两管均切开位置相同的槽口(样槽)3 处,转动内管可使槽口打开与关闭。扦样时,转动内管使槽口关闭,将扦样器倾斜地插入粮堆,打开槽口抽动器身,待样品装满样槽后,关闭槽口,抽出扦样器,水平地放置于承接布上,打开槽口,放出样品,随即检查各样点的质量情况,然后置于盛样容器内。套管式扦样器的缺点是扦样时费力、效率低、易夹破粮粒,且不能进行深层粮堆的扦样。

3. **电动吸式扦样器**

电动吸式扦样器(图 3-4)是由吸粮管、软导管、进料口、高压风机、电机等部件组成的,主要用于深层粮食的扦样、流动粮食的取样或倒、拆包取样。但电动吸式扦样器不适于杂质检验项目的样品采集。

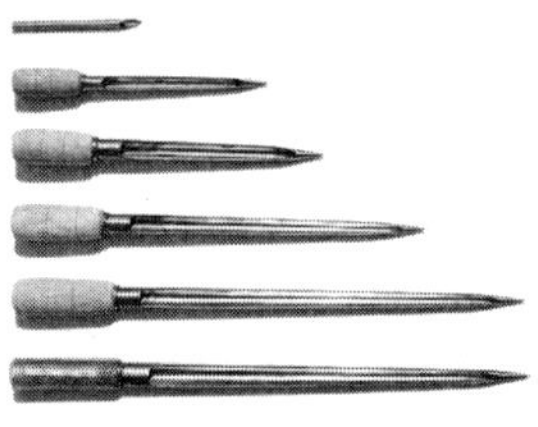

图 3-2　包装粮扦样器

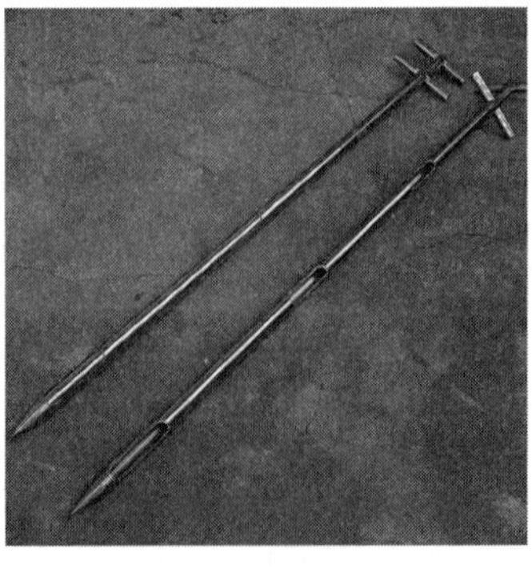

图 3-3　散装粮扦样器

图 3-4　电动吸式扦样器

4. **桶装油脂扦样器**

一般多采用透明的玻璃管作为桶装油脂扦样器(图 3-5)。

(1)结构特点。桶装油脂扦样器是一根内径为 1.5~2.5 cm、长约 120 cm 的玻璃管。为了使用方便,可将下端制成束口,上端制成开口。

(2)优点。桶装油脂扦样器既可用来扦取油样,又可在现场检查桶装油的油色,也可用于检查有无明水、明杂等情况。

(3)操作方法。在扦取综合样品时,先将油脂用油脂搅拌器(图 3-6)搅拌均匀,然后将扦样器缓慢地自桶口斜插至桶底,再用大拇指压住扦样器的上口,提出扦样器,最后将油样注入样品瓶内。

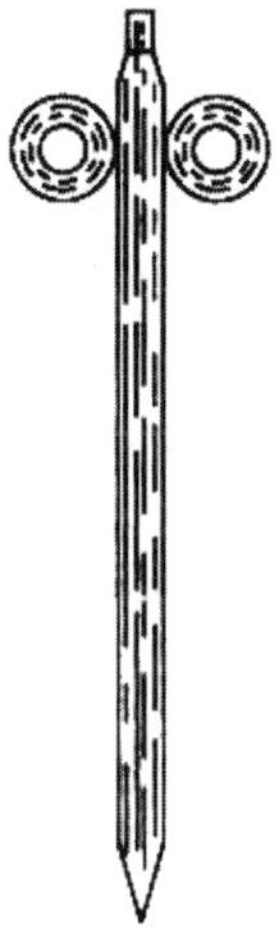

图 3-5　桶装油脂扦样器

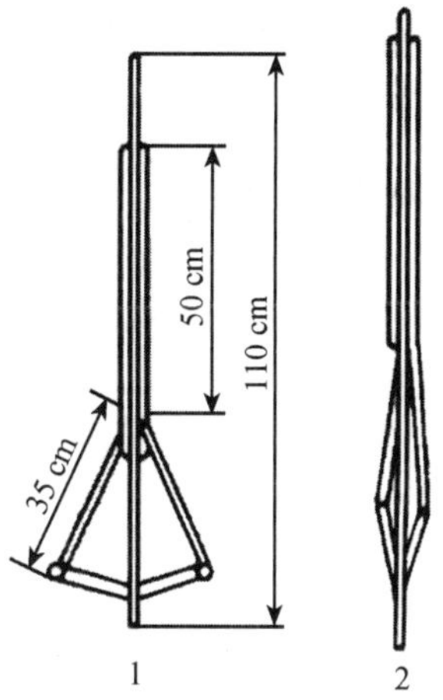

1. 撑开时;2. 未撑开时

图 3-6　油脂搅拌器

(4)定位扦样。在指定扦取某一部位油样时,必须先用拇指堵压扦样器上口,插至要扦取的部位后,放开拇指,待扦取部位的油样注入管中后,立即堵压上口提出,然后将油样注入样品瓶内。

5. **散装扦样器**

散装液体油脂扦样器有扦样瓶和管式扦样筒 2 种。

(1)扦样瓶。一般采用容量为 500 mL 的细口瓶作为扦样器。

①结构特点:在瓶颈和瓶塞各系一根细绳,同时通过瓶颈在瓶底系上一个重物,其作用是使瓶沉入油中并保持竖直状态,以防漂浮难沉,左右摆动。

②操作方法:在扦样时,将扦样瓶沉入所需扦样部位后,提动瓶塞上细绳拔起瓶塞,待油面停止冒泡,即可提出扦样瓶,然后将油样注入样品瓶内。

(2)管式扦样筒。管式扦样筒如图 3-7 所示。

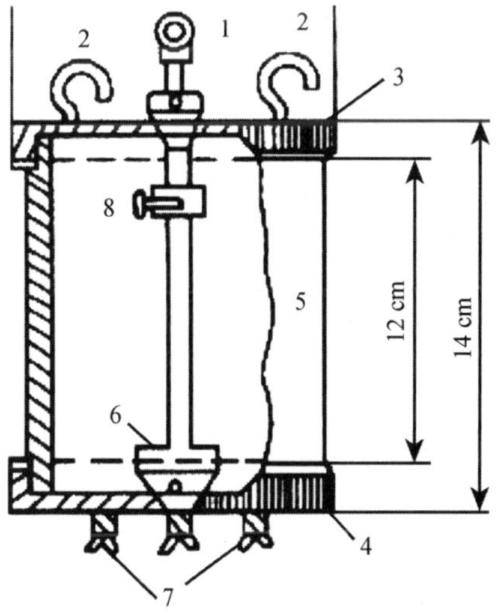

1. 活塞上部系绳的环;2. 盖上部系绳的环;3. 筒盖;4. 筒底;5. 筒体;6. 活塞;7. 底足;8. 挡片

图 3-7　管式扦样筒

①结构特点:用圆柱形金属筒制成,容量约 0.5 L,

由圆筒、筒盖、筒底和活塞4个部件组成;在筒盖和筒底的两圆心处装有同轴活塞1个,盖上有2个提环,活塞上有1个提环,均系以细绳,提动活塞上的绳,即打开活塞,油进入筒内;筒底还有3个底足。

②操作方法:在扦样时,先要注意分清提环上的绳与活塞上的细绳,关闭活塞,将扦样筒沉入扦样部位,提动活塞上的细绳,即打开活塞,让油进入筒内,待油面不冒泡时,放松活塞上的细绳,关闭活塞(由于轴内弹簧的作用,可使活塞封闭进油口)。提起扦样筒即可扦取所需部位的油样,将油样注入样品瓶内。

6. **固体油脂扦样器**

对皮油、木油等固体油脂的扦样,需使用固体油脂扦样器(图3-8)。

图3-8　固体油脂扦样器

(1)结构特点。该扦样器是一根金属半圆形钢管,直径约1 cm,长100~120 cm,一端制成长约30 cm的鸭嘴状斜尖,另一端装有与扦样器垂直的手柄。

(2)操作方法。在扦样时,将扦样器插入固体油脂底部,旋转一周,拔出扦样器,试样会呈一圆柱体被带出。

对于某些固体油脂的扦样,如硬度太大,还需要使用手摇钻取样。

(三)容器

用于盛装粮食、油料样品的容器应具备的条件:密闭性能良好,清洁无虫,不漏、无污染,其容量以1 kg左右为宜。常用的样品容器有:样品筒(由马口铁制成圆筒形,具有密封的盖和提手)、样品瓶(具磨口塞的广口瓶)、样品袋等。

(四)样品登记簿

为了掌握样品来源的基本情况、准备品质检验或作为下一次扦样时的参考,采集的样品必须登记,登记的项目包括:扦样日期、样品编号、粮油名称、代表数量、产地、生产年度、扦样处所(车、船、仓库、堆垛号码)、包装或散装、加工工艺、扦样员姓名(签字)等。

三、扦样方法

一般以同种类、同批次、同等级、同货位、同车船(舱)为一个检验单位。一个检验单位的代表数量,应根据粮油种类和目的的不同而异。

(1)中、小粒粮食和油料。一般不超过200 t。

(2)特大粒粮食和油料。一般不超过50 t。

(3)特殊目的扦样。如粮情检查、害虫调查、加工机械效能测试(打米机的出米率、磨粉机的出粉率等)、出品率试验(稻谷的出米率、小麦的出粉率等)等,可根据需要确定检验单位,代表数量不限。

粮食、油料的扦样方法,按不同的仓型、不同的堆放形式、不同的运输方式可分为散装扦样法、包装扦样法、桶装油脂扦样法等。

(一)散装粮食扦样法

1. **仓库扦样法**

散装的粮食,根据堆形和面积大小分区设点,按堆高度分层扦样。扦样方法如下:

(1)分区设点。每区面积不超过50 m^2。各区设中心、4角5个点。区数在2个和2个以上的，两区界线上的 2 个点为共同点（2 个区共 8 个点，3 个区共 11 个点，依次类推）。粮堆边缘的点设在距边缘约 50 cm 处。

(2) 分层。堆高在 2 m 以下时，分上、下两层；堆高在 2~3 m 时，分上、中、下三层，上层在粮面下 10~20 cm 处，中层在粮堆中间，下层在距底部 20 cm 处；堆高在 3~5 m 时，应分四层；堆高在 5 m 以上时，酌情增加层次。

2. 扦样步骤

按区按点，先上后下逐层扦样。各点扦取样品数量一致。

(二) 包装粮食扦样法

1. 中小粒粮食

(1) 扦样包数。中小粒粮食与油料扦样包数不少于总包数的 5%；小麦粉和其他粉类扦样包数不少于总包数的 3%。

(2) 扦样方式。将包装扦样器槽口向下，从包的一端斜对角插入包的另一端，然后槽口向上取出。每包扦样数一致。

2. 特大粒粮食、油料

例如，花生果仁、葵花籽、大蚕豆、甘薯片等。

(1) 扦样包数。200 包以下的取样不少于 10 包；200 包以上的每增加 100 包增取 1 包。

(2) 扦样方法。采取倒包和拆包相结合的方法。取样比例，倒包按规定取样包数的 20%；拆包按规定取样包数的 80%。

(3) 倒包。先将取样包放在洁净的塑料布或地面上，拆开包口缝线，缓慢地放倒，双手紧握袋底两角，提高 50 cm，倒拖约 1.5 m，全部倒出后，从相当于袋的中部和底部用取样铲取出样品。每包、每点取样数量应一致。

(4) 拆包。将袋口缝线拆开 3~5 针，用取样铲从上部取出所需样品。每包取样数量应一致。

(三) 桶装油脂扦样法

在扦取样品之前，必须先逐桶检查有无品种混杂、明水、明杂、腐败变质等情况。如发现有类似情况，需在桶上加以注明，另行处理。

(1) 检查明水、明杂的方法。先用拇指堵住扦样管上口，直插到桶底时松开拇指，桶底若有明水、明杂即进入管内，会很容易检查出来。

(2) 检查油脂是否腐败变质的方法。可以通过嗅其气味判断，亦可在检查明水、明杂时，观察桶底油脚情况加以判断。

扦样时可根据被检桶数来确定扦取桶数，具体见表 3-1。

按扦取综合样品的方法，即先搅拌均匀后再进行扦样，以保证油样均匀一致、具有代表性。

表 3-1　桶装油脂扦样桶数规定表

总桶数	应扦取桶数	总桶数	应扦取桶数
7 桶及以下	逐桶扦样	51~100 桶	不少于 15 桶
8~10 桶	不少于 7 桶	101 桶及以上	按不少于总桶数的 15% 扦样
11~50 桶	不少于 10 桶		

(四) 散装油脂扦样法

(1) 检验单位。散装油脂以一个油池、一个油罐、一个车槽为一个检验单位。

(2) 分层扦样。扦样时，根据油池、油罐、车槽中散装油脂的高度，等距离分为上、中、下三层。上层在距油面以下约 40 cm 处,中层在油层中间,下层在距油池底板 40 cm 处。三层扦样的数量比例为 1∶3∶1(卧式油池、车槽为 1∶8∶1)。

(3)扦取数量。散装油脂扦取的数量应根据总数来确定。

(4)油脂总数。在 500 t 以下的,扦取的数量不少于 1.5 kg;在 500~1 000 t 的,扦取的数量不少于 2 kg;在 1 000 t 以上的,扦取的数量不少于 4 kg。

(5)操作方法。散装油脂的扦样方法,按下列步骤进行。

①检查明水、明杂情况。扦样前先将扦样筒沉入底部检查明水、明杂情况,如有明水、明杂应另行处理。

②清理扦样筒。先将底部扦出的油倒回池内,再在上部扦样数次,仍倒入池内,以便清除扦样筒内的水杂。

③扦取上层油样。将扦样筒沉入上层油面以下 40 cm 处,然后用细绳在食指上绕一圈作为标记,提取扦样筒,将上层油样倾入样品容器中。

④按比例扦取中层油样。将食指和中指所绕细绳作为起点,并折成双绳,双绳末端至扦样筒的距离即油层中点,以此长度为标准,按比例扦取中层油样放入样品容器中。

⑤扦取底部油样。将扦样筒沉入底部后,再上提 40 cm,用油绳在中指上绕一圈作为标记(起点距离:从池盖口边缘算起),然后扦取下层油样倾入样品容器中。

(五)固体油脂扦样法

关于固体油脂的扦样,现在仍无统一的方法。由于每件之间品质差异较大,故一般都是逐件扦样或收发双方协商扦样,也可参照桶装油的办法扦取。

(六)流动扦样法

(1)流动扦样。指在机械传送中所进行的粮食和油料的扦样。

(2)操作方法。按受检粮食和油料的数量和传送时间,确定出扦样次数和每次应取的数量,然后用取样铲定时从粮流终点处的横断面上接取样品。

为了安全起见,严禁在输送带上或绞龙中取样,以防造成安全事故。

四、分样

(一)粮食、油料的分样

分样是指将原始样品充分混合均匀,进而分取平均样品或试验样品的过程。

原始样品是一批受检粮油的代表,从中分出的样品也必须具有代表性。因此,对分样的要求就是:充分混合,均匀分取。

分样的方法有四分法和分样器分样法。在保证粮油原始质量不变的情况下,灵活选择适当的分样方法。

1. 四分法

四分法是指将样品充分混合,按 2/4 的比例进行分样的方法。

(1)适用性。四分法适用于原粮、油料和成品粮。但散落性大的粮食、油料,如大豆、豌豆、油菜籽、薯类等不宜用四分法。

(2)操作步骤。将样品倒在光滑、平坦的桌面上或玻璃板上,用两块分样板(图 3-9)将样品摊成正方形,从样品左右两边铲起样品约 10 cm 高,对准中心同时倒落,再换一个方向进行同样操

图 3-9　分样板

作(中心点不动),如此反复混合4~5次。将样品再摊成等厚的正方形,用分样板在样品上划两条对角线,分成4个三角形,取出其中2个对顶三角形,剩下2个对顶三角形样品再按上述方法反复混合分取,直至最后剩下的2个对顶三角形的样品接近所需试样的质量为止,即平均样品或试样。图3-10为四分法分样步骤。

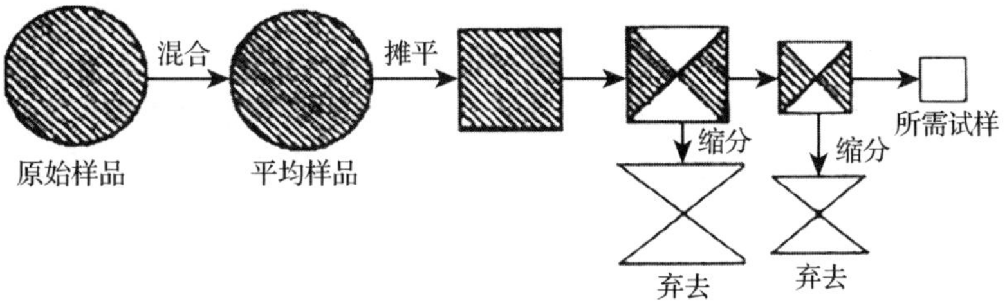

图3-10 四分法分样步骤

2. **分样器分样法**

分样器分样法是指使用分样器混合分取样品的过程。

分样器的种类很多,有钟鼎式分样器(图3-11)、横格式分样器、电动分样器等。其中,钟鼎式分样器由漏斗、漏斗开关、圆锥体、分样格、流样口和接样斗等部件组成。

(1)分样原理。利用样品自身的重力自然下落,样品经过圆锥体混合进入分样器的分样格后,被分成两部分,分别进入两个接样斗。

(2)适用性。分样器分样法一般适用于中小粒原粮和油料。但原粮中的长芒稻谷、成品粮(大米、小麦粉等)、特大粒粮食和油料以及50 g以下的样品不宜用分样器分样。

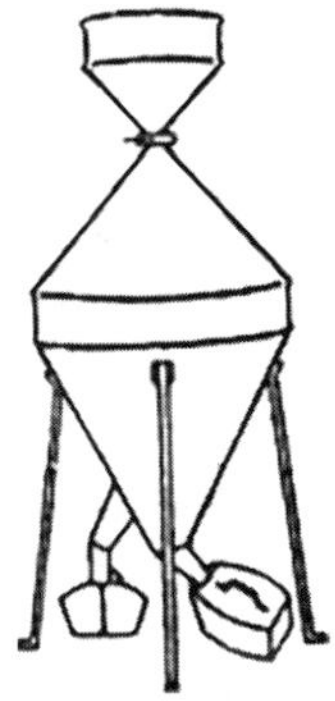

图3-11 钟鼎式分样器

(3)操作步骤。要求将干净的分样器安放平稳,关闭漏斗开关,并放好接样斗。将样品从高于漏斗口约5 cm处倒入漏斗内,刮平样品。打开漏斗开关,待样品流尽后,轻拍分样器的外壳,关闭漏斗开关。再将两个接样斗内的样品同时倒入漏斗内,重复混合2次。然后每次用一个接样斗内的样品按上述方法继续分样,直至一个接样斗内样品接近所需试样量为止。

(二)油脂的分样

(1)液体油脂的分样。可将扦取的样品经过充分摇动、混合均匀后,分取1 kg作为平均样品备用。

(2)固体油脂的分样。需先将其缓慢加热至刚好熔化,然后混合均匀,分取1 kg作为平均样品备用。

五、样品的保管

粮油样品是检验工作的对象,所以对样品的妥善保管是不容忽视的。凡是进入化验室的样品,都必须建立保管与处理制度,逐样进行编号、登记。

鉴于标本样品和标准样品的保管期一般较长,因此必须使用干燥的样品,并进行防虫、防霉处理后,再进行保管。保留样品是为了研究、复检或制作标本等,必须妥善保管。

对于调拨、出口的粮油,应考虑以下2个方面。

(1)需保存的数量。平均样品应不少于 1 kg,并经登记、密封、加盖公章和经手人签字后,置于干燥低温条件下(水分超过安全水分者应置于 15 ℃以下)保管。油脂样品应避光保存。

(2)需保存的时间。保存时间为 1 个月,以备复检。

六、误差分析

在粮油原料分析检验中,由于仪器和感官器官的限制及实验条件的变化,实验测得的数据只能达到一定的准确度。测量值与真实值之间的差异称为误差。误差是客观存在的,一般误差可分为系统误差、偶然误差和过失误差。

(一)系统误差

(1)测量仪器的不准确性,如玻璃容器的刻度不准确、砝码未经校正等。

(2)测量方法本身存在缺点,如所依据的理论或所用公式的近似性。

(3)观察者本身的特点,如对颜色感觉不灵敏、滴定终点总是偏高等。

(二)偶然误差

(1)观察者感官灵敏度的限制或技巧不够熟练。

(2)实验条件的变化,例如,实验时的温度、压力都不是绝对不变的。

(三)过失误差

过失误差是指由于在操作过程中犯了某种不应犯的错误而引起的误差,如加错试剂、看错标度、溅出分析操作液等错误操作。这类误差是完全可以避免的。分析人员应加强工作责任心,严格遵守操作规程,做好原始记录,反复核对,避免过失误差的产生。

拓展知识

国家收购粮食的标准

1. 小麦粒质检验判定

小麦粒质按《粮油检验 类型及互混检验》(GB/T 5493-2008)国家标准进行检验判定。检验时,应将小麦籽粒横向剖切,保证剖面光滑整齐,籽粒中玻璃状透明体(包括半透明体)视为硬质部分,硬质部分占本粒 1/2 以上的判定为角质粒(也称硬质粒),100 粒小麦中角质粒所占比率为角质率。

2. 小麦黑胚粒检验判定

《小麦》(GB 1351-2023)国家标准规定,黑胚粒归属为病斑粒。病斑粒是指粒面带有病斑,伤及胚或胚乳的籽粒。检验小麦是否为黑胚粒时,应从色斑中间剖开,观察是否伤及胚或胚乳。粒面带有深褐色或黑色病斑,但未伤及胚或胚乳的,不应判定为黑胚粒。

3. 小麦生芽粒检验判定

《小麦》(GB1351-2023)国家标准规定,生芽粒为芽或幼根突破种皮但不超过本颗粒长度的籽粒,或芽或幼根虽未突破种皮但胚部种皮已破裂的籽粒。

4. 稻谷粒质检验判定

《优质稻谷》(GB/T 17891-2017)整精米率检验方法中,对稻谷试样水分含量没有明确要求。在实际检验中,稻谷水分含量过高或过低对整精米率检验结果都有较大影响。为规范稻谷整精米率检验方法,稻谷收购整精米率检验时,试样水分应控制在 14.5%~12.5%。

任务二　粮食类型互混检验

【任务导入】

粮食检验与粮食安全

问

怎样保障从农田到餐桌的全链条质量安全？怎样才能守护好“舌尖上的安全”？

从宏观角度来看，粮食检验的主要作用在于对粮食质量、品质进行监测并评估。粮食检验属于粮食收购中的关键性工作，同时也是执行粮食定价政策的有效途径。按照粮食质量的好坏可以落实具体的“好粮好价”“次粮次价”等政策，这对提升粮食储备质量、激发农民生产积极性等均有明显的推动作用，是推动我国基础农业长远发展的关键。从粮食加工企业角度来看，在原材料进入车间并成为成品粮出库的整个环节中，粮食检验工作也非常必要。粮食检验可以为车间的生产工作提供指导，从各等级的原粮配比到生产中的质量监控，都需要借助粮食检验工作实现对产品质量的及时性掌握，从而保障产品质量可以满足生产要求。只有在产品质量达标的基础条件下，产品才可以顺利进入市场，也只有做好粮食检验工作，才可以把好粮食质量关，从而保障人们的粮食安全性。

从市场角度来看，伴随着粮食流通体系的不断改革，粮食质量检验以及管理工作也成为粮食行业的管理主要方式。粮食质量的检验工作属于粮食流通时主要的监督管理方式，其能够有效地保障粮食流通时的价值标准，深入落实国家所颁布的粮油质量相关标准，可以更好地完成粮食储备以及粮食安全等方面的管理工作。从当前我国粮食市场来看，市场本身较为开放，同时粮食购销市场的状况也比较理想，提高粮食质量的检验工作对粮食市场秩序维护的影响也比较明显，可以更好地强化对整个市场的宏观性调控效果，确保粮食市场的消费行为得到保障。

粮食检验属于保障粮食安全储备的关键。粮食检验在我国粮食质量管理方面的作用比较重要，其是保障粮食进入存储库时的主要质量关，也是保障粮食安全储备的主要基础。在存储保管过程中做好检验工作，可以准确掌握粮情，确保库存数量的真实性以及可用性，保障存储的安全性。强化监督强度可以保障仓储管理效果。

另外，粮食检验还能够有效地预防危害性事件的发生，尤其是病虫害、有害物质的危害与污染问题，为绿色储粮提供有效的支持。

综上所述，粮食检验工作非常重要，必须落实全面性的质量管理措施，从而保障粮食质量安全。伴随着我国在粮食政策方面的不断改善，粮食检验工作也需要不断改进和优化，尤其是在技术设备、科学水平等方面，需要不断地优化、改进，强化粮食质量的安全性管理，从而推动我国社会安全、健康发展。

必备知识

一、概述

类型是指同一种粮食的不同类别；互混是指不同类别粮食互相混杂。类型互混检验是为了保证粮食的纯度,有利于食用、种用、贮存、加工和经营管理。国家标准对各粮种有明确的分类,例如,《优质稻谷》(GB/T 17891-2017)将稻谷分为5类,分别是早籼稻谷、晚籼稻谷、粳稻谷、籼糯稻谷、粳糯稻谷。《小麦》(GB 1351-2023)将小麦分为5类,分别是硬质白小麦、硬质红小麦、软质白小麦、软质红小麦和混合小麦。《玉米》(GB 1353-2018)将玉米分为3类,分别是黄玉米、白玉米、混合玉米。《大豆》(GB 1352-2023)将大豆分为5类,分别是黄大豆、青大豆、黑大豆、其他大豆、混合大豆。

二、外形特征检验

外形特征检验主要是指根据粒型、粒质、粒色等外形特征进行检验鉴别。

(一)籼、粳、糯稻谷互混检验

取净稻谷10 g,经脱壳后不加挑选地取出200粒(小碎粒除外),按标准中分类的规定,拣出混有异类的粮粒数n,按式3-1计算互混率:

$$互混率 = \frac{n}{200} \times 100\% \tag{3-1}$$

式中,n为异类粮粒数;200为试样粒数。

双试验结果允许差不超过1%,求其平均数,平均数即检验结果。检验结果取整数。

(二)异色粒互混

在检验不完善粒的同时,按标准的规定拣出混有的异色粒,称重。按式3-2计算异色粒率:

$$异色粒率 = \frac{m_1}{m} \times 100\% \tag{3-2}$$

式中,m_1为异色粒重量,单位为g;m为试样重量,单位为g。

双试验结果允许差不超过1%,求其平均数,平均数即检验结果。检验结果取小数点后一位。

(三)小麦粒色鉴别

分取小麦100粒,感官鉴别小麦粒色,种皮为深红色或红褐色的麦粒达90粒以上者为红小麦;种皮为白色、乳白色或黄白色的麦粒达90粒以上者为白小麦;均不足90粒者为混合小麦。

三、染色检验

染色检验主要鉴别糯性和非糯性。糯性与非糯性稻谷互混不易鉴别时,将糙米去掉米皮后,不加挑选地取出200粒(小碎粒除外)。用清水洗净后,再用0.1 g/100 mL碘酒(或碘-碘化钾溶液)浸泡1 min左右,然后洗净。观察米粒着色情况。糯性米粒呈棕红色,非糯性米粒呈蓝色。按式3-1计算互混率。

四、剖粒检验

剖粒检验主要鉴别粮食的软硬质。

分取完善粒试样100粒,先从外观鉴别软硬质。在外观鉴别不清时,可将粮粒中部切断,观察断面,玻璃状透明体者为硬质部分。根据硬质部分所占比例,按标准规定判断是否是硬质粒,然后以硬质粒的粒数计算软硬质含量。小麦硬质粒的硬质部分必须占本粒1/2以上。

用透视箱鉴别粮食软硬质。在长方形小木箱内一侧安装一只乳白灯泡，灯泡下装一块活动的长方形镜子(反射镜)，距箱上边 2 cm 处插入一块与箱底尺寸相同的毛玻璃。从完善粒中不加挑选地取出 100 粒试样放在毛玻璃上，接通电源，调节反射镜，使光线反射到毛玻璃上的试样上，籽粒呈透明的部分为硬质部分。

拓展知识

粮油收购中的增扣量标准

1. 水分含量

实际水分含量低于标准规定的粮油，以标准中规定的指标为基础，每低 0.5 个百分点增量 0.75%，但低于标准规定指标 2.5 个百分点及以上时，不再增量。实际水分含量高于标准规定的粮油，以标准中规定的指标为基础，每高 0.5 个百分点扣量 1.00%。低或高不足 0.5 个百分点的，不计增扣量。

2. 杂质含量

实际杂质含量低于标准规定的粮油，以标准中规定的指标为基础，每低 0.5 个百分点增量 0.75%。实际杂质含量高于标准规定的粮油，以标准中规定的指标为基础，每高 0.5 个百分点扣量 1.50%。低或高不足 0.5 个百分点的，不计增扣量。矿物质含量指标高于标准规定的，扣量 0.75%(荞麦除外)；低于标准规定的，不增量。荞麦中矿物质指标每低或高于标准 0.1 个百分点，增扣量 0.50%；低或高不足 0.1 个百分点的，不计增扣量。无使用价值的霉变粒按杂质归属。

3. 不完善粒含量

不完善粒含量高于标准规定的粮油，以标准中规定的指标为基础，每高 1 个百分点，扣量 0.50%；高不足 1 个百分点的，不扣量；低于标准规定的，不增量。

4. 生霉粒含量

玉米、油菜籽生霉粒含量高于标准规定的，以标准中规定的指标为基础，每高 1 个百分点扣量 1.00%；高不足 1 个百分点的，不扣量；低于标准规定的，不增量。生霉粒含量超过 5.00% 的，不得收购。标准中未规定生霉粒限量的，生霉粒按不完善粒归属，不单独扣量。

5. 整精米率

整精米率低于标准规定的粮油，以标准规定的指标为基础，每低 1 个百分点，扣量 0.75%；低不足 1 个百分点的，不扣量；高于标准规定的，不增量。整精米率低于 38.00% 的早籼稻、中晚籼稻和整精米率低于 49.00% 的粳稻，不列入政策性粮食收购范围。

6. 谷外糙米含量

谷外糙米含量高于标准规定的粮油，以标准中规定的指标为基础，每高 2 个百分点，扣量 1.0%，高不足 2 个百分点的，不扣量；低于标准规定的，不增量。

7. 黄粒米含量

黄粒米含量高于标准规定的粮油，以标准中规定的指标为基础，每高 1 个百分点，扣量 1.00%；高不足 1 个百分点的，不扣量；低于标准规定的，不增量。

8. 互混率

互混率高于标准规定的，以标准中规定的指标为基础扣量；低于标准规定的，不增量。其中：

(1)稻谷。

①籼、粳谷(糙米、大米)中混入糯谷(糙米、大米)，籼、粳谷(糙米、大米)互混，籼糯、粳

糯谷(糙米、大米)互混,以标准中规定的指标为基础,每高5个百分点,扣量1.00%;高不足5个百分点的,不扣量。

②糯谷(糙米、大米)中混入籼、粳谷(糙米、大米),以标准中规定的指标为基础,每高2个百分点,扣量1.00%;高不足2个百分点的,不扣量。

(2)荞麦。

甜、苦荞麦互混,以标准中规定的指标为基础,每高1个百分点,扣量1.00%;高不足1个百分点的,不扣量。

(3)黍、稷。

①黍(米)中混入稷(米),以标准中规定的指标为基础,每高2个百分点,扣量1.00%;高不足2个百分点的,不扣量。

②稷(米)中混入黍(米),以标准中规定的指标为基础,每高5个百分点,扣量1.00%;高不足5个百分点的,不扣量。

其他粮油的互混可参照上述规定执行。

各项规定等指标及损伤粒率、热损伤粒含量超过粮油质量国家标准等级内质量规定的,以及黄粒米含量超过2.00%、互混(率)超过20.00%的,不得作为政策性粮油收购。黄粒米超过标准规定的,不得作为各级储备粮油入库。

由重大自然灾害、病虫害等导致的严重不符合质量标准的粮油,其收购根据管理权限分别按国家和地方有关规定执行。

任务三　粮食容重的测定

【任务导入】

> **问**
>
> 衡量玉米等级的指标有几个?

我国玉米国家级质量标准有3个,分别是最基础的玉米国标、饲料用玉米国标以及工业用玉米国标。这3个标准既相互联系又各有特点。玉米国标是大宗玉米的通用标准,广泛适用于商品玉米的收购、贮存、运输、加工以及销售。而饲料用玉米国标和工业用玉米国标针对性更强,在玉米国标的基础上,又有一些变化和调整。这3个标准的共同点是将水分、杂质、不完善粒、生霉粒等作为衡量玉米品质的主要指标;不同点在于饲料用玉米除保留容重等主要指标外,还增加了粗蛋白质这一技术指标,而工业用玉米则舍弃了容重这一指标项。从总体来看,容重、杂质、水分、不完善粒以及生霉粒指标是衡量玉米质量最基本也是最重要的指标,具有广泛代表性和权威性。

必备知识

一、容重概述

单位容积粮食籽粒的重量称为容重,通常以g/L表示。容重是用来测定粮食等级的,其大小是粮食籽粒大小、形状、整齐度、质量等综合标志。一般来说,粮食籽粒成熟饱满、结构紧密、籽粒短、水分小者，容重大；籽粒结构疏松、不饱满、粒型长、水分大者，容重小。因此，测定粮食容重，可以判断粮食品质的优劣。在我国，许多粮食（小麦、玉米、高粱、粟、稷、米、大麦、莜麦、荞麦等）是以容重为基础质量指标的。在世界各主产小麦国（美国、加拿大、俄罗斯、澳大利亚等）小麦质量标准中，容重被列为质量标准的首位。

小麦出粉率与小麦的物理性状（容重、相对密度、千粒重、硬度等）均存在着显著的关系，其中，容重与出粉率之间存在着极显著的正相关，小麦容重能确切反映小麦加工出粉率，是计算理论出粉率的重要理论依据之一。小麦容重越高，出粉率越高。

二、影响小麦容重的因素

（一）水分影响

水分与容重之间呈负线性关系。但是，小麦品种不同，水分对容重的影响程度不同，一般来说，水分增大，容重降低。

（二）杂质影响

由于粮食中含有杂质的类型不同，杂质对容重的影响也不一样，一般轻型的有机杂质含量多时，会使容重变小，而无机杂质含量高则会使容重变大，因此，在测定容重时，规定除去大杂质和规定筛层的筛下物。但是，在筛理过程中，往往难以除尽黏附在小麦籽粒腹沟中及表面的细灰。由于中小杂质等因素的影响，测定的容重往往偏高。

（三）未熟粒影响

未熟粒在小麦质量标准中未列入不完善粒检验中，主要是未熟粒含量对容重有明显的影响，未熟粒含量与容重呈负线性关系。一般来说，未熟粒含量高，容重低。

（四）籽粒形状、大小及千粒重的影响

一般来说，籽粒越大，容重越低；千粒重越重，容重越高。

$$\text{指标 } I' = \frac{\text{籽粒重量}}{\text{籽粒长度}}$$

测量小麦籽粒千粒重，从而得到籽粒重量，以 mg 计。小麦籽粒的长度测量，随机数出 50 粒小麦，用千分卡尺测量每粒小麦的长度，求其平均值，精确到 0.01 mm。用指标 I' 作为辅助指标，与容重一起，能较好地预测小麦出粉率。

指标 I' 既反映了小麦籽粒的质量，又反映了小麦籽粒的形状。指标 I' 越大，小麦籽粒越饱满，且麦粒表面积越小。

各类型不同等级小麦综合指标 I' 的均值及范围见表 3-2。小麦等级调整见表 3-3。

表 3-2　各类型不同等级小麦综合指标 I' 的均值及范围　g/mm

类型	等级					
	一	二	三	四	五	总计
北冬	6.9（17）	6.2（22）	6.2（32）	5.7（9）	5.4（6）	6.2（76）
	6.3~7.5	5.0~7.5	5.2~7.4	5.3~6.6	4.6~5.8	4.6~7.5
南冬	6.1（22）	5.8（14）	5.8（7）	6.2（1）	4.4（1）	6.0（45）
	5.0~8.1	4.8~6.5	5.3~6.7	—	—	4.4~8.1
春麦	5.7（18）	4.4（4）	5.2（4）	3.9（3）	4.6（1）	5.2（30）
	4.2~7.6	2.8~5.5	4.8~6.0	3.3~4.4	—	2.8~7.6

表 3-3　小麦等级调整

等级	北方冬麦		南方冬麦、春麦	
	容重 /(g/L)	指标 I′ /(g/mm)	容重 /(g/L)	指标 I′ /(g/mm)
一	⩾790	<6.0 降一等	⩾770	<5.5 降一等
二	⩾770	⩾7.0 升一等 <5.5 降一等	⩾750	⩾6.5 升一等 <5.0 降一等
三	⩾750	⩾6.5 升一等 <5.0 降一等	⩾730	⩾6.0 升一等 <4.5 降一等
四	⩾730	⩾6.0 升一等 <4.5 降一等	⩾710	⩾5.5 升一等 <4.0 降一等
五	⩾710	⩾5.5 升一等 <4.0 降一等	⩾690	⩾5.0 升一等 <3.0 降一等

三、测定方法

测定方法参考《粮食检验　容重测定》(GB/T　5498-2013)。

(一)测定仪器和用具

(1)谷物容重器。HGT-1000 型容重器(图 3-12)或 GHCS-1000 型容重器,其中,谷物筒漏斗口直径,测定玉米容重时为 40 mm,测定其他粮食容重时为 30 mm,或者按相关标准规定。

(2)谷物选筛。具有筛孔孔径为 1.5 ~ 12 mm 的筛层,并带有筛底和筛盖。电动或手动均可。

图 3-12　HGT-1000 型容重器

(二)试样制备

除去上层筛大型杂质和下层筛筛下物后作为测定容重的试样,然后进行试样混合,混合后再从平均样品中分取试样 1 000 g。分 4 次进行筛选,每次筛选数量约 250 g,拣出上层筛上的大型杂质并去除下层筛下物,合并上、下层筛上的粮食籽粒,混匀作为测定容重的试样。

(三)HGT-1000 型谷物容重器

(1)称量器具安装。打开箱盖,取出所有部件,盖好箱盖。在箱盖的插座(或单独的插座)上安装支撑立柱,将横梁支架安装在立柱上,并用螺丝固定,再将不等臂式横梁安装在支架上。

(2)调零。将放有排气砣的容量筒挂在吊钩上,并将横梁上的大、小游码移至零刻度处,检查空载时的平衡点,如横梁上的指针不指在零位,则调整平衡砣位置使横梁上的指针指在零位。

(3)测定。取下容量筒,倒出排气砣,将容量筒安装在铁板座上,插上插片,并将排气砣放在插片上,套上中间筒。关闭谷物筒下部的漏斗开关,将制备好的试样倒入谷物筒内,装满后用板刮平。再将谷物筒套在中间筒上,打开漏斗开关,待试样全部落入中间筒后关闭漏斗开关,握住谷物筒与中间筒接合处,平稳迅速地抽出插片,使试样与排气砣一同落入容量筒内，再将插片准确、快速地插入容量筒豁口槽中。依次取下谷物筒拿起中间筒和容量筒，倒净插片上多余的试样，取下中间筒，抽出容量筒上的插片。

(4)称量。将容量筒(含筒内试样)挂在容重器的吊钩上称量，称量的重量即试样容重(g/L)。

(5)平行试验。从平均样品分出的2份试样按上述步骤分别进行测定。

(四)GHCS-1000型谷物容重器

(1)安装。打开箱盖，取出所有的部件，放稳铁板底座。

(2)电子校准、调零。接通电子秤电源，打开电子秤开关预热，并按照GHCS-1000型谷物容重使用说明书进行校准。然后把带有排气砣的容量筒放在电子秤上，将电子秤清零。

(3)测定。同HGT-1000测定方法。

(4)称量。将容量筒(含筒内试样及排气砣)放在电子秤上，称量的重量即试样容重(g/L)。

(5)平行试验。从平均样品分出的2份试样按上述步骤分别进行测定。

(五)结果表示

2次测定结果允许差不超过3 g/L，其平均数即测定结果，测定结果取整数。

拓展知识

谷物容重与籽粒饱满度之间的关系

一般来说，谷物的容重值不仅与谷物籽粒的重量有关，而且与它们的体积也存在非常密切的联系，它是指粮食油料籽粒在单位容积内的重量。利用谷物容重器测定分析后发现，谷物的容重与籽粒饱满度之间有非常重要的关系，其规律一般是，粮食籽粒成熟饱满，那么其就够紧密，容重就大，而籽粒结构疏松、不饱满、水分大，容重就小。在水分含量相同的情况下，籽粒的饱满度对容重的影响也是十分明显的。

之所以籽粒饱满度会影响谷物容重器所测得的容重值，是因为谷物容重器测定谷物容重值，是通过测定容重筒中1 L谷物的重量测定的，通常用g表示，因此容重的单位是g/L。饱满的籽粒和不饱满的籽粒在体积上可能是相同的，但是由于饱满籽粒的内部够紧密，因此重量是要大于不饱满籽粒的重量的，这样测算下来，饱满籽粒的容重，自然是要大于不饱满籽粒的容重的。品质也可以从这方面反映出来。

近年来，随着粮食收购、加工等工作的开展，谷物容重器在其中扮演着重要的角色。尤其是在粮食收购领域，谷物容重器的应用，对于严把质量关有着非常重要的意义，使收购的粮食真正做到了水分低、杂质低和容重高，确保了入库粮食的质量符合相关的标准，提高了收购粮食的品质，为进一步的食品加工和生产奠定了良好的基础。

任务四　粮食的感官品质分析

【任务导入】

对稻谷等进行感官检验的范围主要包括稻谷气味、色泽以及品尝评分等。粮食检验员通过稻谷散发出的气味、表面的色泽度以及熟化后的口感等，来确定稻谷经过存储后的陈化程度，这种检验方式与传统的、仅靠色泽和存储

> **问**
>
> 米饭好吃的标准是什么？

年限来判定陈化程度的检验方式有一定区别。稻谷熟化后的口感是确定稻谷陈化程度质量优劣的重要指标，检验员的口感结合现代化的检验方法和技术，可以对稻谷的品质做出合理的评价。虽然这种检验方法容易受到检验员的主观因素以及周围环境等影响，但通过一定数据的统计和评定，可以认为是一种有效的检验方法，这也是目前对粮油产品进行抽查检验常用的方法。

必备知识

一、感官鉴定方法

感官鉴定方法是指借助检验员的感觉器官和实践经验对粮食及粮食制品的色、香、味、形的优劣进行评定的一种方法。

正常的粮食具有固有的色泽、气味和口感。通过鉴定，可初步判断粮食的陈化程度和有无异常变化。

感官鉴定方法按照人体感觉器官的不同，可分为视觉鉴定法、嗅觉鉴定法、触觉鉴定法、齿觉鉴定法等。各种方法必须互相结合、协调运用、综合判断，才能得到正确的结果。

（一）视觉鉴定法

用眼睛识别、鉴定粮油的种类、品种、粒型、色泽、纯度、饱满度、整齐度、水分、杂质、不完善粒等。鉴定时要将试样放置于散射光线下。

（二）嗅觉鉴定法

每种正常、新鲜的粮食都具有特殊的气味，这种气味随着储藏时间的延长而逐渐减弱。生过霉的粮食有霉味或酸味；发过芽的粮食有甜味和黄瓜味；发过热或被烤过的粮食有酒糟味或苦味。在气味不易辨别时，可将试样放入密闭器皿内，在 60~70 ℃的温水浴中保留数分钟，取出开盖嗅辨气味是否正常。注意，在气味鉴定时，检验场所应无烟味、臭味、香味、霉味和陈腐味等异味，必须保持场所空气清新。

（三）触觉鉴定法

触觉检验法是指用手触摸粮粒，借手的感受来鉴别粮粒的光滑与粗糙；还可以把手插入粮食，并抓出一把用力攥紧，根据手插入粮食中的阻力大小、冷热感觉、刺手程度来判断粮食水分含量和粮堆温度。

（四）齿觉鉴定法

在检验时，取样品数粒，用门牙将粮粒咬断，区别咬断粮粒时所需的压力大小和粮粒软硬程度，另外，还可以听咬断时发出的声音和看粮粒断面痕迹、碎粒大小等。对于同种类、同品种、同质地的粮粒，咬断时所需压力越大，感觉越硬，响声越清脆，断面越整洁和碎粒越大的，说明水分越低，硬质率越高。

（五）听觉鉴定法

听觉检验法是指在齿觉、触觉检验时或粮食流动时，听其所发出的响声来判断粮食的干湿程度，例如，在把粮食搅动或从高处落下时，粮食发出清脆而急促的“沙沙”响声，并有皮屑飞扬，说明粮食为干。

（六）味觉鉴定法

味觉检验法只适用于成品粮油，可用舌尖舔尝滋味是否正常，也可用牙齿咀嚼是否有牙碜的感觉，还可以将粮食制成熟食品进行品尝试验。

二、粮食的感官品质鉴定

(一)稻谷

1. 色泽鉴定

将稻谷置于散射光线下,仔细观察样品的颜色和色泽是否正常。优质稻谷色泽鲜艳、光亮一致,外壳呈黄色、浅黄色或金黄色,无霉菌和大量黄粒米出现。

2. 外观鉴定

观察稻谷颗粒的饱满度、完整度及大小是否均匀一致,有无虫害、霉变结块和杂质。

3. 气味鉴定

取少量稻谷样品于手掌上,用嘴哈气,使之稍热,立即嗅其气味是否具有纯正的稻香味,有无霉味、酸味或其他异味。

4. 水分鉴定

将手插入稻谷中或手握稻谷摩擦时,感觉干脆而滑者水分较少,涩滞者水分较大。用手脱壳后,糙米果皮不起毛,水分在 14% 以下;起毛,水分为 15%~16%;起毛较严重,水分为 17%~18%。将稻粒压碎时,响声大者水分低;反之,水分则较高。

5. 杂质鉴定

取平均样品平摊于样品盘中或手上,先估测试样质量和杂质总量,然后按照试样质量再分别估测有机和无机杂质含量。这两者的含量应与杂质总量一致,否则,再重复估测,直到一致为止。估测时应根据无机杂质和有机杂质的密度来心算其重量和百分含量,不熟练时可以用粗天平称量的结果相对照进行练习。

6. 出糙率

稻谷的出糙率,一般是晚熟种的高于早熟种的,粳稻的高于籼稻的。晚粳稻的出糙率在 78% 左右,早粳稻的在 77% 左右,早、晚籼稻的在 75% 左右。稻谷的类型、品种、粒的大小、壳的厚薄是估测出糙率的主要根据,粒大、壳薄者出糙率较高;壳紧包糙米者出糙率较高,反之,出糙率较低。

(二)小麦

1. 色泽鉴定

将小麦置于散射光线下,仔细观察其纯度及颜色是否呈白色、黄白色、金黄色、红色、深红色或红褐色,有无光泽、病变小斑等。

2. 外观鉴定

取样品用手搓或用牙咬来感知小麦籽粒质地是否紧密,并仔细观察其透明度,以判断其粒质和纯度。

3. 气味鉴定

取小麦样品于手掌上,用嘴哈热气,然后嗅其气味是否具有小麦的正常气味,有无异味。

4. 滋味鉴定

取少量小麦样品在嘴里咀嚼,品尝其滋味是否正常,有无苦味、酸味或其他不良味道。

5. 水分鉴定

手握小麦摩擦时,感觉光滑、有声,水分为 12%~13%;虽有光滑之感,但声响较低,水分为 14%~15%。将水分相同的小麦压碎时,硬质粒的响声大于软质粒。

6. 杂质鉴定

取平均样品平摊于样品盘中或手上,先估测试样重量和杂质总量,然后按照试样重量再分别估测有机和无机杂质含量。这两者的含量应与杂质总量一致，否则，再重复估测，直到一致为止。估测时应根据无机杂质和有机杂质的密度来心算其重量和百分含量，不熟练时可以用粗天平称量的结果相对照进行练习。

7. **容重鉴定**

用已知容重的小麦，通过眼看、手测，记忆不同品种、重量与轻重的小麦在手上的感觉，如此反复练习，在估测值与仪器测定结果不超过 ±3 g/L 时，即可认为掌握了容重的估测技术。

（三）玉米

1. **色泽鉴定**

将玉米样品置于散射光线下，观察其颜色是否为黄色、白色或棕黄色，有无光泽。注意其胚部有无绿色或黑色的菌丝。

2. **外观鉴定**

观察玉米籽粒的饱满度、完整度，有无虫害、霉变结块和杂质。

3. **气味鉴定**

将玉米样品置于手中，用嘴哈热气，立即嗅其气味是否具有玉米的正常气味，有无异味。

4. **滋味鉴定**

取少量玉米样品在嘴里咀嚼品尝其滋味是否微甜，有无酸味、苦味、辛辣味和其他不良味道。

5. **水分鉴定**

玉米胚部凹陷，手握时有刺手感觉，水分为 14%~15%；胚部稍微有凹陷，用指甲按压时较易掐入，水分为 16%~17%；胚部不凹陷，光泽较强，水分为 18%~20%；胚部稍有高出，光泽较强，水分为 20%~24%。

6. **杂质鉴定**

取平均样品平摊于样品盘中或手上，先估测试样重量和杂质总量，然后按照试样重量再分别估测有机和无机杂质含量。这两者的含量应与杂质总量一致，否则，再重复估测，直到一致为止。估测时应根据无机杂质和有机杂质的密度来心算其重量和百分含量，不熟练时可以用粗天平称量的结果相对照进行练习。

7. **容重鉴定**

用已知容重的玉米，通过眼看、手测，记忆不同品种、重量与轻重的小麦在手上的感觉，如此反复练习，在估测值与仪器测定结果不超过 ±3 g/L 时，即可认为掌握了容重的估测技术。

（四）大米

1. **色泽鉴定**

将大米样品置于散射光线下，观察其颜色是否为青白色或精白色，是否呈半透明状或不透明状，表面是否具有光泽。劣质大米色泽差，有的表面呈绿色、黄色、灰褐色等。

2. **外观鉴定**

良质大米一般大小均匀、坚实丰满、粒面光滑、完整、无虫、含杂质少，很少有碎米、爆腰、腹白。次质大米则米粒大小不均匀，饱满程度差，碎米较多，有爆腰和腹白粒，粒面粗糙，含杂质较多。霉变大米则组织疏松，表面可见霉菌丝。

3. **气味鉴定**

取少量大米样品于手掌上，用嘴哈热气，然后立即嗅其气味。良质大米有正常的米香味，无其他异味。劣质大米则有霉味、酸臭味、腐败味或其他异味。

4. **滋味鉴定**

取少量大米样品用嘴咀嚼，或将其磨碎后再品尝，优质大米味佳、微甜，无任何异味；

劣质大米有酸味、苦味或其他不良滋味。

5. **口味鉴定**

将大米做成熟饭，品尝其味道和口感是否正常。

（五）面粉

1. **色泽鉴定**

将面粉样品置于散射光线下，有条件的可以与标准样品对照比较。优质面粉呈白色或微黄色，不发暗。劣质面粉呈灰白或深黄色，色泽暗淡，不均匀。有些面粉呈直白色，颗粒较粗，可能添加了过量的增白剂。

2. **外观鉴定**

优质面粉呈细粉末状，手指捻捏时无粗粒感，置手中紧捏后放开不成团，无发霉、结块、虫及杂质等。劣质面粉手感粗糙，面粉吸潮后易霉变，有结块现象或能手捏成团。

3. **气味鉴定**

取少量面粉样品于手掌中，用嘴哈气使之稍热，立即嗅其是否具有面粉的正常气味，有无霉味、酸味或其他异味。

4. **滋味鉴定**

取少量面粉用嘴咀嚼，细心品尝其滋味。优质面粉味道可口，淡而微甜，咀嚼时没有沙感；劣质面粉有苦味、酸味或其他异味，咀嚼时有沙感。

5. **口味鉴定**

将面粉做成熟食品后，品尝其味道和口感是否正常。

三、结果显示

各种粮食的感官鉴定的结果用“正常”或“不正常”来表示，必要时，对不正常的用文字加以说明。

四、注意事项

(1) 粮食的色泽、气味、口感分析是判断粮食优劣的首要条件。不论何种因素的影响，都将使粮食品质和外观产生变化。因此，它们是确定商品价值的关键。

(2) 色泽的鉴定不要在太阳光线直射下进行，一定要在散射光线下进行。经过水浸、生霉、生虫和发热的粮食，其固有的粒色和光泽会随受害程度的大小而改变。粒色正常的油料籽粒，光泽强的含油量较高。

(3) 气味的鉴定必须在清洁空气条件下进行，粮食或油料试样用 50~70 ℃温水浸泡 2~3 min，倒尽温水后，立即嗅辨气味。在进行气味鉴定时，检验场所应无烟味、臭味、香味、霉味和陈腐味等异味，必须保持场所空气清新。

(4) 粮食质量感官鉴别常用术语及其含义。

①未熟粒。籽粒不饱满、外观全部为粉质、无光泽的颗粒。

②损伤粒。被虫蛀、病斑和生芽等伤及胚或胚乳的颗粒。

③筛下物。通过直径 20 mm 孔筛的物质。

④无机杂质。泥土、沙石、玻璃、砖瓦块、铁钉类及其他无机物质。

⑤有机杂质。无食用价值的稻谷粒、草籽、异种粮粒及其他。

⑥有机黄粒米。胚乳呈黄色，与正常米粒色泽明显不同的颗粒。

⑦颜色、气味。一批谷物的综合色泽和气味。

拓展知识

感官怎样鉴定粮食品质的好坏?

在农村,特别是农户没有仪器设备的情况下,怎样鉴别粮食品质的好坏呢?根据传统的经验,可以用眼睛、耳朵、鼻子、牙齿和手等感觉器官来鉴别粮食的水分、杂质和饱满度,这种方法叫作感官鉴定。具体操作如下。

1. **手摸**

感觉光滑、阻力小,手易插入粮堆,手握粮食时易从指缝滑落,手压粮粒时有响声,即干燥粮食;反之,手插粮堆感觉粗糙发涩,阻力大,不易插入,手握粮粒不易从指缝滑落,手压粮粒时无响声,即湿粮。用手插进粮堆抓一把粮食出来看,再轻轻抖掉粮食,看手掌心和指缝中的泥灰,判断其杂质的多少。

2. **眼看**

用眼睛察看粮食中异种粮粒和虫蚀、未熟、病斑、霉变等不完善粒的多少和杂质的多少,判断粮食的饱满度、整齐度和纯净度。

3. **鼻闻**

用鼻子闻一闻粮食中的气味是否正常。新鲜的粮食都具有一种本身应有的清香气味,而发热、霉变过的粮食会有一种轻重不同的霉臭味或发酵的酒精味、甜味等,受污染过的粮食会有明显的化肥、农药、煤油等有害物质的异味。

4. **牙咬**

用牙咬粮时,感觉费力,声音清脆,断面整齐光滑,说明含水分低、干燥;反之,感觉湿、软,粮粒成片状,说明含水量高。但有些杂交玉米为软粒种,用牙咬胚部,见粉状为干粮,反之为湿粮。大豆,用手掐住豆粒一半,用门牙咬时有响声并掉皮者为干粮,反之为湿粮。

5. **耳听**

用手搅动粮食或将粮食从高处向下撒落时,发出清脆而急促的"沙沙"声响,并明显有尘土或芒壳碎片飞扬者为干粮,反之为湿粮。

总之,在判断粮食品质的好坏时,要结合手摸(掐)、眼看、鼻闻、牙咬、耳听等手段,用器官的感觉来综合判断,这样才更为准确。

复习思考题

1. 粮食物理指标检验主要包括哪些内容?
2. 粮食物理指标检验有哪些意义?
3. 粮食感官鉴定的意义是什么?
4. 粮食感官鉴定方法有哪些优点?

精彩微课

样品的采集　　采样方法　　分样、样品的保管

项目四

小麦制粉

【学习目标】

【知识目标】

1. 学会鉴别小麦籽粒品质方法。
2. 能熟练操作小麦的清选、打麦、水分调节等工艺。
3. 掌握小麦等级粉、专用粉的生产设备操作技能。
4. 学会小麦粉常规检验技术。

【能力目标】

1. 掌握小麦品质、小麦籽粒结构与小麦粉的生产工艺关系。
2. 学会小麦着水量和配麦的计算方法。
3. 学会基础粉的收集与专用粉的配粉技术。
4. 能科学制订小麦粉常规检验的工作方案。

【素质目标】

1. 能将爱国、敬业、诚信、友善融入学习全过程。
2. 能恪守职业道德,具有严谨认真、团队协作等综合素质。
3. 培养创新思维和发展能力。

【思维导图】

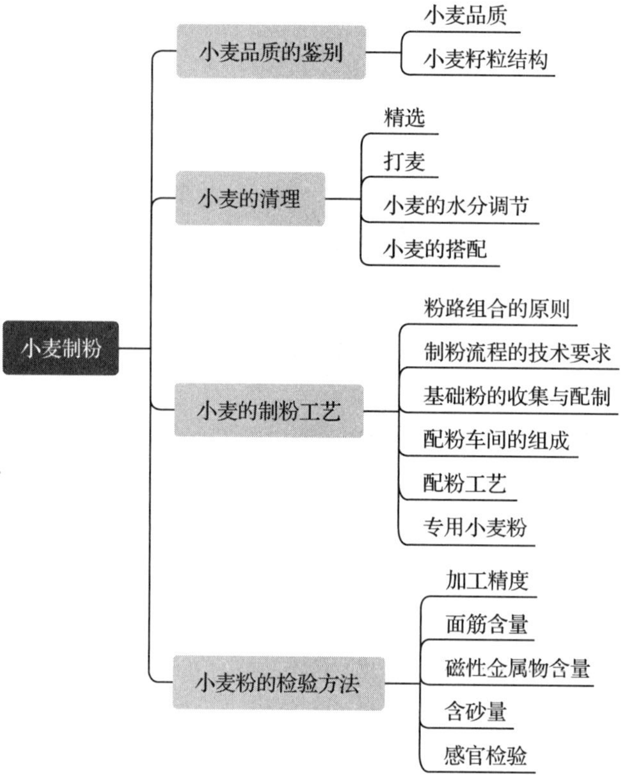

【项目描述】

小麦是全世界主要的粮食作物，也是世界上栽培非常早的作物之一，它对人类文明的发展起到了极其重要的作用。小麦分布范围广、种植面积大、总产量高、供给营养多。人类摄入的蛋白质 20% 以上是由小麦提供的，相当于肉、蛋、奶产品为人类提供的蛋白质总和。小麦在我国的种植面积和总产量仅次于水稻，属第二大粮食作物，但仍是我国北方人民的第一大主粮作物。

小麦的主要消费途径是先生产小麦粉，然后再加工成各种面制食品。小麦粉可以分成两大类，一类是通用小麦粉，另一类是专用小麦粉。通用小麦粉包括习惯上所说的等级粉和标准粉；专用小麦粉则包括面包粉、饼干粉、面条粉等，还包括高筋小麦粉和低筋小麦粉等品种。在数量上，通用小麦粉占主导地位，专用小麦粉的比例还不高，但专用小麦粉是今后的一个发展方向。

任务一　小麦品质的鉴别

【任务导入】

有人疑惑，如今的面粉为什么没有面粉味，因为商家把小麦做了细分。以前，小麦全部磨成面粉叫小麦粉，是小麦全粉。而我们现在吃的不一定是这种粉，因为商家把面粉做了细分。首先，商家把小麦的胚芽部分提取出来，叫作小麦胚芽粉，卖几百块钱一斤；然后把小麦麦芯部分的20%~30%提取出来，叫作麦芯粉，这个可以卖到更高的价格；最后剩余的部分既不筋道又不白，也没有了营养，商家只能添加增白剂和增筋剂，卖几块钱一斤。普通人吃的就是这几块钱一斤的面粉。有些东西经过细加工，的确是好，但是也有一些东西，原始的才更珍贵。小麦还是不细分的更好。

问

为什么用现在的面粉蒸出的馒头没有了以前的香味？

必备知识

一、小麦品质

小麦品质是由多因素构成的综合概念。根据小麦粉的用途不同，衡量品质的标准有所变化。通常所说的小麦品质包括小麦籽粒品质（外观品质）、小麦营养品质和小麦加工品质。图4-1是小麦籽粒品质性状。

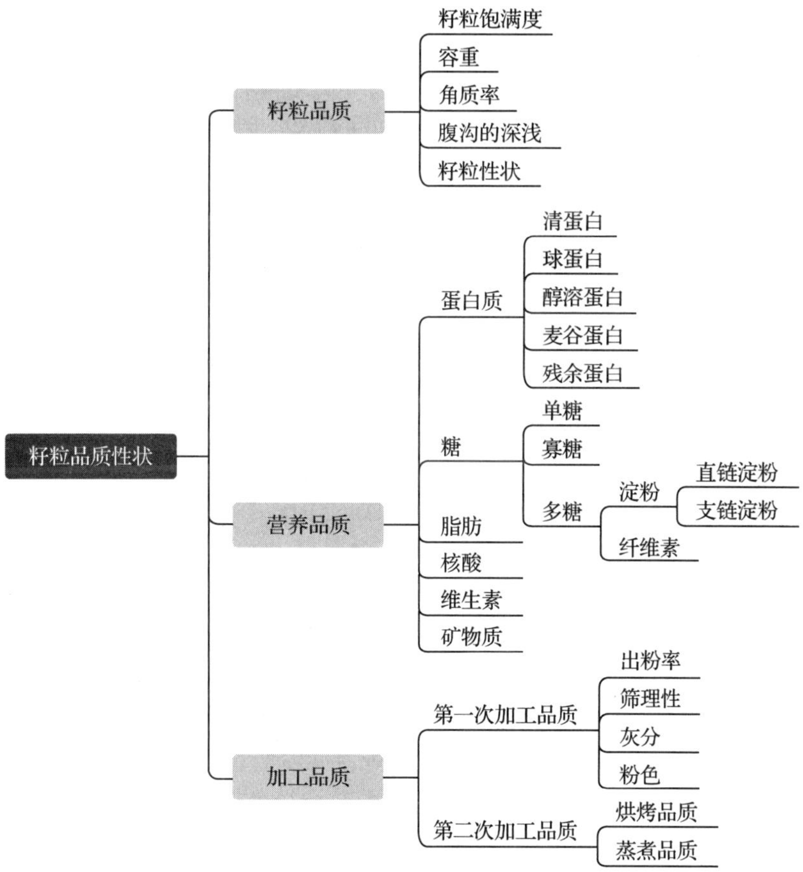

图4-1　小麦籽粒品质性状

（一）小麦籽粒品质

小麦籽粒品质主要包括：

(1)千粒重。千粒重反映籽粒的大小和饱满度。千粒重适中的小麦籽粒大小均匀度好，出粉率较高；千粒重低的小麦籽粒较为秕瘦，出粉率低；千粒重过高的小麦籽粒，其整齐度下降，在加工中也有一定缺陷。我国小麦的千粒重一般为 17~41 g。

(2)容重。容重是指每升小麦的绝对质量。容重与籽粒的形状、大小、饱满度、整齐度、质地、杂质、腹沟深浅、水分等多种因素有关。容重大的小麦出粉率较高。我国的净麦容重一般在 705~810 g/L。

(3)角质率。角质率是指角质胚乳在小麦籽粒中所占的比例，与质地有关。角质率高的籽粒硬度大，蛋白质含量和湿面筋含量高。

(4)籽粒硬度。硬度可反映蛋白质与淀粉结合的紧密程度。硬度大的小麦籽粒在制粉时能耗也大。

(5)籽粒形状。小麦籽粒形状有长圆形、卵圆形、椭圆形和短圆形。籽粒形状越接近圆形，磨粉越容易，出粉率越高。籽粒大小往往与品种、生长条件、水分大小有关。

(6)腹沟深浅。腹沟深的小麦籽粒，皮层比例较大，易沾染杂质，在加工中难于清理，会降低出粉率和面粉质量。

(7)种皮颜色。白皮小麦一般皮层较薄，出粉率较高。我国居民对白皮小麦有习惯性偏好。

(二)小麦营养品质

小麦营养品质主要是指小麦籽粒中碳水化合物、蛋白质、脂肪、矿物质、维生素以及膳食纤维等营养物质的含量及化学组成的相对合理性。籽粒的外果皮和内果皮中一般含有大量的粗纤维、戊聚糖和纤维素；麦胚的盾片和胚轴内含有丰富的脂肪；糊粉层内含有较高的灰分，胚和糊粉层均为蛋白质的密集部位。小麦蛋白质中赖氨酸为第一限制性氨基酸，苏氨酸为第二限制性氨基酸。小麦籽粒中脂质含量很低，但脂肪酸组成好，亚油酸所占比例很高。小麦籽粒中的维生素主要是复合维生素 B、泛酸及维生素 E，维生素 A 含量很少，几乎不含维生素 C 和维生素 D。小麦籽粒中含有多种矿物质元素，多以无机盐形式存在。其中，钙、铁、磷、钾、锌、锰、钼、锶等对人体作用很大。

(三)小麦加工品质

小麦加工品质主要包括小麦磨粉品质、小麦面团品质和小麦烘焙与蒸煮品质。

1. 小麦磨粉品质

磨粉品质与小麦籽粒大小、形状、整齐度、腹沟深浅、粒色、皮层厚度、胚乳质地、容重等有关。

(1)出粉率。出粉率是指单位重量籽粒所磨出的面粉与籽粒容重之比。籽粒圆、大，皮白、皮薄，吸水率较高，籽粒较硬都是出粉率高的有利条件。腹沟深的籽粒，种皮面积大，皮厚，出粉率下降。容重与出粉率关系密切，容重高，胚乳组织致密，籽粒饱满、整齐。硬质小麦胚乳在磨粉时易与麸皮分离，出粉率高。

(2)面粉灰分。灰分是指矿质元素、氧化物等占面粉的百分含量，是面粉精度的重要指标。籽粒外层灰分多于内部，种皮(皮层和糊粉层)灰分含量居籽粒各部分之首。在磨粉时，糊粉层常伴随麸皮一起进入面粉中，在增加出粉率的同时，也增加了灰分含量。小麦清理不彻底，会有一定量的泥沙等杂质，也会提高灰分含量。

(3)白度。白度是指小麦面粉的洁白程度，是磨粉品质的重要指标。白度与小麦类型(红、白、软、硬)、面粉粗细度、含水量有关。软麦比硬麦粉色浅，面粉过粗、含水量过高会使白度下降。在制粉过程中，小麦心粉在制粉前路提出，色白、灰分少、质量高，后路出粉的粉色深、灰分多。

(4)能耗。从经济角度考虑，能耗低，其经济价值就会较高。动力消耗与小麦硬度有关，在粉路长的大车间，硬麦能耗低于软麦能耗；对于中小型设备来说，两者差别不大；对于小型机组来说，则硬麦能耗大于软麦能耗。

2. **小麦面团品质**

小麦面团品质大多体现在小麦面团的流变学特性方面，小麦加工品质的好坏可以通过测定面团的流变学特性得到鉴定。流变学特性是指在特殊的负载曲线中应力、应变和时间的关系。

(1)粉质曲线。粉质曲线是指用粉质仪测定面团流变学特性得出的曲线。图 4-2 为粉质仪及其结构示意图。

测定过程是，给仪器搅拌钵中加入定量面粉(以含水 14% 为基准，300 g 或 50 g)，按操作规程开动仪器，边搅拌边加水(加水有严格要求)，恒温(30 ℃)下揉成面团。在揉制过程中，仪器所受的搅拌阻力的变化自动记录在粉质曲线图上，起初不断增大，达到峰值后出现不同程度的下降。搅拌至规定时间。图 4-3 至图 4-5 为常见面粉粉质曲线，从粉质曲线

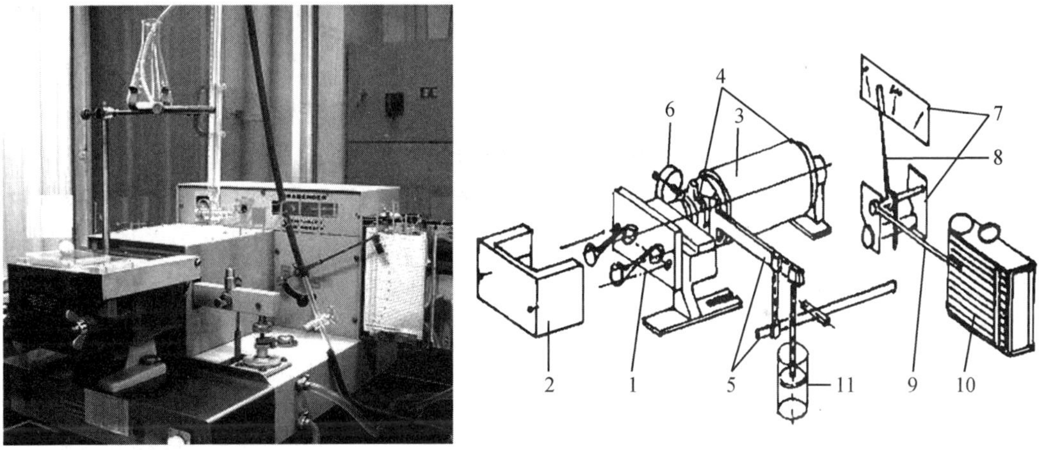

1. 揉面钵后壁及面刀；2. 揉面钵；3. 马达及齿轮箱；4. 轴承；5. 杠杆；
6. 平衡螺旋；7. 刻度尺；8. 指针；9. 笔壁；10. 记录器；11. 阻尼器

图 4-2　粉质仪及其结构示意图

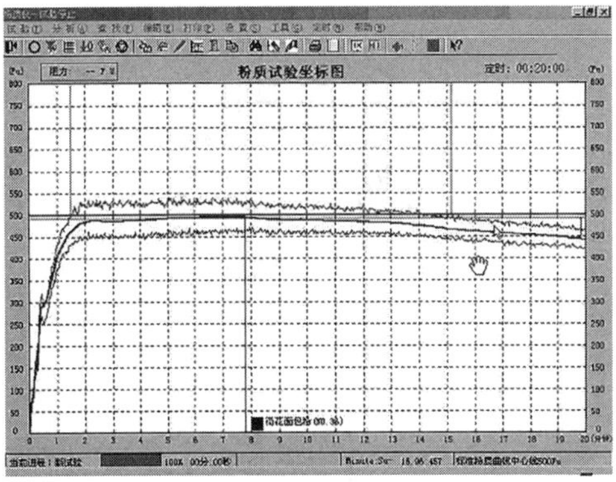

图 4-3　典型高筋面粉(面包粉)粉质曲线

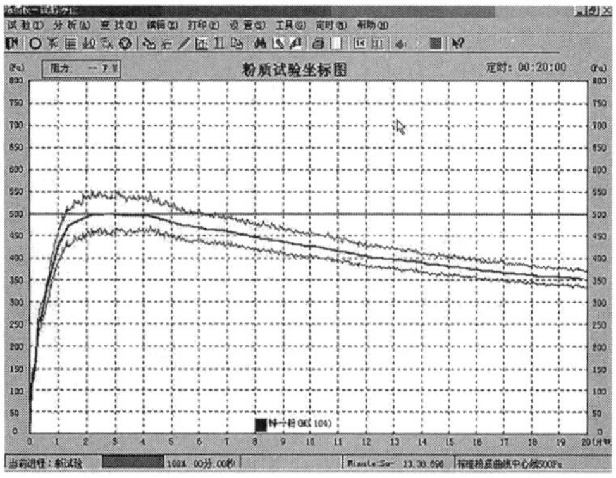

图 4-4　典型低筋面粉(蛋糕粉)粉质曲线

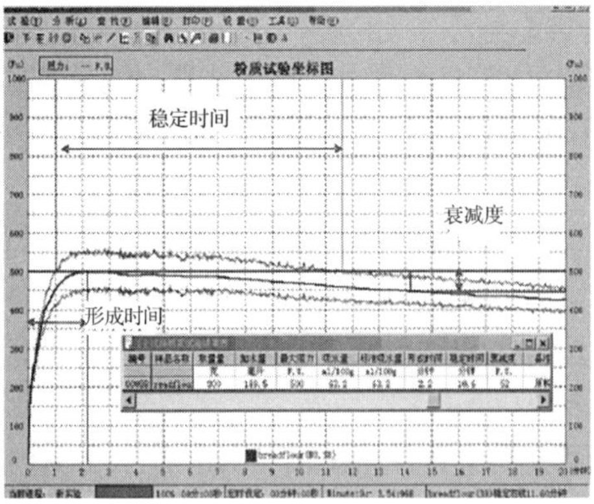

图 4-5　馒头粉粉质曲线

图上可得到下列指标：

①吸水率。吸水率是指揉制面团时面粉所需水分的适宜量(%)，一般是面团阻力达到最大峰值时(500 Fu)的加水量。

②面团形成时间。面团形成时间是指粉质曲线达到峰值时所用的时间，单位以分钟(min)计。面团弹性强，则形成时间长。

③稳定时间。稳定时间是指曲线首次到达 500 Fu 时和离开 500 Fu 时的时间之差，单位以分钟表示，主要反映面团的稳定性，或耐搅拌性能。稳定时间长说明面团韧性好，面筋强，加工性能好。

④衰减度(弱化度)。衰减度是指曲线峰值中心点与出现峰值后 10 min 或 12 min 曲线所处位置中心点差值(Fu)。主要表示面团对机械搅拌的承受能力，或在搅拌中的破坏速率。指标大表示面筋弱，面团易流变，加工性能差。

⑤评价值。评价值是指粉质仪特有的叫作评价计的一种专用尺子，根据面团形成时间和面团弱化度等进行的综合评分。

(2) 拉伸曲线。图 4-6 为拉伸仪及其结构示意图。用拉伸仪测定面团的抗拉伸强度时所得的曲线，如图 4-7 所示。将粉质仪制备好的面团揉搓成粗短面条，将两端固定，中间挂钩向下拉，抗拉伸阻力以曲线的形式自动记录下来，称为拉伸曲线图。拉伸曲线图既能反映面团强度和抗延伸阻力，又可反映面团易流动性和延伸所需要的粘合力。从拉伸曲线图上可以得到下列指标：

①面团延伸性(E)。面团拉伸至断裂时曲线的水平长度，单位为 cm，是面团黏性、横向延伸性的标志。

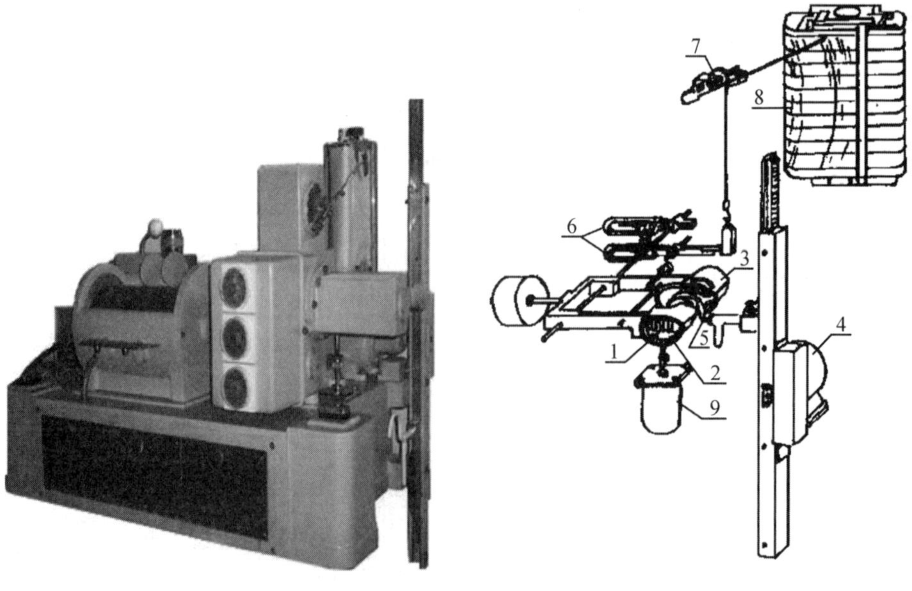

1. 面团；2. 底盘；3. 夹具；4. 马达；5. 拉伸钩；6. 杠杆系统；7. 衡器；8. 记录器；9. 阻尼器

图 4-6　拉伸仪及其结构示意图

②抗拉伸阻力(R)。在横坐标50 cm处的曲线高度，单位为Fu,是面团弹性、纵向弹性的标志。

③拉伸比。抗拉伸阻力与延伸性的比值,单位为Fu/cm,反映抗拉强度。

④能量。曲线围成的总面积,单位为cm^2,亦代表面团强度。

3. **小麦烘焙与蒸煮品质**

小麦烘焙与蒸煮品质是衡量小麦加工品质的直接指标,结果客观、可靠。

(1)烘焙品质。一般通过烘烤面包的品质指标来反映烘焙品质,主要包括面包的体积、比容、纹理和质构、评分等。

①体积。面包体积是最客观的烘焙品质指标。一般按照标准方法进行烘焙操作,待面包出炉冷却后,用油菜籽置换法测定,单位为cm^{3}或mL。

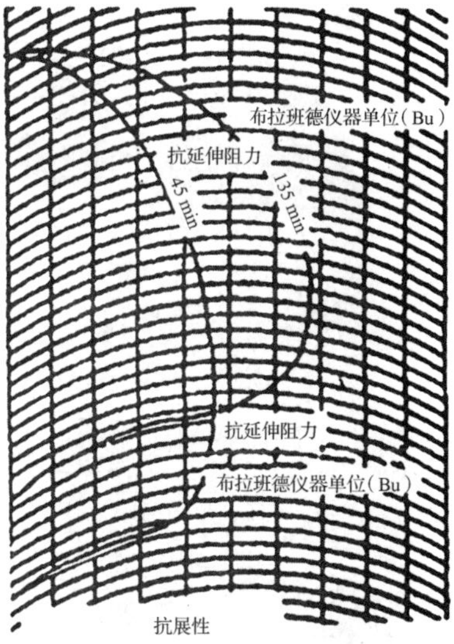

图4-7　面团拉伸曲线

②比容。比容是指面包体积(V,单位为cm^3)与质量(m,单位为g)之比。面包体积大,则比容大。

③纹理和质构。纹理和质构是指成品面包断面质地状况和纹理结构。一般情况下,面包心平滑、细腻,气孔细密、均匀,呈长圆状,孔壁细而薄,无明显大孔洞和实心,呈海绵状。

④评分。面包评分是指根据体积、皮色、形状、断面平滑度、纹理和质构、弹性、口感等多项指标进行综合评价的记分。世界各国评价标准不一致。

(2)蒸煮品质。主要指馒头、面条加工对小麦面粉的品质要求。

(3)其他品质指标。

①面筋含量。先按照标准规程制作面团,再用手洗法或机洗法,洗去淀粉,留下面筋,挤压去水,称重得出湿面筋重量,湿面筋在100~104 ℃恒温箱中干燥20 h至恒重冷却后称重,得出干面筋重量。按面粉重量换算成百分比表示。方法简便,但误差较大。

②沉降值,又称降落值。其原理是:一定量小麦粉在特定条件下,在弱酸介质作用下吸水膨胀,形成絮状物并缓慢沉淀,在规定时间内的沉降体积(mL),称为沉降值。沉降速度与体积能够反映面筋含量和质量,测定值越大,表明面筋强度越大,烘焙品质就越好。

小麦的各品质之间存在着密切的相关性,没有严格的分界线,一些品质指标可同时反映多种品质,如小麦蛋白质和面筋质,既反映营养品质,又与磨粉品质和面团工艺特性极其相关,但非正相关。对小麦的品质可通过相应的品质指标做出直接的判断和评价,或对小麦的最终用途做出科学、合理的预测。

二、小麦籽粒结构

如图4-8所示,小麦籽粒顶端生有短而坚硬的茸毛(俗称麦毛),基部长有麦胚。有胚的一面通常称为背面,相对的另一面称为腹面。籽粒腹面上有一条纵向沟槽,称为腹沟,腹沟的两侧称为颊,两颊呈中圆形隆起态或扁平状,靠得很近,因而腹沟凹陷在籽粒内部,其深度和宽度随品种及籽粒的饱满度不同而异。腹沟的存在给小麦加工带来一定影响,腹沟内所隐藏的灰土、微生物不易清除,腹沟越深其清理难度越大。另外,腹沟内的麦皮不易去除,腹沟越深其皮

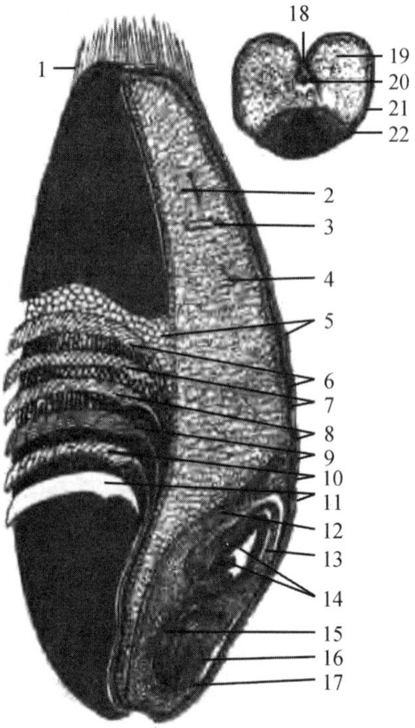

1. 茸毛；2. 胚乳；3. 胚乳细胞（充填着淀粉粒与蛋白质基质）；4. 细胞纤维素壁；5. 糊粉细胞层（胚乳的一部分，与麦麸相分离）；6. 珠心层；7. 种皮；8. 管状细胞（内果皮）；9. 横细胞（中果皮）；10. 皮下组织（外果皮）；11. 表皮；12. 盾片；13. 胚芽鞘；14. 胚芽；15. 初生根；16. 胚根鞘；17. 根冠；18. 腹沟；19. 胚乳；20. 色素囊；21. 皮层；22. 胚

图 4-8　小麦籽粒的纵切面及横切面

层所占的比例就越大，相同条件下会降低小麦的出粉率。

小麦籽粒形状从背部看，可分为长圆形、卵圆形、椭圆形和短圆形。长圆形籽粒中部宽，两端小而尖；卵圆形籽粒上部小，下部宽；椭圆形籽粒中部宽，两端小而圆；短圆形籽粒上下、长宽相近。小麦籽粒横切面形状呈心脏形。小麦籽粒形状一般通过目测区分。籽粒形状接近球形的麦粒，麦皮所占比例相对较小，出粉率较高。因此，小麦腹沟浅而形状近似球的籽粒具有良好的加工性能。

小麦经过加工以后，皮层成为麸皮，胚乳成为小麦粉（面粉），胚成为单独的产品或也成为麸皮。图 4-9 是小麦籽粒的构成。

（一）麦皮

小麦皮层包围在麦胚和胚乳的外围，保护胚及胚乳免遭病菌和害虫的侵袭。麦皮共分 6 层，外面的 5 层含粗纤维较多、营养少，难以消化，在生产优质粉时，不宜将其磨入。

种皮由两层斜向交叉排列的长细胞组成，外层为角质化细胞，无色、透明，表面有较厚的角质层，扁平，内层细胞含有色素。色素细胞的厚薄及色素含量的多少决定了麦粒色泽的深浅。白色小麦色素细胞较薄，含色素物质少，呈淡黄色；红色小麦则细胞较厚，含色素粒多，呈棕黄色或棕红色。

糊粉层包裹着全部胚乳，故植物学将其归为外胚乳。而小麦制粉时，因其与珠心层、种皮连接紧密，生产时多作为副产品，故将其归入麦皮。

糊粉层由排列整齐且紧密的厚壁细胞组成，纤维素含量较高。除腹沟和两端外，细胞均为单层。糊粉细胞多呈立方形，内部含有大量糊粉粒，无淀粉。

（二）麦胚

小麦的胚是小麦的再生组织，位于麦粒背部的下端，通过上皮细胞层和胚乳相接，外侧被皮层所包围，珠心层和糊粉层细胞在临近麦胚处厚度开始缩减。胚中含有一定数量的蛋白质、脂肪和糖等，把其磨入面粉可以增加营养成分，而且良好、完整的胚还能促进水分调节。故生产一般等级粉时，应将其磨入粉中，以增加面粉的营养成分。但胚中含有大量易变质的脂肪，易使面粉酸度增加，加速腐败变质，不适于长期保管，同时灰分和纤维较多，黄色的脂肪还会影响粉色，故麦胚不宜磨入优质面粉中。

（三）胚乳

胚乳含纤维极少，灰分低，易被人体消化吸收，是生产面粉的主要部分。胚乳细胞为薄膜细胞，细胞壁无色，主要由戊聚糖、半纤维素和 β- 葡聚糖组成。胚乳细胞内大小淀

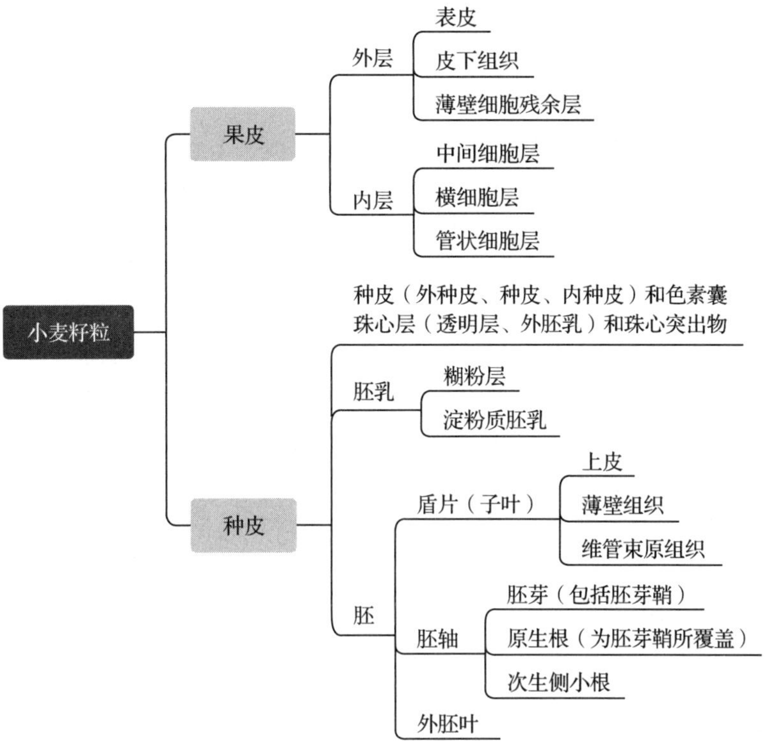

图 4-9　小麦籽粒的构成

粉粒的缝隙间充填着蛋白质基质，这些蛋白质基质将淀粉包裹起来，并与淀粉粒连在一起。一些蛋白质黏结在淀粉粒表面上，用机械方法难以将其分离。一般情况下，胚乳中心部位的蛋白质含量较低，而外部含量较高。但胚乳被包裹在皮层之中，与皮层结合紧密。要将小麦中的胚乳磨成粉，必须破碎麦粒，对麦皮进行剥刮，这就带来了麸皮剥刮不净和麸皮被磨碎混入面粉的问题。因小麦品种不同，胚乳质地有硬软之分。硬质胚乳，淀粉粒牢固地嵌在间质蛋白中，角质程度高；软质胚乳，间质蛋白内有空气间隙，淀粉粒不太紧密，角质程度低，研磨时易被切裂。硬质胚乳比软质胚乳含有更多的蛋白质。

拓展知识

发芽小麦对面粉品质的影响

在我国，降雨是小麦成熟和收获期间频繁发生的自然现象，会导致小麦发芽。长江中下游及黄淮麦区发生发芽的概率为 1/3。小麦一旦发芽，经常会造成大面积减产，商品小麦品质降低。穗发芽小麦的营养品质，面粉质量下降，面团流变学特性改变，淀粉品质降低。同时，发芽小麦会对食品品质产生很大影响。高芽麦率小麦的一般特点为出粉率低，面粉颜色灰暗，制作的食品发黏，口感欠佳。穗发芽严重的小麦甚至无法被加工成馒头、面包、面条等食品，给食品加工部门带来巨大的经济损失。有关发芽小麦对面粉品质影响的研究不少，大部分集中在收获季节曾被雨淋之后的穗发芽小麦对面粉品质、面团特性的影响。人们对发芽小麦的普遍认识是穗发芽会导致面粉及食品的食用品质降低。

任务二　小麦的清理

【任务导入】

问

小麦中的杂质包括哪些?

小麦中的杂质与其他粮食中所含有的杂质基本一样,即无机杂质和有机物杂质。其中绝大部分杂质经筛选、风选、重力分选和磁选可清理干净。但小麦中的有些杂质,如荞子、燕麦、大麦则必须采用一些特殊的清理方法,否则不易清理干净。因为小麦是磨制面粉的原料,在磨粉前,必须保证净麦达到所要求的质量标准,也就是说,小麦的清理与其他粮食的清理相比有其特殊性,所以这就要求对小麦的清理需要更为完善的方法。

必备知识

一、精选

在小麦清理过程中,根据籽粒长度和形状的不同,利用专门的机械,把小麦中的大麦、燕麦、豌豆和荞子等杂质分离出来的工序称为精选。常用的精选设备有螺旋精选机、碟片精选机和滚筒精选机。

(一)螺旋精选机

螺旋精选机由进料斗以及4~5层围绕在同一垂直轴上的倾斜螺旋面组成。当物料沿抛道向下做螺旋形运动时,由于小麦和杂质的形状不同,在抛道上所受摩擦阻力不同,因此运动速度和运动轨迹也不同。小麦从内抛道口流出,而其中的荞子、豌豆等球状颗粒则以滚动形式沿螺旋面向下做加速螺旋形运动,从外抛道口流出。图4-10为螺旋精选机及其工作原理。

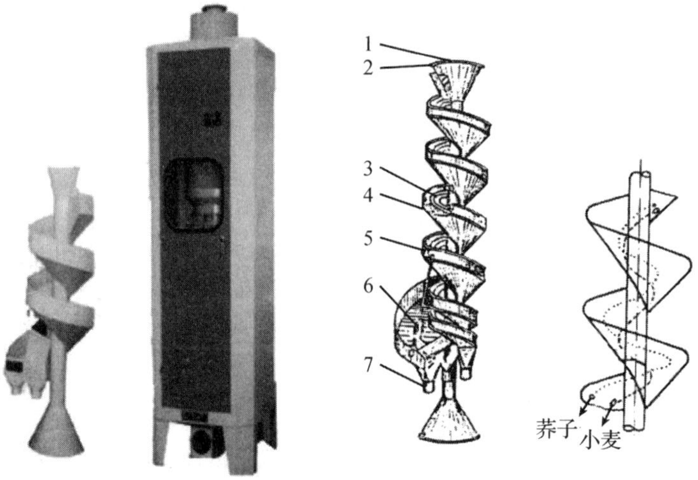

1. 进料斗;2. 放料闸门;3. 内抛道;4. 外抛道;5. 挡板;6. 隔板;7. 出口管道

图4-10　螺旋精选机及其工作原理

(二)碟片精选机

碟片精选机主要工作部件是一组或两组碟片组。每块碟片两面有许多袋孔,碟片在机内绕着其水平轴线做旋转运动时,长粒粮因其长度大于袋孔深度,重心在袋孔外面,不会被带到高位,仍回落到长粒群中。而粮粒中短粒会嵌入袋孔,并随着碟片转动被带到较高位置,然后落入收集槽。图 4-11 为碟片精选机结构,图 4-12 为碟片精选机工作原理。

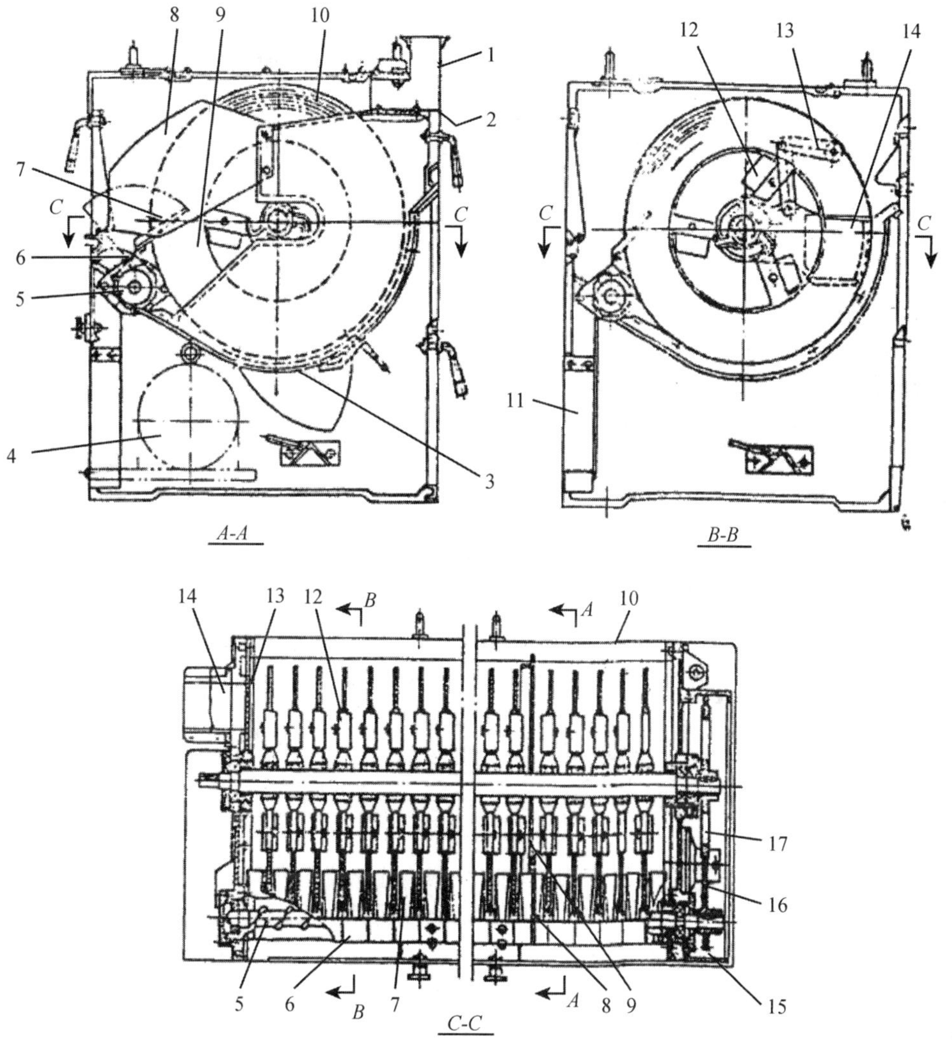

1. 进料口;2. 闸板;3. 活门;4. 电动机;5. 绞龙;6. 小活门;7. 收集槽;8. 隔板;9. 孔;10. 碟片;
11. 荞子出口;12. 叶片;13. 出口调节装置;14. 小麦出口;15. 小链轮;16. 链条;17. 大链轮

图 4-11　碟片精选机结构

(三)滚筒精选机

滚筒精选机主要工作部件为一内表面被制成袋孔的卧式圆筒,所以称为滚筒精选机,如图 4-13 所示,滚筒精选机也是按颗粒长度不同来分离物料的,随着滚筒的旋转运动,嵌入滚筒内表面袋孔的短粒,在达到一定高度后便依靠自身的重力脱离袋孔,落到滚筒内收集槽里。而长粒则因内表面摩擦力的作用,虽也被提升一定高度,但因长粒重心偏向孔外,所以总是早于短粒回落到滚筒内。图 4-14 为滚筒精选机的结构。

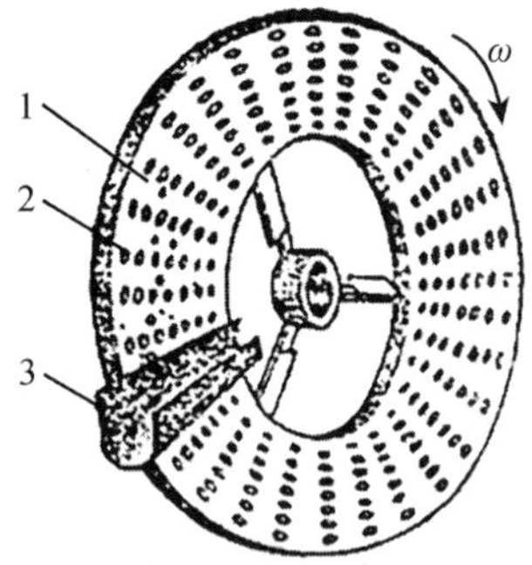

1. 碟片;2. 袋孔;3. 收集槽

图 4-12　碟片精选机工作原理

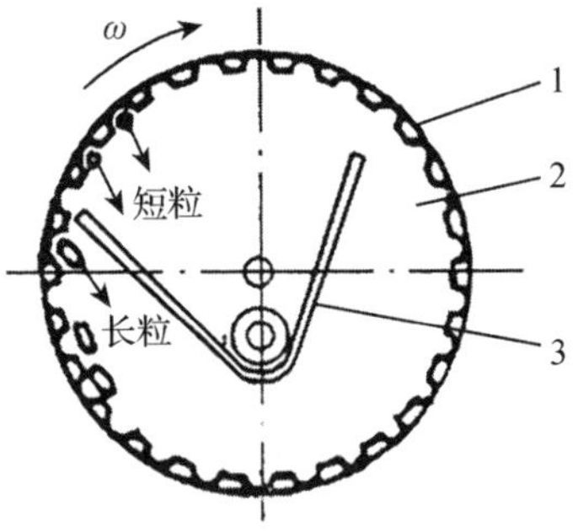

1. 滚筒;2. 袋孔;3. 收集槽

图 4-13　滚筒精选机分离短粒和长粒的原理

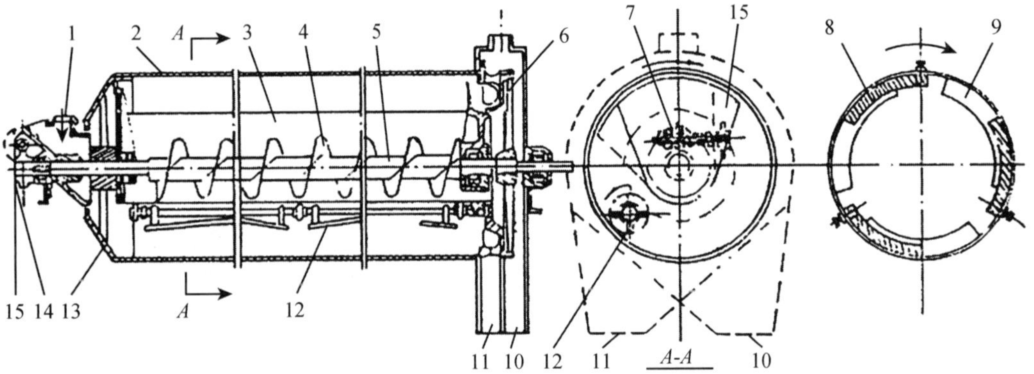

1. 进料口;2. 滚筒;3. 收集槽;4. 绞龙;5. 主轴;6.13. 端盖接头;7. 调节装置;8. 可调挡板;
9. 固定挡板;10.11. 短、长粒出口;12. 搅动器;14. 指示盘;15. 手轮

图 4-14　滚筒精选机的结构

二、打麦

打麦的目的是清除麦粒表面和腹沟内的污物,打掉麦毛,打碎并肩泥块,清除有害、变质的麦粒,同时可以除去部分麦胚和果皮,降低净麦的灰分含量。刷麦可以使小麦的表面得到比较彻底的清理,以保证入磨前的净麦质量。打麦工序所使用的设备主要是卧式打麦机和撞击机等。

(一)卧式打麦机

如图 4-15 所示,卧式打麦机的主要部件是转子和筛筒。打麦是小麦清理工艺中重要的工序,但打麦机位置的设置是否合理,对其工艺效果影响很大。因为水分低的干燥小麦,质地较脆,受打击后易产生较多的碎麦,麦胚也容易被打掉,影响水分调节,故不适用重打。小麦着水后麦皮韧性增加,不易被打碎,可采用重打。若使用一道打麦,可放在水分调节前进行轻打,避免过多的泥灰进入着水设备。若采用两道打麦,一般在水分调节前采取轻打,在水分调节后再行重打。中小型面粉厂一般采用一道打麦,大型面粉厂一般采用两道打麦。

(二)撞击机

撞击机工作时,物料由进料口落入匀速转动的甩盘上,在离心力的作用下,向甩盘边缘运动。麦粒与销柱发生反复碰撞,有的麦粒被甩到撞击圈上。由于麦粒经过多次撞击,相互摩擦,强度小于麦粒的并肩杂质被击碎,附着在麦粒表面上的泥灰、麦毛、皮壳等轻杂被分离下来。图 4-16 为撞击机及其结构示意图。

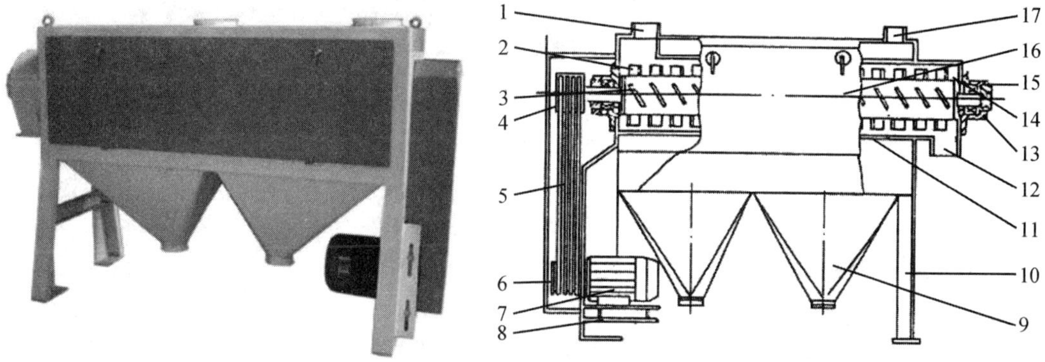

1. 进料口;2. 片状打板;3. 打板支架;4. 大皮带;5. 三角传动带;6. 小皮带轮;7. 电动机;8. 传动带张紧装置;9. 碎杂出口;10. 机架;11. 筛筒;12. 净麦出口;13. 轴承盖;14. 轴承;15. 轴承座;16. 维修操作门;17. 吸风口

图 4-15　卧式打麦机及其结构示意图

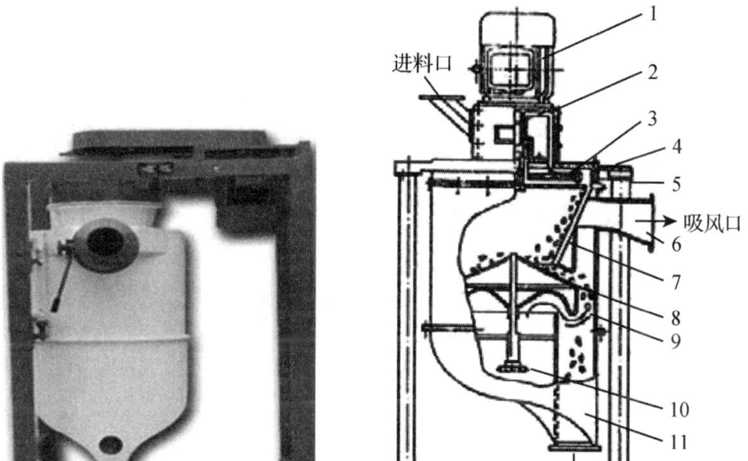

1. 电动机;2. 主轴;3. 甩盘;4. 销柱;5. 撞击圈;6. 吸风口;7. 锥形筒;8. 扩散器;9. 吸风道;10. 调节手轮;11. 下料斗;12. 机架

图 4-16　撞击机及其结构示意图

(三)圆辊刷麦机

如图 4-17 所示,圆辊刷麦机工作时,小麦从喂料装置进入两刷帚之间。由于圆辊刷帚的转动,两刷帚共同作用于小麦,带动小麦翻转并使小麦从上向下运动,从而使小麦表面得到比较彻底的清理。经清理后的小麦落入绞龙,被送至出料端。

在小麦清理工艺中,刷麦机一般设在水分调节后的光麦处理阶段,最好设在最后一道打麦之后、研磨之前。因为经打麦后,表面上可能还附着有尚未脱离的麦皮和麦胚;腹沟和麦皮皱褶处还可能嵌有灰尘,这些残留的灰尘等经刷麦处理后,会得到很彻底的清理,保证入磨前的净麦质量。

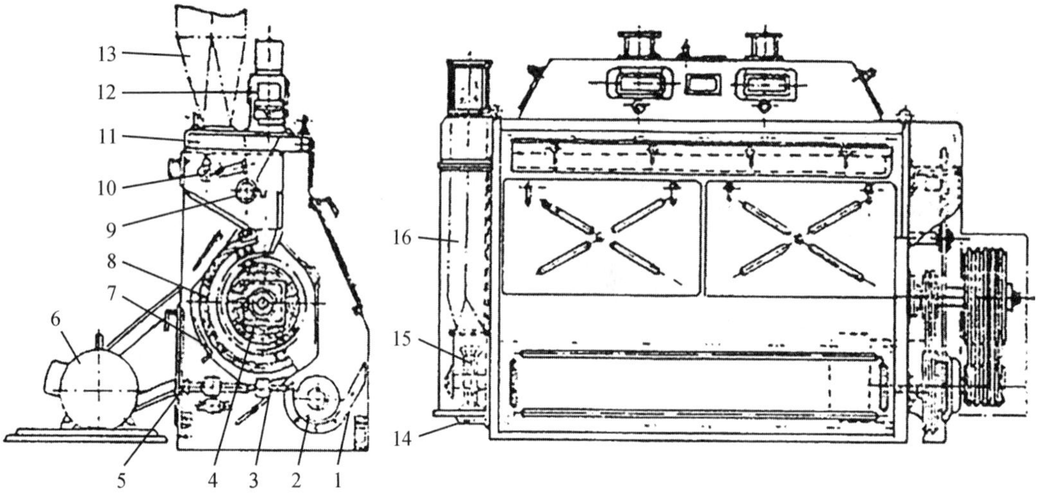

1. 机架；2. 绞龙；3. 座板；4. 圆辊刷帚；5. 调节装置；6. 电动机；7. 刻度尺；8. 弧形刷帚；9. 喂料辊；10. 喂料活门；11. 顶盖；12. 喂料箱；13. 风管；14. 出料口；15. 叶轮；16. 提升管

图 4-17　圆辊刷麦机结构示意图

三、小麦的水分调节

小麦的水分调节，就是使小麦着水并在专设的麦仓（润麦仓）内存放一定的时间。

（一）水分调节的主要作用

(1) 由于皮层和胚乳组织结构不同，在水分调节中，它们的吸水膨胀先后不同，从而削弱了它们之间的结合力，使皮层和胚乳易于分离，皮层易于剥刮，这对提高出粉率十分有利。

(2) 皮层吸水后，韧性增加、脆性降低，在碾磨过程中，便于保持麸片的完整和刮净麸片上的胚乳，从而有利于筛理和刷麸，为提高面粉质量和提高出粉率创造了有利条件。

(3) 胚乳在吸水后，结构松散，强度降低，易于磨成粉，有利于降低动力消耗。

(4) 水分调节可以使小麦的入磨水分含量适宜，以保证面粉的水分含量符合国家标准。

（二）水分调节设备和润麦仓

1. 强力着水机

如图 4-18 所示，在干小麦由进料装置进入筒体时，设于进料口的进水管会根据加水自控系统的测量信号，通过连续的一系列连锁控制向干小麦加入定量的水。加过水的小麦被螺旋推进器推入筒体内，打板高速运转。小麦进入筒体后，沿筒内壁做圆周旋转运动，整个筒内壁形成一个“物料流”，打板叶轮对麦粒流做相对运动，使每一粒小麦都能受到多次的强烈撞击和摩擦，麦粒表皮软化且部分被撕碎，使水能均匀渗透到麦粒各部位。在众多打板高速旋转所产生的强离心力的作用下，水与小麦充分接触混合，渗入小麦中，达到了高速均匀着水的目的。

2. 着水混合机

如图 4-19 所示，着水混合机主要由进料管、着水喷管、工作筒体、扇形桨叶、机架、出料管、传动装置和着水系统组成。当桨叶翻动物料时，物料在倾斜向上的筒内得到充分的搅拌,麦粒之间充分接触,着水均匀。着水后的小麦主流部分经出料管进入润麦绞龙,然后被送到润麦仓润麦,分流部分小麦先经水分测量管进入水分测量仪测量,然后再被送到润麦仓。

着水混合机是一种连续式的高效着水混合设备,通过混合器的充分搅拌,使加入的水分均匀地分布在每一粒麦粒上。该机结构简单、设备轻巧、动力消耗低,一次着水率可达 4%。

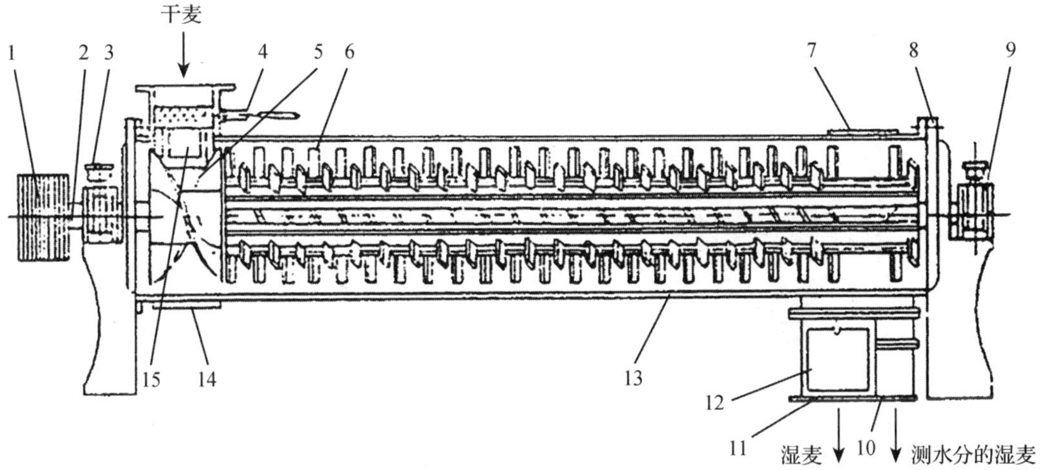

1. 传动轮;2. 主轴;3. 进口端轴承盖;4. 进水管;5. 螺旋推进器;6. 打板;7. 活络门;8. 出口端盖;9. 出口端轴承座;10. 水分检测管;11. 出料口;12、15. 观察窗;13. 筒体;14. 卸料口

图 4-18　强力着水机结构示意图

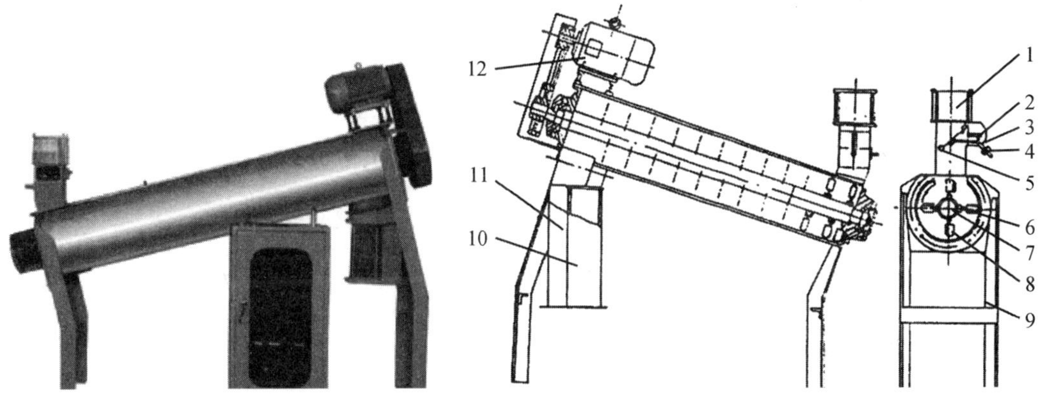

1. 进料管;2. 感应开关;3. 均流调节板;4. 重锤;5. 着水喷管;6. 工作筒体;7. 主轴;8. 扇形桨叶;9. 机架;10. 水分测量;11. 出料管;12. 电机

图 4-19　着水混合机及其结构示意图

(三)润麦仓

小麦着水后应存入一专门的仓内存放一段时间,这一过程称为润麦,这一麦仓称为润麦仓。图 4-20 为多出口润麦仓及汇集斗示意图。小麦着水后,应有足够的润麦时间,以使水分向小麦内部渗透,使小麦的水分重新调整。

润麦仓一般用钢筋水泥或木板制造。钢筋水泥仓坚固,能避免虫蛀。润麦仓不同于普通的粮仓,一般制成方形,每边长 1.5~3 m。仓的内壁要光滑,仓的四角应做成宽 15~20 cm 的斜棱,以减少麦粒膨胀结块的概率。仓底做成漏斗形,斗壁与水平夹角为 55~60°。为了便于进仓检查、维修仓顶，应设置进入孔，仓内壁预设爬梯。

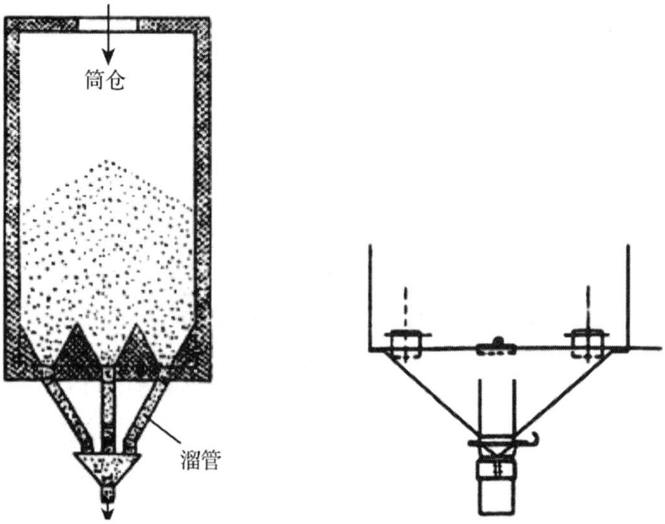

图 4-20　多出口润麦仓及汇集斗示意图

(四)着水量的计算

1. **着水百分比计算**

在室温下进行水分调节时，小麦水分含量增加的百分比为：

$$w_4 = w_2 - w_1 + w_3$$

式中，w_4 为小麦着水后增加的水分，单位为 %；w_2 为小麦净麦水分，单位为 %；w_1 为毛麦水分，单位为 %；w_3 为小麦清理过程中损失的水分，单位为 %。

2. **着水量的计算**

着水量是指每小时应着水多少千克。公式为：

$$G_1 = G_2 \times \frac{100-w_1}{100-w_2}$$

式中，G_1 为每小时的着水量，单位为 kg/h；G_2 为每小时毛麦生产量，单位为 kg/h。

四、小麦的搭配

(一)小麦搭配的目的

(1) 最合理地使用小麦，使混合后的小麦能在保证质量的前提下，得到最高的总出粉率和优等粉率。

(2) 根据市场需要，能生产各种专用粉，并使产量和品质保持稳定。

(3) 保证在一段生产期内，加工的原料品质基本一致，使工艺过程和操作保持稳定。

(4) 少量劣质小麦和病虫害小麦，通过搭配可继续合理利用。

(二)容积式配麦器

如图 4-21 所示，容积式配麦器按照小麦容积重量的百分比进料或搭配，可以通过改变容积达到要求的流量或配比。该配麦器具有 6 个袋形空腔的圆柱形定量转子，麦流从上部被喂入袋腔并递送进下部的输送机，可以移动配比插板改变袋腔宽度来调节所输送的小麦容积数量，也可以改变定量转子的转速来控制小麦流量。

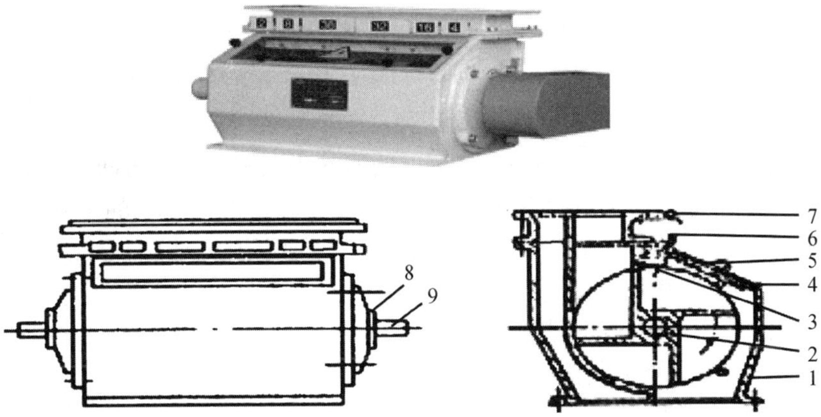

1. 箱体；2. 定量转子；3. 刮板；4. 安全网罩；5. 观察窗；6. 配比插板；
7. 总开启插板；8. 轴承座端盖；9. 驱动轴

图 4-21　容积式配麦器及其结构示意图

（三）小麦搭配的计算方法

1. 按面筋含量进行搭配

（1）两种小麦搭配。例如，有甲、乙两种小麦，其面筋质含量分别为 30% 和 22%，现需要面筋质含量为 25% 的小麦 500 t，试问用这两种小麦搭配，各需要多少数量？

用十字交叉法计算：

甲麦　30　　3　$\frac{3}{3+5}\times 100\%=37.50\%$

（25）

乙麦　22　　5　$\frac{5}{3+5}\times 100\%=62.50\%$

即甲麦和乙麦的搭配比例分别是 37.50% 和 62.50%，故需甲麦 500 t × 37.50% =187.5 t，乙麦 500 t × 62.50% = 312.5 t。

（2）三种小麦搭配。若有甲、乙、丙三种小麦，其白麦含量分别为 65%、35% 和 30%，现要求搭配成白麦含量为 46% 的混合小麦，问甲、乙、丙三种小麦的搭配比例各为多少？

用十字交叉法计算：

甲麦　65　　11　$\frac{11}{11+19+16+19}\times 100\%=16.92\%$

（46）

乙麦　35　　19　$\frac{19}{11+19+16+19}\times 100\%=29.23\%$

甲麦　65　　16　$\frac{16}{11+19+16+19}\times 100\%=24.62\%$

（46）

丙麦　30　　19　$\frac{19}{11+19+16+19}\times 100\%=29.23\%$

因此，这种小麦的搭配比例分别为甲麦 16.92%+24.62%=41.54%，乙麦和丙麦各为 29.23%。

2. 按面筋的质量进行搭配

(1)按粉质曲线的稳定时间搭配。在目前试行的专用粉质量标准中,衡量面筋质量的主要指标为粉质曲线的稳定时间,但稳定时间与搭配比例并不呈线性关系,因此通过计算所得的搭配比例并不精确,需要通过实验验证和校准。

例如,欲将稳定时间分别为 9 min 和 5 min 的两种小麦配成稳定时间为 7 min 的面粉生产原料小麦,可通过计算初步确定配麦比例为 1∶1,然后将搭配后的小麦进行试验制粉,测定其评价值。如果评价值高于 7 min 则减少第一种小麦的比例,反之适当增加第一种小麦的比例。这样反复若干次,直至达到目的。

(2)按粉质曲线的评价值进行搭配。评价值是粉质曲线的综合指标,能够衡量面筋质量,评价值指标与搭配比例呈正比线性关系。

搭配比例计算公式为:

$$75x+50\times(100-x)=60\times100$$

$$x=40$$

这样,40% 的评价值为 75 的小麦与 60% 的评价值为 50 的小麦混合加工制成的面粉的评价值为 60,符合最终成品要求。

(3)按照降落值进行搭配。降落值是衡量面粉 α- 淀粉酶活性的一项重要指标。在生产面包专用粉时,降落值要求为 250 s 左右。降落值太小可能为发芽小麦,面粉成团后容易发黏;降落值太大表明小麦的存储时间过长,对发酵过程不利。其他专用粉对降落值也有一定的要求。

由于降落值与淀粉酶的活性呈非线性关系,在按降落值进行小麦搭配计算时,要首先把降落值转化为液化值,然后进行计算。液化值(LN)计算公式(该公式适合于降落值 80~500 s 范围)为:

$$LN=\frac{6\ 000}{降落值-50}$$

例如,现欲搭配降落值为 250 s 的专用粉,现有基本麦源 A 和麦源 B,其降落值分别为 350 s 和 200 s,搭配计算方法为:

$$LN_A=\frac{6\ 000}{350-50}=20$$

$$LN_B=\frac{6\ 000}{200-50}=40$$

$$LN_{成品面粉}=\frac{6\ 000}{250-50}=30$$

设 A 麦比例为 x,B 麦比例为 $(100-x)$,则:

$$20x+40(100-x)=30\times100$$

$$x=50$$

根据其他一些品质指标,如吸水率、延伸性等确定小麦搭配比例,可仿照稳定时间的方法,通过实验求得。必须明确的是,在众多的品质指标中,应该以一个主要指标为重点进行配麦计算,这个指标往往根据专用面粉的品种而定,比如,面包粉和糕点粉可以以稳定时间或评价值为主要评价指标,而面条粉可以将延伸性作为主要评价指标,也可以将众多指标中主要麦源指标与成品面粉质量要求相差最大的指标作为主要评价指标。

拓展知识

新麦加工面粉的配麦比例和注意事项

采用新麦加工的面粉质量很不稳定，这是制粉的基本常识。新麦加工面粉的注意事项如下。

(1) 新麦的搭配比例不宜过高，特别是初始阶段，可以按照10%的比例添加，随着时间的推移，可以逐步增大新麦的使用比例。一般每隔半个月时间可以增大5%的配麦比例。

(2) 应该注意尽量缩短润麦时间，建议可以比正常的润麦时间缩短20%~30%。另外，润麦的水分也不宜太高，建议入磨水分控制在14.5%~15%。

(3) 面粉质量所出现的问题，大都是后熟期过短而造成的，特别是新麦加工的面粉，更应该重视后熟期，尽量让加工好的面粉贮藏2~3个月。

(4) 采用新小麦加工面粉时可以考虑适当降低产量、加大筛网的孔径，以避免糊筛现象的发生。

(5) 相对来讲，用新麦面粉做面条要比做馒头的效果好，建议面粉厂的新麦面粉多用于面条粉的生产，尽量避免或者少加工馒头粉。

任务三　小麦的制粉工艺

【任务导入】

问

石磨面粉和普通面粉有什么区别？

石磨面粉和普通面粉的区别如下。

1. **色泽方面**

在煮面的时候，石磨面粉的面汤颜色呈淡黄色，这是因为石磨面粉中含有大量的胡萝卜素和膳食纤维。

普通面粉则显得非常白。现代钢磨面粉的淀粉链分子结构受到破坏，面团的稳定时间降低，难以和拢，因此必须加入稳定剂。加上为了迎合人们吃面越白越好的错误饮食习惯，加入增白剂、强筋剂等添加剂，所以面粉显得非常白 。

2. **口感方面**

用石磨面粉和面时，面粉吃水多且面和好后醒面的时间短，无论怎样拉、扯、搓，面条都能保持柔韧且不断。面条或面片煮熟后，口感柔韧且筋道。用石磨面粉做成的各种面食，麦香味很浓，口感好，有嚼头。

普通面粉则由于有添加剂，面粉中胡萝卜素等受到破坏，面粉显得过于白。和面时，吃水少，面团色泽无变化，如含强筋剂过多，面很难擀开。用普通面粉做的面煮好后，看着好看，吃起来也筋道，但却没有麦香味。

3. **工艺方面**

石磨面粉是采用传统石磨在低速度、低温度的状态下研磨而成的，当然，它的面粉产量相应也比较低。石磨机转速为20 r/min，温度在45 ℃。

现代钢磨面粉是采用离心浇铸的钢磨辊精研细磨的，磨粉机的转速快、温度高，速度为500~800 r/min，温度在120 ℃。

4. 营养价值

石磨面粉的蛋白质、胡萝卜素、碳水化合物、钙、磷、铁、维生素 B_1、维生素 B_2、膳食纤维等营养物质及香味被完全保留，它不需要任何的添加剂，就可使面粉的质量得到保证。

普通面粉，由于钢辊研磨过于强烈、磨温太高，造成面粉中的蛋白质等营养物质损失较大，麦胚中的自然香味失去较多，淀粉链被损，突出表现是面团的稳定时间较低，迫使面粉厂不得不加入各种添加剂。

必备知识

一、粉路组合的原则

粉路组合的合理性是面粉厂取得良好生产效果的重要环节。

研磨系统和道数、平筛的筛理面积应根据原料性质、成品面粉的质量标准及出粉比例确定。生产硬麦粉需要配置较多的心磨研磨系统，而生产软麦粉则需要配置较多的皮磨研磨系统和较大的筛理面积。

制粉流程应尽量做到“同质合并，循序后推”。

“同质合并”是小麦制粉流程组合应遵循的重要的原则之一，是指将质量相同、粒度相近的物料合并处理，以得到最佳的粉流质量及最好的研磨效果。专用小麦粉与通用小麦粉工艺流程的差别在于前者对同质合并的要求更为严格和“苛刻”。

“循序后推”是指物料每经过一道研磨后，应循序推向粉路的后段，尽量减少回路现象。生产专用粉的粉路，应避免有“回路”现象发生。

生产硬麦粉时应注意强化物料的分级和清粉机的使用，增加清粉机的数量。将从整粒小麦及麸片上提取的麦渣、麦心和粗粉，按其颗粒大小和质量好坏尽可能细分成若干等级，送往不同的磨粉机中精选。清除麦皮及麸屑，提取出纯的胚乳颗粒与连皮胚乳粒，送入相应的心磨系统和渣磨系统。

心磨系统用光辊研磨，使胚乳颗粒被磨细成粉，防止麸屑过度破碎混入面粉内；渣磨系统对物料轻微地剥刮，使麦皮与胚乳分离，以得到相对纯净的胚乳颗粒，供心磨系统研磨。这种轻研细分的制粉方法，把出粉的重心放在心磨系统。

粉路组合的原则为“保证质量，均衡负荷，同质合并，循序后推，连续稳定，安全合理”。

二、制粉流程的技术要求

（一）制粉流程

小麦粉制粉流程除设有皮磨、心磨系统外，还应设有渣磨及清粉系统，尽量做到分工明确，轻研细分。皮磨系统（简称皮磨）应有 4~5 道，从 3 皮开始分粗细磨，可采用中后路刷麸或打麸，加强对麸片的处理。渣磨系统(简称渣磨)2~3 道，心磨 7~9 道，当心磨较长时，其中应设有 2 道尾磨。若粉路较长，清粉完善时，不仅要对 1 皮、2 皮提取出的一等品质的麦渣、麦心、粗粉进行清粉，而且要对 3 皮及渣磨提取出的二等品质的麦心及粗粉进行清粉，以提高进入心磨物料的纯度，为提高优质面粉的出粉率创造条件。当清粉设备较少时，应首先保证对一等品质的麦渣及粗麦心进行清粉，颗粒较小的细麦心、粗粉及质量较次的麦心可暂不考虑。

(二)剥刮率和取粉率

皮磨系统的剥刮率和取粉率应与制粉流程设置相适应。前路皮磨的提取不宜采用强烈的研磨,以便刮下较大粒状的胚乳,多提取质量好的粗粉,同时尽可能保持麸片的完整。后路皮磨的提取则以最大限度地刮净麸片上的胚乳而不过度破碎麦皮为原则。

粗皮磨剥刮率低些,细皮磨剥刮率高些。1皮和2皮磨剥刮率低时,3皮剥刮率应高些,但整个皮磨的剥刮率总和应与实际生产的出粉率相适应。

渣磨磨辊的轧距应该较松,一般占本道的取粉率为:粗渣磨15%~20%;细渣磨15%~25%;尾渣磨,15%左右。

(三)磨辊技术特性

皮磨采用齿辊,渣磨采用齿辊或光辊,心磨采用光辊。

皮磨磨辊的速比均采用2.5∶1。渣磨采用较小的速比(2.0∶1),在使麦皮与胚乳分离的同时,减少麦皮的破碎。心磨全部采用光辊及较小的速比[(1.50~1.25)∶1],在研磨过程中,尽量减小对混入麦心和粗粉中麸屑的剪切作用,以提高上等粉的出粉率。心磨可部分采用齿辊部分采用光辊,前路心磨的入机物料较纯净,为提高研磨效果及节省电耗,1心、2心可采用齿辊及较大的速比(2.0∶1);中路心磨研磨二等品质的物料,为防止大量麸屑混入面粉,可采用光辊及较小的速比(1.5∶1);后路心磨研磨的物料含有大量的麸屑,为最大限度地提取质量较好的面粉,应采用光辊及更小的速比(1.25∶1)。

前路皮磨采用较小的斜度(1∶25或1∶20),以防止麸片过碎;后路皮磨采用较大的斜度(1∶12.5或1∶10.0),以刮净麸片上的胚乳。渣磨采用1∶(14~10)的斜度,心磨采用1∶(12.5~10)的斜度。

(四)制粉流向

在制粉流程中,“同质合并”是流程组合的灵魂。在进行流程组合时,不仅要考虑合并物料的灰分含量及纯度,更重要的是要考虑所合并物料的蛋白质含量与质量是否相近,这样才能使各粉流之间的面粉质量及面团的品质特性有一定的差别,从而为粉流在线配粉及同时生产出几种不同品质的基础面粉创造条件。

(五)筛网配备

由于皮磨的剥刮率比较低,麸片比较完整,皮磨平筛的粗筛一般可以放稀。1皮平筛粗筛提取大麸片,筛网配备12~14 W;提取小麸片,配备18~20 W;大小麸片混合提取,配备20~22 W,以后逐道加密至末道34~40 W;细皮磨比相应的粗皮磨密2~4 W。皮磨平筛的分级筛需根据分组需要、质量要求、流量平衡而定,一般比相应的粗筛密10~14 W。提取粗麦渣,配备32~34 W;提取粗细麦心,配备CQ20~CQ22;分离粗粉,配备CQ27~CB30。渣磨的粗分级筛一般配备32~36 W,细分级筛配备CQ25~CQ29。各系统粉筛筛网需根据面粉质量要求而定,一般前路配备CB42~CB46,后路加密至CB50~CB54。

三、基础粉的收集与配制

由于市场的需要,专用粉生产厂家一般同时生产几种档次的面粉或专用粉。不同质量要求的专用粉除可通过配麦、配粉和添加剂修饰的方法来实现外,按照制粉过程中各系统面粉质量的差异进行分别收集,然后根据需要配制也是一种有效的方法和手段。

在小麦制粉过程中,每经一道研磨,都要产生一些面粉。面粉厂平筛下有几十条粉管,生产规模越大,粉管越多。由于小麦胚乳各部位的性质不同,而不同系统的面粉来自麦粒的不同部位,同时还受原料、水分、粉碎程度等各种因素的影响,因此各粉管面粉品质差异较大。

表 4-1 列出了某厂各系统的面粉灰分和面筋质(湿)含量指标。

表 4-1　某厂制粉各系统的面粉灰分和面筋质(湿)含量　　%

系统名称	灰分	面筋质(湿)	系统名称	灰分	面筋质(湿)
1B1	0.58	27.5	XF2	1.13	38
1B2	0.55	25.5	1Ma	0.42	28
1B3	0.57	27.5	1Mb	0.43	29
2B1	0.46	27.5	1Mc	0.46	28
2B2	0.70	29	1Md	0.46	28.5
2B3	0.46	29.5	2Ma	0.38	33
3Bc	0.51	35.5	2Mb	0.40	34
3Bf	0.59	36	2Mc	0.41	34.5
4Bc	1.16	42	2Md	0.42	33.5
4Bf	0.90	48	3Ma	0.47	40
5B	1.58	39	3Mb	0.45	37
1S1	0.48	29.5	3Mc	0.59	41
1S2	0.52	32	3Md	0.64	40.5
2S1	0.55	33.5	1T	0.43	27.5
2S2	0.37	41.5	5Ma	0.57	41
D1a	0.46	32	5Mb	0.58	42
D1b	0.45	29	6Ma	0.86	46.5
D1c	0.54	33.5	6Mb	1.22	40.5
D1d	0.45	42.5	2T	0.75	38
D2a	0.68	35	8Ma	1.49	37.5
D2b	0.46	42.5	8Mb	1.50	42.5
DF1	0.67	35	9Ma	2.04	33
DF2	0.71	37	9Mb	1.64	42
XF1	0.68	49	10M	2.40	

在小麦的研磨过程中,磨粉机被分成皮、心、渣、尾等不同系统,每个系统所提取的面粉都来自小麦籽粒的不同部位。而小麦籽粒的不同部位,胚乳蛋白的含量及质量分布是不均衡的。从胚乳中心部位向外围扩展,面筋质的含量越来越高,但质量越来越次。因此不同系统的面粉在灰分和蛋白质含量与质量上有所差别,不同系统的面粉,其质量和烘焙品质有所差别。一般的规律是,灰分含量,前路心磨粉低于渣磨粉,渣磨粉低于后路心磨粉,心磨粉低于皮磨粉,前路粉低于后路粉。面筋含量,皮磨粉高于渣磨粉,渣磨粉高于心磨粉,后路粉高于前路粉。面筋质量,皮磨粉延伸性好,弹性差;心磨粉延伸性差,弹性好;渣磨粉,延伸性、弹性较适中;重筛粉特性与皮磨粉相近。

一般来说,1 皮、2 皮的面粉为剥开麦粒所取得的面粉,来自籽粒的中心部位,蛋白质含量较低,质量较好,1 皮的面粉灰分略高,2 皮的面粉灰分较低,白度较好。渣磨和前路心磨的面粉是从小麦籽粒中心的胚乳制得的，其蛋白质比其他系统的要低，纤维素含量也最低，但降落值较高，所以烘焙特性相对较好。从后路皮磨和后路心磨制得的面粉，来自小麦胚乳的外围部分，面粉的蛋白质和纤维素含量较高，降落值和水合作用下降，烘焙性能相对较差。随着制粉系统的后推，皮磨系统面粉灰分的上升较心磨更为迅速。

在实际的专用粉生产中，应当根据产品的实际需要和现有的原粮情况来确定面粉的收集方案，并且收集方案应随时调整，以适应不同的产品种类和不同的原粮。例如，在生产面包粉时，如果加工原料是硬麦，因其蛋白质含量高且筋力强，可以从前路心磨 1 M、2 M 及前路皮磨 1 B 提取。该部分面粉虽然蛋白质含量稍低，但质量却比后路的要强得多。如果加工半硬麦或软麦，则可在中路皮磨和中路心磨提取蛋白质含量稍高的粉流，首先满足蛋白质含量的要求，后路粉流则因灰分太高而应舍去。在生产饼干粉时，如果加工原料是软麦，因其筋力弱，1 M、1 B 提取的面粉蛋白质含量低，正好符合饼干粉的要求，所以可从 1 M、2 M、1 B 提取。如果加工半硬麦，则可在 2 B、3 B 提取，该部分面粉蛋白质含量低，且筋力稍低于心磨面粉。在生产面条粉和馒头粉时，如果加工硬麦或半硬麦，生产出的面粉基本符合要求。而在加工软麦时，生产出的面粉往往是面筋含量足够，但筋力稍差，这时需要在面粉筋力稍强部位，如前路心磨及皮磨提取粉。在生产糕点粉时，需从 1 M、2 M 提取，并将筛号加密。

四、配粉车间的组成

配粉车间主要由正压输送系统、面粉的散储、混合系统、面粉的发放 4 个部分组成。

1. 正压输送系统

制粉车间生产的基础面粉向储存系统的输送主要靠正压输送系统完成。正压输送系统是高浓度的密相输送，空气压力源一般由罗茨风机产生。输送机仍是闭风器，但出口处为圆管形，以便与水平输送管道相连接。当一个品种的输送管道需进多个储存仓时，常使用双向阀和多路阀两种分路器。

2. 面粉的散储

完善的配粉系统，设有较多的储存仓，由于要储存来自制粉车间的基础面粉，因此要求仓容量较大。美国大多数面粉厂的散粉存量达3~6 d的车间生产量。为了节约建筑投资，国内的仓储存量一般在 2~3 d 的生产量。

基础粉进入储存仓（配粉仓）之前，一般要通过复筛、自动秤、磁选和杀虫处理。计算出粉率，检查小麦粉粗细度，去除小麦粉中磁性金属，将混在小麦粉中无法筛分的虫卵击碎，以保证小麦粉在一定时间内不生虫。基础粉在进仓前要取样化验，以掌握散存仓内每种基础粉的品质情况。

3. 混合系统

混合系统包括配料秤、混合机、微量元素添加机等，主要作用是将基础面粉和微量添加成分按配方比例在配粉仓下配制并混合。配粉的配方根据专用粉的要求和已有基础粉的品质情况来定。

4. 面粉的发放

面粉的发放分为包装发放和散装发放两种形式。包装发放，利用打包仓、包装秤及多台打包机将面粉打包后运出；散装发放，通过散装发放仓直接将面粉装入散运车。

五、配粉工艺

配粉是指制粉车间生产出的几种不同组分和性状的基础粉，经过合适的比例（配方）混合制成符合一定质量要求的面粉。

（一）配粉系统主要工序

1. 基础面粉配置

首先，将适合专用粉特性要求的小麦研磨制粉；然后，根据不同专用粉的品质特性要求，将制粉工艺中不同系统、不同质量的面粉流组合成3~4种基础面粉。基础粉的确定是配粉的关键，因而优选粉流是科学配粉的前提。

2. 面粉检查

为了避免不合格面粉对整个配粉工艺的污染，在配粉之前，应当首先进行基础粉的检查。当制粉车间出现平筛窜仓、筛网破裂等故障时，往往会造成不合格的面粉混入基础粉中，如果这部分面粉没有检查出来，经过配粉工艺后，会造成不合格面粉的范围大幅度地扩大，从而使整个配粉过程失败。

3. 计量

为了便于制粉车间工艺指标的考核，对各种基础粉的麸星有一个总体的估计，以便实现对配粉仓的合理安排使用。在各基础粉入仓之前需要设置计量工序。计量一般采用中间计量秤等设备。

4. 杀虫和磁选

在配制过程中，面粉要经过较长时间的大批量散装存放，因此应当在进入面粉仓之前，将面粉中的虫卵杀死。杀虫可通过杀虫机来实现。

在基础粉入仓之前，一般设置一道磁选，以除去面粉里混杂的金属杂质。磁选设备一般置于杀虫机前，以免磁性金属物进入杀虫机而损坏设备。

5. 入仓和倒仓

配粉工艺一般设置储存仓、配粉仓、打包仓和散装发放仓。储存仓作为基础粉的暂存场所，其仓容和数量应根据产量、基础粉种类和生产专用粉的种类来定。一般散存仓的数量不少于8个，总仓容不少于制粉车间2 d的面粉产量。散存仓虽装有振动卸料器，但若空气湿度高、储存时间较长也会结块，因此应当增加倒仓工艺。配粉仓的设置根据产品的种类多少、产量的大小而定。

6. 配料

配料是配粉工艺的关键工序，配料设备的精度决定着面粉配比的准确度。面粉的配料方式一般有3种类型：重量式配料、容积式配料和连续式配料。

（1）重量式配料。计算机按配方上的各物料的重量比例和先后顺序，通过控制螺旋输送机向配料秤送料，达到一定批量后投入混合机。重量式配料的精确度较高，误差在0.1%左右，是一种理想的配料方式，缺点是投资较高。

（2）容积式配料。容积式配料是指在配粉仓下安装调速螺旋输送机或容积式配粉器，配料时，同时启动各条螺旋输送机进行连续配料。容积式配料的误差在4%~6%，适用于各种面粉之间的混合，不适用于添加小批量的添加剂等。容积式配料的投资小，操作、维修方便。

（3）连续式配料。其原理是在每一个配粉仓的下面设置一台电子流量计，按照配比方案，通过流量计控制每个仓的出仓流量与配比一致，从而实现配料。连续式配料的优点是配料时间短,缺点是当出现配比的变化或开、停车时,会出现瞬时的不稳定。

7. **混合**

混合的方式有 2 种:间歇式混合和连续式混合。

(1)间歇式混合。主要通过混合机来实现,缺点是混合时间较长,一般为 3.5 min,投资高、占地大、检修不便;优点是混合效果好,装卸排料迅速、彻底,便于清理、维修和实现自动控制,对微量添加的物质有较高的混合效果。该方式的混合一般和重量式配料相匹配。

(2)连续式混合。通过容积式配粉器或不同调速螺旋输送机进入连续式混合设备,其原理与连续式配料相同。连续式混合的均匀度较差,对于微量添加的物质尤为不利。

8. **打包和散装发放**

完善的配粉工艺应当设置打包仓和检查筛,打包仓的数量和大小根据生产的产品结构和产量确定。具有散存仓的面粉厂要考虑三班生产,一班打包。

散装发放系统需要的设备有面粉仓及其配套设施、面粉散装车,以及散装面粉接收厂家的相关接收设施,如散装面粉接收槽、粉筛、面粉称量设备、面粉输送设备等。在面粉散装仓的仓底装有流态化卸料器,通过有伸缩软管的装粉器进入散装车,每车 15~20 t, 3~4 min 就能装满。散装车自带流化卸料设备,并能完全卸空且便于清理。

(二)典型配粉工艺

1. **重量式配粉工艺**

典型的重量式配粉工艺可分为两类,即配粉仓与面粉散存仓一体化的配粉工艺和面粉散存仓和配粉仓分设的配粉工艺。

(1)配粉仓与面粉散存仓一体化的配粉工艺。如图 4-22 所示,该工艺将配粉仓兼作面粉散存仓。优点是减少面粉周转次数,易实现多仓面粉配料混合,节省投资和动耗;缺点是配粉仓不能充分利用楼层空间,仓容受到限制。因此,适用于储存量小的面粉加工厂。

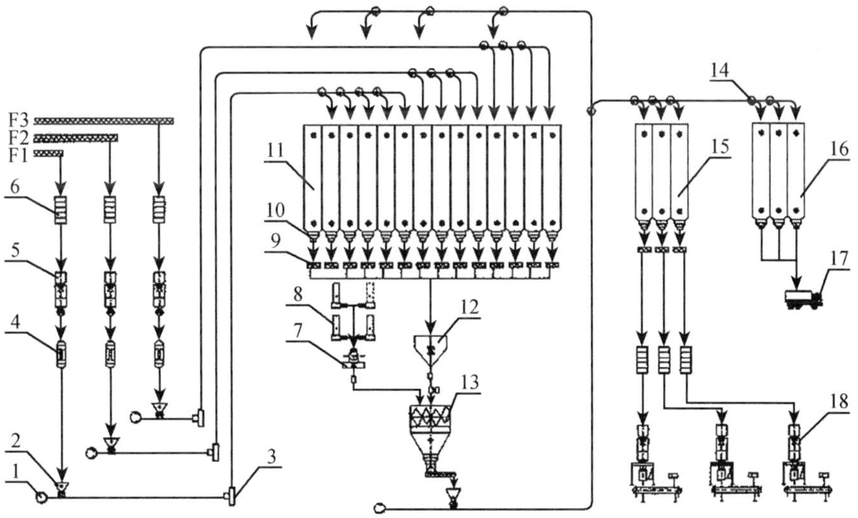

1. 罗茨风机;2. 正压关风器;3. 杀虫机;4. 磁选器;5. 中间计量秤;6. 检查筛;7. 微量秤;8. 微量元素添加机;9. 圆管螺旋输送机;10. 振动出仓器;11. 面粉散装、配粉仓;12. 批量秤;13. 混合机;14. 双路阀;15. 面粉打包仓;16. 散装发放仓;17. 面粉散装车;18. 面粉打包机

图 4-22 面粉散存仓和配粉仓一体化的配粉工艺

(2)面粉散存仓和配粉仓分设的配粉工艺。如图4-23所示,该工艺中面粉散存仓的仓容较大,可以暂时储存一定数量的面粉,缓解销售的压力。同时还设有倒仓功能,防止面粉结块。散存仓的面粉可以直接打包,也可以入配粉仓进行配粉。缺点是提升的道数较多,动耗较大。

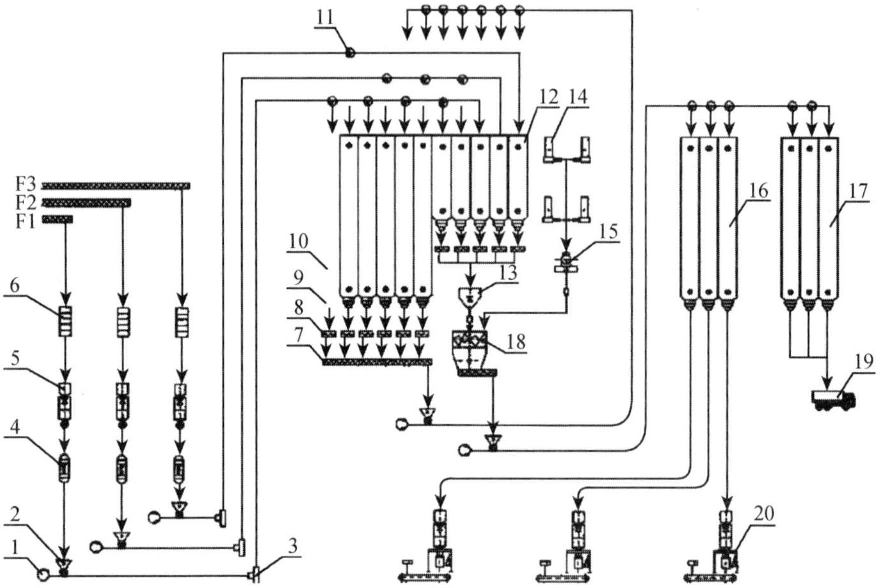

1. 罗茨风机;2. 正压关风器;3. 杀虫机;4. 磁器选;5. 中间计量称;6. 检查筛;7. 输送绞龙;8. 圆管螺旋输送机;9. 振动出仓器;10. 面粉散装仓;11. 双路阀;12. 配粉仓;13. 批量秤;14. 微量元素添加机;15. 微量秤;16. 面粉打包仓;17. 散装发放仓;18. 混合机;19. 面粉散装车;20. 面粉打包机

图4-23　面粉散存仓和配粉仓分设的配粉工艺

2. 容积式配粉工艺

较典型的容积式配粉工艺见图4-24。这种配粉工艺的配比和产量均由配粉仓下的配粉器或调速螺旋输送机控制,其控制原理及参数选择原理类似配麦过程,各输送机的出口流量=配粉总流量×对应面粉的配比。螺旋输送机的流量调节一般通过改变其工作转速来实现,因此,螺旋输送机通常采用变频调速的异步电动机或采用电磁调速电动机传动。螺旋输送机在收集经过输送机或配粉器的面粉时,会使搭配在一起的面粉混合均匀。在螺旋输送机上可装置微量元素添加机。

容积式配料工艺简单,粉仓利用率高,设备投资少。但配料混合均匀度较差。

(三)混合均匀度的检测

在当前的市场条件下,面粉质量的稳定尤其重要。在进行配粉生产时,除了要测定配制以后的专用粉品质是否能够满足市场的需要外,还要同时检测混合的均匀度。混合的均匀度不仅影响产品质量的稳定,而且影响产品的检测结果,所以混合均匀度的检测不能忽略。

1. 混合均匀的目的

从整体的角度讲,混合均匀,可以保证产品质量稳定,提供给食品厂质量稳定的原料,从而确保最终食品质量。从食品安全的角度讲,当混合不均匀时,某些部分的面粉添加剂的用量会出现过多或不足的情况,这不仅不能取得预期的效果,添加剂用量超标还会影响食品的安全,例如,增白剂使用过量会使面粉灰暗,甚至破坏营养,影响人体健康;氧化作用的强筋剂使用不足或过量，对成品面包的质量会产生较大影响；自发粉中膨松剂混合不均匀，会造成做成的馒头局部泛黄带苦，或出现黄色斑点。

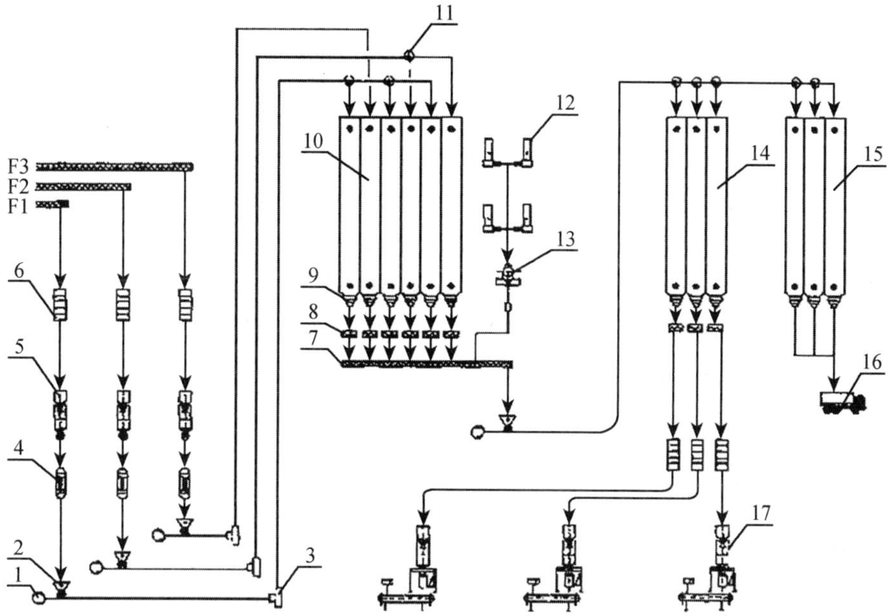

1. 罗茨风机；2. 正压关风器；3. 杀虫机；4. 磁选器；5. 中间计量秤；6. 检查筛；7. 输送绞龙；8. 圆管螺旋输送机；9. 振动出仓器；10. 面粉散装仓；11. 双路阀；12. 微量元素添加机；13. 微量秤；14. 面粉打包仓；15. 散装发放仓；16. 面粉散装车；17. 面粉打包机

图 4-24　容积式配粉工艺

2. 混合均匀度的表示方法

经混合后的物料，随机取样检测，其各组分含量的差异就标志着其均匀性，因此，混合的均匀度一般用变异系数 CV 来表示。

$$CV=\frac{S}{\overline{V}}\times 100\%$$

式中，$\overline{V}$ 为一批混合物的几个样品中某一组分含量测定值的平均值，S 为其标准差。

一般来讲，5%<CV<10% 可以认为混合均匀度比较好，CV<5% 表明混合均匀度相当好。

3. CV 的测定方法

2023 年 1 月 1 日，国家标准《小麦粉》（GB/T 1355-2021）实施，该标准适用于无添加物的食用小麦粉（通常指面粉），凡是执行这一标准的就是无添加面粉。要区分高、低筋小麦粉，主要看包装上的标识和标准号：高筋小麦粉为 GB/T 8607-1988；低筋小麦粉为 GB/T 8608-1988。然而，我国专用小麦粉生产没有国家标准，企业一直在使用行业标准（LS/T 3201-1993、LS/T 3202-1993 等），有面包用小麦粉、面条用小麦粉等 10 种，但仅自发小麦粉（LS/T 3209-1993）有“混合均匀度”的项目，标准中要求混合均匀度的变异系数指标≤ 7.0%。

4. 影响混合均匀度的因素

混合均匀首先是配比要准确，在精确的计量下，影响混合均匀度的主要因素如下。

（1）混合机的原理及性能。不同类型的混合机效果不同，另外，随着混合时间的变化，混合均匀度也发生变化。各组分在混合机中的搅拌，开始时均匀度迅速提高，达到一定程度后，混合与分离作用达到平衡；继续混合时，由于自动分级等原因，均匀度还会下降，故应掌握最佳的混合时间。

(2)添加成分。成分的比例、颗粒大小、比重、水分、熟性等会影响混合是否均匀。

(3)混合的工艺流程。在一定的设备、工艺下，使用某些组分进行混合时，关键是混合机的操作。首先是按规定比例加入所需混合的物料，掌握好混合时间。时间不是越长越好，要按试验确定。混合好后要尽可能放空物料。在更换品种时，要清除混合机的积粉，各输送设备、散存仓、管道等处的积粉也应清除，以免不同批次互混。计量设备等要定期校核，在生产运转中要密切注意各种仪表的显示，精心操作。

需要说明的是，完全均匀的混合是不可能的，理想的状态应该是混合物中的任何极小一部分与全部的组分比例一样，相互的接触面积达到最大，但这种状态在现实中很难达到，特别是添加微量元素时。且因各组分的粒径、比重、熟度等不同，混合过程中也会出现分离现象，即使达到近似完全均匀的混合，在成品经振动、下落、搬运后，也会有二次分离的可能。

六、专用小麦粉

(一)概述

商品用小麦粉的种类很多，分类方法也很多，其分类和等级与国民生活水平、饮食消费习惯以及食品工业的要求密切相关。最初小麦粉的生产没有特定的产品用途，其产品用于制作各种面制食品，因而小麦粉不分类，仅有加工精度的区别。小麦粉加工精度越高，等级就越高、含麦皮量越少、灰分越低、色泽越白、面筋含量越高，相应地，小麦出粉率也越低。《小麦粉》(GB/T 1355-2021)新标准以加工精度和灰分含量为分类指标，将小麦粉分为精制粉、标准粉、普通粉3个类别，从而引导适度加工，提高出粉率，这样既能满足市场对不同加工程度面粉的需求，也能满足企业将普通粉作为基本食品原料的需求。目前，人们习惯上把此类面粉称作通用小麦粉或多用途小麦粉。此类小麦粉对面筋质仅有含量要求，没有质量要求，因而相同精度的小麦粉，由于加工原料的内在品质不同，其食用品质就可能存在较大的差异。

食品工业将小麦粉的最终产品质量与小麦的内在品质联系在一起。不同的面制食品对小麦粉有不同的品质需求，而在众多的品质指标中，影响力最大的是小麦粉的蛋白质或面筋质的含量和质量，其中，质量比含量更为重要。面制食品的种类虽然繁多，对小麦粉的蛋白质或面筋质的含量和质量要求也各不相同，但研究归类后发现，主要面制食品对蛋白质或面筋质的含量要求从高到低依次为：面包、饺子、面条、馒头、饼干、糕点，即面包类需要面筋含量高、筋力强的小麦粉；面条、馒头类用中等筋力的小麦粉即可满足；饼干、蛋糕类则必须用面筋含量低、筋力弱的小麦粉来制作。因此，人们开始依据蛋白质或面筋质含量和质量的不同，将小麦粉分类，一般分为3类，高筋粉、中筋粉和低筋粉；也有的分为4类，强筋粉、准强筋粉、中筋粉和弱筋粉。与此对应，小麦也按其蛋白质(面筋质)含量高低分为强筋小麦、中筋小麦和弱筋小麦等。此类小麦粉主要作为食品工业的基础面粉，在食品制作过程中，根据不同食品的加工要求和食品特点，选取其中的某一种或两种，如面包采用二次发酵时，种子面团采用强筋粉，主面团可采用中筋粉；或将两种面粉重新组合，如生产油炸面包圈时，可将强筋粉与弱筋粉按比例混合，组成准强筋粉等。食品工业就是通过这几种基础面粉的重组和配制来满足各类食品的特有要求的。此类小麦粉在按面筋质的含量和质量分类的基础上，再根据加工精度的不同分为若干等级，如我国高筋粉中的1级和2级。

不同筋力小麦粉的生产满足了食品工业的基本需求，也为食品工业的机械化和自动化奠定了基础。然而对于不同的面制食品来讲，除了小麦粉的蛋白质或面筋质的含量和质量这一关键因素外，还有诸多其他因素。因此，人们将小麦粉进一步细分，指标细化，相应缩小每一类或每一种小麦粉的适用范围，使其使用更为便捷。目前，人们习惯上将这种针对小麦粉的不同用途以及不同面制食品的加工性能和品质要求而专门组织生产的小麦粉称为专用小麦粉。

“专用”有多重含义，既涵盖广义上的“专用”，泛指用于加工某一类食品的小麦粉，如面包专用小麦粉；又包括狭义上的“专用”，特指用于加工某一种食品的小麦粉，如汉堡包专用小麦粉。从严格意义上来讲，前者既然是面包专用小麦粉，就应该能够适用于各类面包的制作。其实不然，面包的种类多种多样，不同的面包有不同的风味特点，即使是同一种面包，不同的发酵方法、不同的制作工艺对面粉的质量要求也不相同，一种粉不可能完全满足各种面包的品质需求。因此，面包粉一般是按照质量要求最高的面包标准组织生产的，制作其他面包时需进行相应调整。

小麦粉中最为“专用”的是各种专用预混合粉，如预混合蛋糕粉等。预混合粉中不仅含有面粉，还混有膨胀剂、白砂糖、酵母等必要成分，此类小麦粉一般直接用于消费者，实际属于一种半方便食品。专用小麦粉在按用途分类的同时，也按加工精度分为若干等级。

（二）专用小麦粉的分类

根据用途的不同，专用小麦粉可分为以下几类。

1. 面包类小麦粉

面包类小麦粉一般采用硬质小麦加工，制成的面团有弹性，能制作出体积大、结构细密而均匀的面包。面包质量与面包体积和面粉的蛋白质含量成正比，并与蛋白质的质量有关。

2. 面条类小麦粉

面条类小麦粉一般应选择中等偏上的蛋白质和筋力小麦。小麦粉要颜色白，灰分含量低，淀粉酶活性较小，降落数值大于300 s，面团的吸水率大于60%，稳定时间大于5 min，抗拉伸阻力大于300 FU，延展性较好，面粉峰值黏度较高(大于600)。这样煮出的面条白亮、弹性好、不粘连、耐煮、不宜糊汤，煮熟过程中干物质损失少。

3. 馒头类小麦粉

馒头类小麦粉的吸水率在60%左右较好，湿面筋含量在30%~33%，面筋强度中等，形成时间3 min，稳定时间3~5 min，最大抗拉伸阻力在300~400 FU较为适宜，且延伸性一般应小于15 cm。馒头粉对白度要求较高，在82%左右，灰分含量应低于0.6%。

4. 饺子类小麦粉

饺子、馄饨类水煮食品，一般和面时加水量较多，要求面团光滑、有弹性、延伸性好、易擀制、不回缩，制成的饺子表皮光滑、有光泽、耐煮、口感筋道、咬劲足。因此，饺子类小麦粉应具有较高的吸水率，湿面筋质含量在32%以上，稳定时间大于6 min，抗拉伸阻力大于500 FU，延伸性一般应小于17 cm。

5. 饼干、糕点类小麦粉

(1)饼干类小麦粉。制作酥脆、香甜的饼干，必须采用面筋含量低的面粉。筋力低的面粉制成饼干后，干而不硬。面粉的蛋白质含量应在10%以下。粒度很细的面粉可生产出光滑的薄酥饼干。

(2)糕点类小麦粉。糕点种类很多,中式糕点配方中小麦粉占40%~60%,西式糕点中小麦粉用量变化较大。大多数糕点要求小麦粉具有较低的蛋白质含量、灰分含量和筋力。因此,糕点粉一般采用低筋小麦粉加工。蛋白质含量为9%~11%的中筋粉,适用于制作水果蛋糕、肉馅饼等;蛋白质含量为7%~9%的弱筋粉,则适用于制作蛋糕、甜酥点心和大多数中式糕点。

(3)糕点馒头类小麦粉。我国南方的"小馒头"不同于通常的主食馒头,一般作为一种点心食用,具有一定甜味、口感松软、组织细腻。要求小麦粉的蛋白含量在9%左右,吸水率为50%~55%,面团形成时间1.5 min,稳定时间不超过5 min,拉伸系数在2.5左右。

6. 煎炸类食品小麦粉

煎炸食品种类很多,有油条、春卷、油饼等。为满足油炸食品松脆的特点,一般使用筋力较强的小麦粉。

7. 自发小麦粉

自发小麦粉以小麦粉为原料,添加食用膨松剂,不需要发酵便可以制作馒头、包子、花卷以及蛋糕等膨松食品。自发小麦粉中的膨松剂在一定的水和温度条件下,发生反应,生成CO_2气体。通过加热,使面团中的CO_2气体膨胀,形成疏松的多孔结构。

膨松剂有化学膨松剂和生物膨松剂两种。

自发小麦粉在贮存过程中,碳酸盐与碱性盐类可能产生微弱的中和反应,为减缓其反应,小麦粉的水分控制在13.5%以下为宜。不同类别的自发粉,其小麦粉的其他指标需满足相应食品的品质要求。

8. 营养保健类小麦粉

(1)营养强化小麦粉。高精度面粉的外观和食用品质比较好,但随着小麦粉加工精度的提高,小麦中的部分营养素损失严重。因此,在小麦粉中添加不同的营养成分(氨基酸、维生素、微量元素等),可促进营养平衡,提升其营养价值。

(2)全麦粉。全麦粉顾名思义是将整粒小麦磨碎而成,保留了小麦的所有营养成分,同时纤维含量也较高,一般用来制作保健食品。全麦粉做出的食品颜色较深,有特殊的香味,营养成分高,成品体积略低于同类白面粉制品。

全麦粉中的麸皮会影响面团中面筋的形成,制作面包时一般要添加一些活性面筋来改善品质。全麦粉中麸皮的粗细度对全麦粉的烘焙品质也有一定影响,磨制时可根据产品需求调整麸皮的粒度大小。

另外一种全麦粉是由小麦除去5%左右的粗麸皮后磨制而成的,因而粗纤维含量相对低些。市场上还有一种是将不同粒度大小的麸皮与小麦粉按比例混合而成的"全麦粉",此类粉由于不含或含有很少量的麦胚,因此不能称为全麦粉。

9. 冷冻食品用小麦粉

冷冻食品用小麦粉除要满足所制作面食品的基本要求外,还要考虑冷冻时各种因素对食品品质的影响,故蛋白质含量和质量要求比同类非冷冻食品的小麦粉严格。冷冻面团经过长时间冷冻之后,容易增加其延展性而降低弹性。因此,冷冻面团专用小麦粉面筋的弹性和耐搅拌性要比较强,以保证发酵面团具有充足的韧性和强度,提高面团在醒发期间的保气性。小麦粉的粒度大小和破损淀粉含量会影响其吸水率,而吸水率对冷冻面团的稳定性有相当重要的影响。面团中的自由水在冻结和解冻期间对面团和酵母具有十分不利的影响,在冷冻期间若形成大冰晶还会对面筋网络结构产生破坏作用。故冷冻面团专用小麦粉应具有较低的吸水率，从而限制面团中自由水的数量。

10. **预混合小麦粉**

预混合小麦粉是指将小麦粉与制作某种面制食品所需的辅料(脂肪、糖、香料、改良剂、疏松剂、营养强化剂等，个别辅料除外)预先混合好。消费者在制作食品时，只需加入水或牛奶就能较有把握地制作出质量较好的食品。操作很简单，不需要高深的技巧，还可以节省时间，使用非常方便。预混合粉特别适合现做现烤以及面包、蛋糕等烘焙食品，主要消费对象是小型食品厂、食品作坊和家庭。

预混合粉一般分为通用预混合粉、基本预混粉和浓缩预混粉，区别在于：通用预混粉包含除酵母和水以外的全部主、辅料；基本预混粉浓度稍高，除酵母和水外，仅含有配方中的1/3或1/2的面粉和辅料，使用时需另添加面粉；浓缩预混粉则是基本辅料与少量面粉(配方中的1/10左右)混合而成的。

生产预混合粉的技术关键是根据各种面制食品对面粉的品质要求和消费者对这种食品的质量期望，以及这种食品的制作工艺，设计出预混合面粉的配方及生产工艺，并提出产品的质量标准。

11. **颗粒小麦粉**

颗粒小麦粉有粗、中、细之分，每一种规格的颗粒粉粒度都相对比较均匀。采用杜伦小麦加工成的颗粒粉是制作通心粉的最好原料。杜伦小麦是最硬质的小麦品种，小麦本身呈琥珀色，比一般小麦略大。杜伦小麦粉加工成面食后的产品，多半呈现诱人的金黄色，且非常耐煮。而一般硬麦生产的颗粒粉可作为饺子粉，和面时采用温水，加入约45%的水，开始面团较散，揉和变软，静置1~2 h后，做出的饺子皮薄、筋道，久煮不烂，口感好；也可用颗粒粉煮汤，煮出的汤稠滑、可口。

(三)我国专用小麦粉质量标准

1. **高筋小麦粉和低筋小麦粉**

高筋小麦粉要求湿面筋含量≥30.0%，蛋白质含量≥12.2%，具体见表4-2，适用于制作面包、饺子等高面筋食品。低筋小麦粉要求湿面筋含量≤24.0%，蛋白质含量≤10.02%，具体见表4-3，适用于饼干、糕点等低面筋食品。

表4-2　高筋小麦粉

项目	等级	
	1	2
面筋质/% (以湿基计)	≥30.0	
蛋白质/% (以干基计)	≥12.2	
灰分/% (以干基计)	≤0.70	≤0.85
精细度	全部通过CB36号筛，留存在CB42号筛的不超过10.0%	全部通过CB30号筛，留存在CB36号筛的不超过10.0%
粉色麸星	按实物标准样品对照检验	
水分/%	≤14.5	

续表 4-2

含沙量 /%	≤0.02
磁性金属 /(g/kg)	≤0.003
脂肪酸值 (以干基计)	≤80
气味、口味	正常

表 4-3　低筋小麦粉

项目	1 级	2 级
面筋质 /% (以湿基计)	≤24.0	
蛋白质 /% (以干基计)	≤10.02	
灰分 /% (以干基计)	≤0.60	≤0.80
精细度	全部通过 CB36 号筛,留存在 CB42 号筛的不超过 10.0%	全部通过 CB30 号筛,留存在 CB36 号筛的不超过 10.0%
粉色麸星	按实物标准样品对照检验	
水分 /%	≤14.0	
含沙量 /%	≤0.02	
磁性金属 /(g/kg)	≤0.003	
脂肪酸值 (以干基计)	≤80	
气味、口味	正常	

2. **专用小麦粉**

LS/T 3201-1993 至 LS/T 3209-1993 是 9 种专用小麦粉的行业标准,每种专用小麦粉分为精制级和普通级两个等级。这 9 种专用粉包括:面包用粉、面条用粉、饺子用粉、馒头用粉、发酵饼干用粉、酥性饼干用粉、蛋糕用粉、糕点用粉、自发小麦粉。

专用小麦粉的研制和生产是一个系统工程。从小麦的品种选育、种植推广到加工制粉和食品制作,需要很多环节,尤其是从优良品种的选育到大面积推广种植需要较长的运作周期,因而专用小麦粉的研究和开发是一项长期而细致的工作。

拓展知识

什么是全谷物食品?

全谷物是指完整的、碾碎 / 破碎的或压片的谷物。

通俗一点来说,也可以将其看作没经过加工、完整的谷物种子或籽粒,主要包括麸皮、胚芽以及胚乳 3 个部分。

日常比较常见的全谷物食物包括:玉米、燕麦、高粱、小麦、荞麦、大麦等。

全谷物有着十分丰富的 B 族维生素以及铁、膳食纤维,其中,维生素 E、木质素、多酚等抗氧化成分也比较多，不仅可以补充人体所需的碳水化合物，同时也可以起到促进生长发育、维持身体健康等重要作用。

如果每天的全谷物摄入量不足，就有可能增加某些疾病的发病概率，尤其是对于老人和儿童来说，必须保证全谷物的摄入量。

当然，对于消化不好或胃肠敏感的人而言，粗粮由于含有较多的膳食纤维，因此不太容易消化，所以在一定程度上难免会加重肠胃负担。

任务四 小麦粉的检验方法

【任务导入】

面粉是一种由小麦磨成的粉末，在生活中应用非常广泛，可以说面粉在现实生活中是随处可见的。它可以用来制成面包、馒头、面条、蛋糕等面食类的食物，但是不同质量的面粉做出来的东西不同，例如，做面条的面粉要求面筋度是中性的，因为面筋度过高或过低都会导致做出来的面条口感差很多。

> **问**
>
> 馒头和面包对面粉的要求是什么？

必备知识

一、加工精度

（一）概述

小麦粉的加工精度是以粉色、麸星来表示的。粉色是指小麦粉的颜色，麸星是指小麦粉中麸皮含量。影响粉色、麸星的因素很多，粉色受小麦品种、皮色、粒质、含杂率、加工工艺以及面粉储藏时间等因素的影响。一般来说，小麦粒色深、粒质硬、含杂多、碾制粗等粉色深，反之则浅。总之，粉色的深浅，主要取决于麸星的多少，而麸星的多少又取决于加工精度。加工精度高，麸星少，粉色较白。粉色、麸星的测定，是将试样与标样进行对照比较。比较方法有干法、湿法、干烫法、湿烫法及蒸馒头法 5 种，以干烫法、湿烫法为标准方法。干烫法对比麸星，湿烫法对比粉色，也可以蒸馒头对比粉色、麸星。

（二）测定方法

1. 仪器和用具

搭粉板（5 cm × 30 cm）、粉刀、天平（感量 0.1 g）、电炉、烧杯（100 mL）、铝制蒸锅、白瓷碗和玻璃棒等。

2. 试剂

5% 酵母液。称取 5 g 鲜酵母或 2 g 干酵母，加入 100 mL 温水(35 ℃左右)，搅拌均匀备用。

（三）操作方法

1. 干法

用洁净粉刀取少量标准样品置于搭粉板上，用粉刀压平，将右边切齐。再取少量试样置于标准品右侧压平，将左边切齐，用粉刀将试样慢慢向左移动，使试样与标样相连接。再用粉刀把两个粉样紧紧压平(标准与试样不得互混),打成上厚下薄的坡度(上厚约6 mm,下与搭粉板位平),切齐各边,刮去标样左上角,对比粉色、麸星。

2. **湿法**

将干法检验过的粉样,连同搭粉板倾斜插入水中,直至不起泡为止,取出搭粉板,待粉样表面微干时,对比粉色、麸星。

3. **干烫法**

先按干法打好搭粉板,然后连同搭粉板倾斜插入刚停止加热的沸水中,约1 min后取出。用粉刀轻轻刮去粉样表面受烫浮起部分,对比粉色、麸星。

4. **湿烫法**

将湿法检验过的粉样,连同搭粉板倾斜插入刚停止加热的沸水中,约1 min后取出。用粉刀轻轻刮去粉样表面受烫浮起部分,对比粉色、麸星。

5. **蒸馒头法**

用标样与试样分别做馒头,步骤相同。

(1)第一次发酵。称试样30 g于瓷碗中,加入15 mL酵母液和成面团,并揉至无干面、光滑为止。碗上盖一块湿布,放在38 ℃左右的保温箱内发酵至面团内部呈蜂窝状即可(约30 min)。

(2)第二次发酵。将已发酵的面团用少许干面揉和至软硬适度后,做成馒头型放入碗中,用干布盖上,置于38 ℃左右的保温箱内醒发约20 min,然后取出放入沸水蒸锅内蒸8 min,取出,对比粉色、麸星。

检验结果表示方法,粉色,同于标样,暗于标样或甚暗于标样;麸星,同于标样,次于标样或好于标样。

二、面筋含量

(一)概述

小麦粉用水和成面团后,在水中反复揉洗,洗去面团中的可溶性淀粉、麸皮及水溶性物质,剩下一块具有弹性和延伸性的软胶体物质,称为面筋。面筋的含量是以面筋质量占试样质量的百分率表示的。面筋主要由麦胶蛋白和麦谷蛋白组成,其中还含有少量的淀粉、脂肪、糖类、纤维素、灰分和其他蛋白质等(表4-4)。

表4-4 小麦面筋的化学成分 %

化学成分(干物质)	麦胶蛋白	麦谷蛋白	其他蛋白质	淀粉	脂肪	糖类	灰分
含量	43.02	39.10	4.40	6.45	2.80	2.13	2.00

麦胶蛋白不溶于水、乙醚和无机盐溶液,能溶于60%~70%乙醇。湿的麦胶蛋白黏力甚强,富有延伸性,加入少量食盐时黏力则增强,食盐过量时黏力反而降低。麦谷蛋白不溶于水、乙醇和无机盐溶液,能溶于稀碱和稀酸溶液,湿的麦谷蛋白凝结力甚强,但无黏力。

这两种蛋白质之所以能形成面筋,是由于麦胶蛋白和麦谷蛋白体系不溶于水,吸水力强,吸水后发生膨胀,分子间互相黏结,最后形成网络状凝胶物质。这种物质富有黏结性、弹性和延伸性,网络中包藏着大量水分,一旦这种体系遭到破坏,便得不到面筋。

面团在发酵过程中会产生二氧化碳气体，能被面筋所保持，致使蒸制的馒头或烤制的面包疏松多孔，质地优良，食之可口，因此可根据面筋质量来决定面粉的用途。

小麦和小麦粉中面筋的产出率通常与下列因素有关。

(1)小麦及小麦粉自身的质量。小麦粉质量好、蛋白质含量高，面筋的产出率就高。春小麦的比冬小麦的高，硬质麦的比软质麦的高，北方麦的比南方麦的高。虫蚀、冻伤和发芽的小麦，由于蛋白质降解，面筋产出率大大降低，严重时根本洗不出面筋。例如，发芽小麦，发芽 2 d 面筋质降低 20% 以上，发芽 4 d 后洗不出面筋。

(2)面团静置时间。由于面筋具有很强的膨胀和吸水性，因此应将面团揉好后，静置一段时间(约 20 min，俗称醒面)，以完成面筋的吸水膨胀过程，提高面筋的产出率。对于发生异常变化的小麦和小麦粉，静置时间要适当延长。

(3)洗面筋水温。正常面团用温度为 25~35 ℃的水洗制面筋时，面筋的产出率最高，低于 25℃，面筋的产出率逐步下降，0 ℃时洗不出面筋。

(4)洗面筋水 pH 与盐水的浓度。弱酸、弱碱都能溶解麦谷蛋白，降低面筋产出率，用中性水洗面筋产出率最高。蒸馏水中含有较多的二氧化碳，偏酸性，不宜用于和面和洗面筋。低浓度的中性盐(20%)有加速蛋白质凝结的作用，能加快面筋形成速度，使产出率提高。

面筋的含量和性质，是判断小麦和小麦粉品质和经济价值的重要依据。面筋的延伸性和弹性都不好的小麦粉，做不成疏松多孔的馒头、面包及韧性较好的拉面，制作挂面也易使湿断头率和熟断头率增加。通常加工精度高的小麦粉，其面筋质优，反之，面筋质就差。面筋含量和性质也是给食品加工提供原料搭配的科学依据。

(二)测定方法

1. 仪器和用具

天平(感量 0.01 g)；小搪瓷碗；量筒(10 mL 或 20 mL)；量杯(100 mL)；玻璃棒或牛角匙；脸盆或大玻璃缸；直径 1.0 mm 的圆孔筛或 CQ20 筛绢；玻璃压板，9.0 × 16.0 cm 两块，厚度为 3.0~5.0 mm，周围粘贴厚度约 0.4 mm 的白胶布条；离心装置，将小型电动离心机卸下离心管架及外壳，然后装上一个直径约 11.0 cm、高约 6.0 cm 的圆铝盒，铝盒壁中部用螺丝固定两个尖状物(对称)，尖状物上各套一块直径 1.0 mm 的筛底，离心装置转动时，必须能保持平衡；表面皿；电烘箱；盐水洗涤装置(图 4-25)，带下口的 5 L 磨口瓶；全自动面筋测定仪。

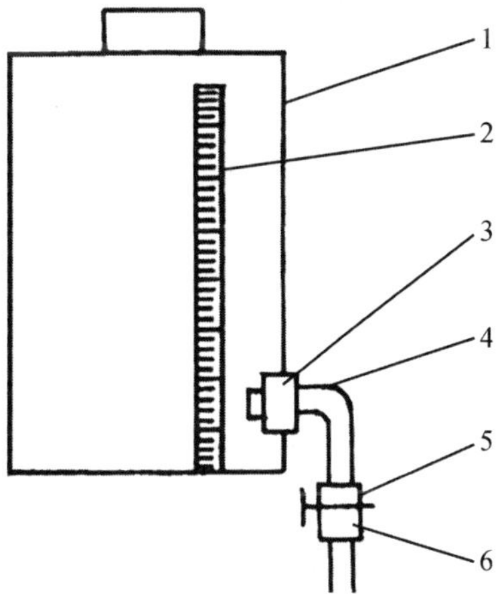

1. 磨口瓶；2. 刻度纸(以 100 mL 或 50 mL 为单位标上刻度)；3、5. 橡皮塞；4. 玻璃管；6. 螺旋水止

图 4-25　盐水洗涤装置

2. 试剂

(1)碘 - 碘化钾溶液。称取 0.1 g 碘和 1.0 g 碘化钾，用水溶解后加水至 250 mL。

(2)2% 盐水溶液。称取精制食盐 100.0 g，溶于 5 000 mL 水中，过滤除去杂质。

(3)滤纸等。

(三)湿面筋含量测定

湿面筋测定方法有手洗法和机洗法两种，其中，手洗法分为清水洗涤法和盐水洗涤法。

1. 清水洗涤法

(1)称样。从平均样品中称取定量试样(W),特制一等粉 10.0 g,特制二等粉 15.0 g,标准粉 20.0 g,普通粉 25.0 g。

(2)和面。将试样放入洁净的搪瓷碗中,加入约试样重量一半的室温水(20~25 ℃),用玻璃棒搅和,再用手和成面团,直到不粘碗、不粘手为止。然后放入盛有水的烧杯中,在室温下静置 20 min。

(3)洗涤。将面团放在手掌上,在放有圆孔筛或筛绢的脸盆的水中轻轻揉捏,洗去面团内的水溶性物质及麸皮。在揉洗过程中,必须注意更换脸盆中清水数次(换水时须注意筛上是否有面筋散失),反复揉洗至面筋挤出的水不混浊或遇碘液无蓝色反应为止。

(4)排水。将洗好的面筋放在洁净的玻璃板上,用另一块玻璃板压挤面筋,排出面筋中游离水,每压一次后取下并擦干玻璃板。反复压挤,直到稍感面筋粘手或粘板时为止(约压挤 15 次)。如有条件,在采用离心装置排水时,可控制离心机转速在 3 000 r/min,离心 2 min。

(5)称量。排水后取出面筋放在预先烘干称量的表面皿(W_0)上,称得总重量(W_1)。

2. 盐水洗涤法

(1)称样及和面。称取 10.0 g 小麦粉试样于洁净的搪瓷碗中,加入 2% 的盐水溶液 5.5 mL,用玻璃棒和面,然后用手揉捏成表面光滑的面团。

(2)洗涤。将面团放在手掌中心,开启盐水洗涤装置螺旋水止,使盐水缓滴至面团上,(盐水流速调节为 60~80 mL/min)。同时用另一手食指、中指和拇指压挤面团,不断地压平、卷回,以洗去面团中水溶性、盐溶性物质及麸皮。洗至面筋团形成后(约 5 min),关闭盐水,再将已形成的面筋团继续用自来水冲洗、揉捏,直至面筋中麸皮和水溶性物质被洗净为止(注意,在洗涤过程中不要使面筋散失)。

(3)检查。将面筋放于搪瓷碗中,加入清水,用手揉捏数次,取出面筋,在水中加入碘液 3~5 滴,混匀后放置 1 min。如已洗净,则此水溶液不呈蓝色,否则应继续用自来水洗涤。

(4)排水、称量同清水洗涤法。

3. 结果计算

$$\text{湿面筋含量} = \frac{W_1 - W_0}{W} \times 100\%$$

式中,W_0 为表面皿(或滤纸)重量,单位为 g;W_1 为湿面筋和表面皿(或滤纸)总重量,单位为 g;W 为试样重量,单位为 g。

(四)干面筋含量测定

1. 测定

将上述已称量的湿面筋在表面皿或滤纸上摊成一薄层状,放入 105 ℃电烘箱内烘 2 h 左右,取出冷却称重,再烘 30 min,冷却称重,直至两次重量差不超过 0.01 g,得出干面筋和表面皿(或滤纸)总重量(W_2)。

2. 结果计算

$$\text{干面筋含量} = \frac{W_2 - W_0}{W} \times 100\%$$

式中,W_0 为表面皿(或滤纸)重量,单位为 g;W_2 为干面筋和表面皿(或滤纸)总重量,单位为 g;W 为试样重量,单位为 g。

双试验结果允许差，湿面筋不超过1.0%，干面筋不超过0.2%，求两次结果的平均数，测定结果取小数点后一位。

三、磁性金属物含量

（一）概述

磁性金属物是指小麦粉中混入的带有磁性的金属物质。

在制粉工艺过程中，从原粮清理到成品打包，均有磁铁设备，以吸除磁性金属物。但由于机器的磨损、清理不善，粉路流量过大或磁铁磁性变小等原因，粉类中的磁性金属物含量可能会超过允许限度。混入粉类的磁性金属物属于对人体肠胃有害的杂质，因为它能刺破食道、胃壁和肠壁，同时也影响食用品质。超过标准者不能供作食用。

磁性金属物的含量是小麦粉品质优劣的标志之一。

（二）测定方法

1. 仪器和设备

磁性金属物测定器（电磁铁）；磁铁，吸力不少于12 kg，马蹄形；天平，感量0.000 1 g、0.1 g；坩埚或铝盒；表面皿；毛刷等。

2. 试剂

四氯化碳（CCl_4）。

（三）操作方法

1. 磁性金属物测定器法

从平均样品中称试样1 kg，倒入测定器上部的容器内，接通电源，将电磁铁通电，开动电动机，调节流量控制板，使试样经淌板流到盛样箱内。试样流完后，切断电源，断磁，刷下磁性金属物放入表面皿中。再将试样按上法进行3次，将各次磁性金属物合并于已知重量的坩埚（W_0）中，用四氯化碳漂洗数次，直至粉粒除净，然后烘干、冷却、称重（W_1）。

2. 磁铁吸引法

从平均样品中称试样1 kg，倒在玻璃板或光滑的平面台上，摊成长方形，厚度约0.5 cm。用马蹄形磁铁将两极插入试样中，磁铁前端可略提高，后端与玻璃板接触，先从上向下慢慢顺序移动，然后再从左向右移动。当磁铁通过全部试样后，用毛刷轻轻刷去附在磁铁上的非磁性物，将金属物刷入已知重量的坩埚（W_0）中。再将试样混合后，按上述方法进行3次，把吸出的磁性金属物一并称重（W_1）。

3. 结果计算

磁性金属物含量按下列公式计算：

$$\text{磁性金属物含量} = \frac{W_1 - W_0}{1\ 000}$$

式中，W_0为坩埚重量，单位为mg；W_1为磁性金属物和坩埚重量，单位为mg。

双试验以最高含量为测定结果。磁铁用完后，必须用厚约1 cm的铁片盖在两板上，以保持磁性。

四、含砂量

（一）概述

小麦粉中含有无机砂、尘的量称为含砂量，以百分率表示。在感官鉴定法中叫作牙碜程度。

含砂量的检验方法有四氯化碳法、灰化法和感官鉴定法。下面介绍四氯化碳法和灰化法。

(二)测定方法

1. 四氯化碳法

(1)原理。砂子、小麦粉和四氯化碳的密度不同(四氯化碳的密度介于砂子与小麦粉之间),把小麦粉试样放在四氯化碳中搅拌静置后,小麦粉漂浮在上面,砂子和其他无机物沉于底部,从而将小麦粉与沙尘分开。取出漂浮的小麦粉,将沉淀物进行漂洗,烘干和称重,从而测出小麦粉含砂量。

(2)仪器和用具。细砂分离漏斗及漏斗架;分析天平,感量 0.000 1 g;量筒,10 mL;电炉,500 W;干燥器;坩埚或铝盒;试剂瓶,1 000 mL;玻璃棒、石棉网等。

(3)试剂。四氯化碳。

(4)操作方法。量取 70 mL 四氯化碳注入细砂分离漏斗内,加入试样(10 ± 0.01) g(m),用玻璃棒轻轻搅拌 3 次,每 5 min 搅拌 1 次,搅拌时玻璃棒要在漏斗的中上部(切勿接触底部,以免使溶液混浊,使试样沉入底部,影响测定效果)。加盖静置 20~30 min 后,将浮在上面的面粉用角勺取出,再将分离漏斗球形中的四氯化碳和泥沙放入已知重量的坩埚内(m_0)。用四氯化碳冲洗球体和坩埚 2 次,把坩埚内的四氯化碳倒净,将坩埚放在有石棉网的电炉上烘干,然后放入干燥器冷却,称重(m_1)。

2. 灰化法

(1)原理。小麦粉中的细砂是不纯的二氧化硅,它的性质很稳定,除氢氟酸外,其他酸均不起作用。此法是根据细砂不溶于盐酸的性质进行分离的,即将粉类试样灰化,再用盐酸洗涤、过滤,最后将剩下的沉淀灼烧至恒重,得二氧化硅。在此含量中,也包括小麦粉本身所含硅元素的氧化物。

(2)仪器和用具。电热恒温水浴锅;无灰滤纸;高温电炉;分析天平,感量 0.000 1 g;瓷坩埚,18~20 mL;干燥器;长柄和短柄坩埚钳等。

(3)试剂。

① 10% 盐酸。取相对密度为 1.19 的浓盐酸 237 mL,注入蒸馏水中,再移入容量瓶中并稀释到 1 L,摇匀备用。

② 3% 硝酸银溶液。称取 3g 硝酸银溶解于蒸馏水中,并加 2 滴浓硝酸,使其酸化,然后用蒸馏水稀释至 100 mL,充分摇匀,移入棕色瓶中备用。

(4)操作方法。用坩埚称取试样 5 g(m),按测定灰分的方法进行灰化。待盛有灰分的坩埚冷却后,加入 10 mL 10% 盐酸溶液,放在 80 ℃左右的水浴锅上加热 5 min。将溶液用无灰滤纸过滤,坩埚中剩余不溶解的渣滓,再用 10 mL 盐酸洗 2 次,将溶液连同渣滓移入原滤纸中过滤。再用热蒸馏水将坩埚及滤纸充分洗净至滤液中不含氯离子为止(加入 3% 硝酸银溶液后,不产生混浊)。将滤纸及沉淀物烘干后置于原坩埚内(m_0)进行炭化,炭化至无烟后移入 600 ℃高温炉中灼烧 30 min,冷却称重,复烘 20 min 直到恒重(m_1)。

(三)结果计算

$$含砂量 = \frac{m_1-m_0}{m} \times 100\%$$

式中,m_1 为坩埚和细砂重量,单位为 g;m_0 为坩埚重量,单位为 g;m 为试样重量,单位为 g。

双试验结果允许差不超过 0.005%，以最高含量为测定结果。结果取小数点后两位。

五、感官检验

（一）感官检验的意义

人们在购买面粉时，没有条件按国标的方法检验面粉质量是否达到要求，因为国标的方法需要专门的实验室、仪器设备、专门培训的检验人员。下面介绍几种较为简单、方便、易掌握的感官鉴别方法，不需要任何仪器设备，也不需要专门培训。该方法适用于人们在市场上购买面粉时鉴别面粉质量的好坏，适用于实验室中对面粉某个指标值判定结果的补充，同时也适用于市场抽检时对某个单项指标的判定，因而具有特别的实用性。

（二）感官检验的方法

1. 视觉检验法

视觉检验法主要鉴别面粉的色泽、加工精度。用手取少量面粉放在手掌上，在散射光下用肉眼鉴别面粉的色泽。正常的面粉呈白色或微黄色，不发暗、无杂色。不正常的面粉呈灰白色（又称呆白色）或深黄色，发暗，色泽不均匀。在观察完面粉的色泽后，用另一只手掌将面粉轻轻按平，观察麸星，对照标准样品，麸星（麸皮）大且分布密，说明加工精度达不到要求，反之，则达到要求。

2. 嗅觉检验法

用手取少量面粉放在手掌中，嘴对着面粉呵气，立即用鼻嗅辨气味是否正常。正常的面粉具有面粉固有的清香味，不正常的面粉有苦味、酸味、霉味、哈喇味或其他异味。

3. 味觉检验法

味觉检验法一般是将面粉做成熟食品进行品尝，鉴别是否有牙碜现象等。具体操作：从平均样品中取约 50 g 面粉（相当于用手抓一把的量）放入洁净的搪瓷碗中，加入相当于样品重量一半或一半略多的室温水（或自来水），用筷子或玻璃棒搅和，再用手和成面团，制成 5 个拇指大小的面饼，放入已沸腾的锅里煮 5~6 min，待面饼漂在水面上时，添加少许凉水，再煮沸后即可起锅。起锅后分别品尝。正常的面粉有淀粉的"回甜味"，口感细腻。含砂量高的面粉，用牙齿摩擦或咀嚼已煮熟的面饼时会有牙碜感觉。由此可判定该面粉含砂量高。一般含砂量在 0.03% 以上的就会有牙碜感觉。牙碜程度越大，则含砂量越高。

4. 触觉检验法

可用手抓一把面粉稍用劲捏，若呈粉末状，无颗粒感，手捏后松开不结块，可以判定该面粉水分含量适量。若用手捏后，易成团、结块、发黏，可判定该面粉含水量高。水分高的面粉遇高温天气易发热、发霉，不好储存。

（三）感官检验应注意的问题

感官检验法简单、方便、快捷、经济。即使科学技术发展到了今天，人体的许多感觉功能（如对颜色、气味、滋味等的辨别）也还是无法用仪器代替，所以感官检验法仍是一种重要的检验方法。但感官检验法是用人体的感觉器官对样品质量进行评价，容易受外界条件，如心理因素、工作经验、环境因素等的影响，因此，在感官检验时，应使感官检验结果尽量符合样品的实际质量。

拓展知识

《小麦粉》国家标准

国家市场监督管理总局、国家标准化管理委员会于2021年发布第17号中国国家标准公告，批准530项推荐性国家标准，其中包括修订后的《小麦粉》(GB/T 1355-2021)。

《小麦粉》国家标准是基础性粮食产品标准，旧标准中的相关技术指标已不适应目前高质量发展的需要。修订后的《小麦粉》国家标准，突出营养健康，适用于无添加物的食用小麦粉，如不得添加食品添加剂、食品配料等；突出适度加工，将原标准中“特制一等”“特制二等”“标准粉”“普通粉”4个等级调整为“精制粉”“标准粉”“普通粉”3个类别。据测算，以普通粉为例，总出粉率可提高0.5%~3%。

新的标准有利于满足消费者对绿色优质、健康营养产品的需求，同时对规范和引导小麦粉加工企业适度加工、促进节粮减损具有重要的意义。

复习思考题

1. 小麦品质包括哪些内容？小麦制粉品质评价方法有哪些？
2. 专用小麦粉和普通小麦粉的主要区别是什么？
3. 小麦清理的意义、方法和清理应达到的要求是什么？
4. 什么是小麦的搭配？如何制订搭配方案？小麦搭配的主要设备是什么？
5. 小麦研磨的工艺过程是什么？主要设备有哪些？影响研磨的主要因素有哪些？
6. 什么是清粉？目的是什么？清粉机的工作原理是什么？
7. 什么是打麸？什么是刷麸？目的是什么？使用的主要设备有哪些？
8. 什么是配粉？其技术要求是什么？

精彩微课

小麦的品质	制粉工艺	面筋的测定	小麦粉的感官检验

项目五

稻谷制米

【学习目标】

【知识目标】

1. 能根据国家标准的规定鉴别出四类稻谷的粒型和粒质的不同特点。
2. 掌握砻谷设备操作技术。
3. 学会稻米常规品质检验方法。

【能力目标】

1. 熟悉稻谷的物理化学性质对稻谷制米工艺的影响。
2. 能制订出科学、合理的稻谷加工工作方案。
3. 能熟练对稻米进行碱消度的检验和蒸煮试验品质评定。

【素质目标】

1. 能将爱国、敬业、诚信、友善融入学习全过程。
2. 能恪守职业道德,具有严谨认真、团队协作等综合素质。
3. 培养创新思维和发展能力。

【思维导图】

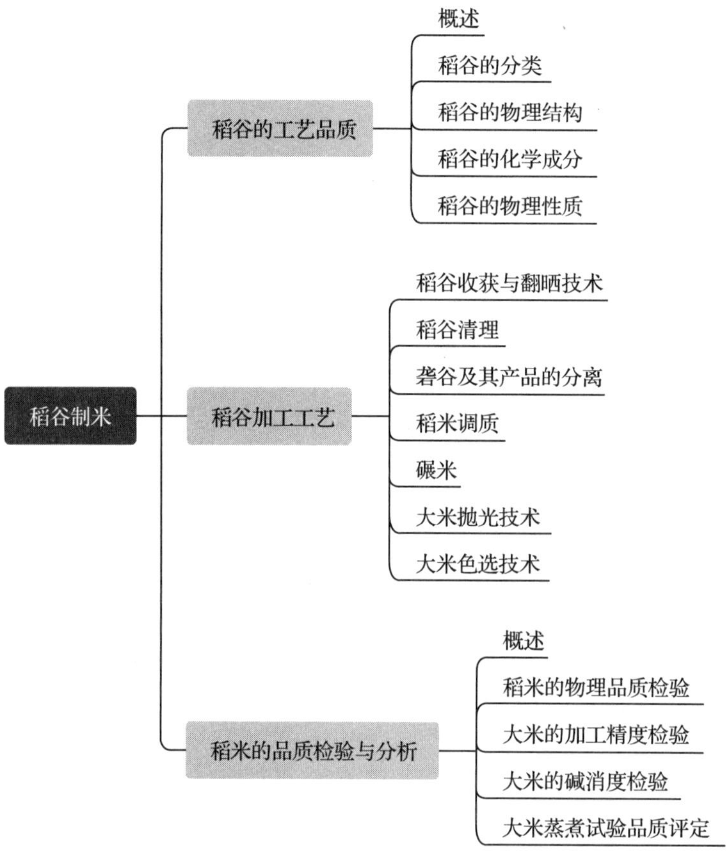

【项目描述】

我国稻谷品种繁多、资源丰富，是世界上稻米主要生产国之一。稻谷制米主要是指将稻谷按清理、砻谷、谷糙分离、碾白、擦米和分级的常规方法，制成符合一定质量标准的食用大米（普通大米）的加工过程，同时可得到米糠、糠粉等副产品。

任务一　稻谷的工艺品质

【任务导入】

问

你最喜欢吃哪种米？

中国是传统的农耕国家，食米文化源远流长，南北方大米亦有差别，东北大米近年来被人们所认可。东北大米属于粳米，粳米的直链淀粉含量比籼米少，口感偏硬。南方多籼米，籼米常见的有泰国香米、中国香米等。但要说哪里的大米最好吃，众说纷纭。

必备知识

一、概述

一个碾米加工厂生产效果的好坏，一般是从下述几个方面来判断的，即产量、质量、出品率、单位电耗和单位成本等。按照粮食加工部门的特点，也就是在保证产品精度、纯度和生产安全的前提下，提高出品率和产量。良好的生产效果，除与生产管理方面的原因之外，也与生产工艺的组织有关系。生产工艺通常是由原粮、设备、流程和操作管理等方面的因素决定的。在这些因素中，设备是生产的主要工具，原粮是设备工作的对象，而人则是整个生产过程的主体。人们必须根据原粮的特性和成品的精度要求，按照加工的规律，合理地使用设备（包括确定加工步骤，设备的类型、数量、顺序、有关技术参数和必要的操作措施等）组织生产，才能按照要求圆满地完成生产任务。如果原粮的特性或对成品的要求有所改变，则对设备采取的工艺措施也必须做相应的调整。因此，原粮的特性是首先需要了解的。只有掌握了原粮加工方面的一些特性，才能有效地调配设备，组织生产。

稻谷的工艺品质主要指稻谷的形态、结构和物理性质、化学成分等。不同品种和不同等级的稻谷，具有不同的工艺品质。它对成品质量的好坏、出米率的高低以及工艺的内容，都有着直接的影响。

二、稻谷的分类

稻谷的分类参考《稻谷》（GB1350-2009）。

1. 早籼稻谷

生长期较短、收获期较早的籼稻谷，一般米粒腹白较大，角质部分较少。

2. 晚籼稻谷

生长期较长、收获期较晚的籼稻谷，一般米粒腹白较小或无腹白，角质部分较多。

3. 粳稻谷

粳型非糯性稻的果实，糙米一般呈椭圆形，米质黏性较大，胀性较小。

4. 籼糯稻谷

籼型糯性稻的果实，糙米一般呈长椭圆形或细长形，米粒呈乳白色，不透明或半透明状，黏性大。

5. 粳糯稻谷

粳型糯性稻的果实，糙米一般呈椭圆形，米粒呈乳白色，不透明或半透明状，黏性大。

这5类稻谷表现在工艺特性上，籼稻粒型长而细，谷壳组织紧而厚，米粒呈灰白色，米粒强度小，耐压性能差，加工时，较易产生碎米，出米率较低，煮饭黏性小；粳稻粒型短而宽，谷壳组织松而薄，米粒呈蜡白或银白色，米粒强度大，耐压性能好，加工时碎米少，出米率高，煮饭黏性大。

籼、粳稻中的早、晚类，是依其生长期的长短而分的。早稻的品质一般比晚稻差。早稻米质松散，强度低，加工时易产生碎米；晚稻米质则较为坚硬，强度好，出米率较高。

三、稻谷的物理结构

稻谷籽粒的结构如图 5-1 所示，主要包括颖（谷壳）和颖果（糙米）两部分。

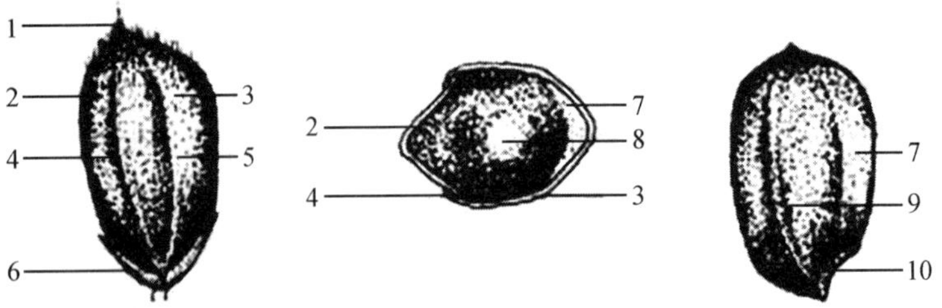

1. 颖尖；2. 内颖；3. 内外颖重叠处；4. 外颖；5. 脉迹；6. 护颖；7. 腹白；8. 心白；9. 沟纹；10. 胚

图 5-1　稻谷籽粒的结构

（一）颖

稻谷的颖包括外颖、内颖、护颖、颖尖（通称芒）四部分。颖的表面粗糙，生有许多针状或钩状的茸毛。茸毛的长短和疏密因品种不同而有所差异。一般籼稻茸毛稀而短，散生在颖面上；粳稻茸毛多，且密集在颖上。颖的厚度为 25~30 μm，粳稻的颖重量占谷粒的 18% 左右；籼稻的颖重量占谷粒的 20% 左右。颖的厚薄和重量与稻谷的类型、品种、栽培和生长条件、成熟和饱满程度等因素有关。一般成熟好、饱满的谷粒，颖薄而轻；粳稻比籼稻的颖薄、轻，且结构疏松，容易脱除；早稻的颖又比晚稻的颖薄、轻，且易于破裂；未成熟的谷粒，其颖富于弹性和韧性，不易脱除。

颖起保护颖果的作用，分内颖和外颖两瓣，外颖较内颖略长、大，内外颖的边缘卷起成钩状，互相勾合。经砻谷机加工后，大部分内外颖的脱落处发生在勾合部位。脱下来的颖壳通称为谷壳或大糠，也有称为砻糠的。

内外颖都具有纵向脉纹，外颖有 5 条，内颖有 3 条。外颖的尖端生有芒，内颖一般不生芒。一般粳稻有芒者居多数，而籼稻大多无芒，即使有芒，也多是短芒。稻谷有芒，表现为容重小、散落性差，在加工中会增加清理设备的负担，也易造成机器堵塞。

在内外颖基部的外侧，各长有护颖一枚，长度为外颖的 1/5~1/4，起托住稻谷籽粒和保护颖壳的作用。

颖的主要成分是纤维素，不能食用，所以在加工时必须将其脱除。一般情况下，颖壳与糙米之间的结合很松，特别是在稻谷的水分较低时，几乎没有联结。另外，稻谷内外颖结合线的顶端比较薄弱，同时在谷粒的两端，颖壳和糙米之间有着一定的间隙。所有这些都成了受外力而破裂的薄弱点，是有利于脱壳的内在条件。

（二）颖果

颖果由果皮、种皮、外胚乳、糊粉层、胚和胚乳组成。果皮、种皮、外胚乳和糊粉层统称为皮层，是在加工过程中应该除去的部分，总重量占整个谷粒重量的 5.2%~7.5%。果皮可分为外果皮、中果皮和内果皮，都含有较多的纤维素。果皮占整个谷粒重量的 1.2%~1.5%。果皮的内侧是种皮，种皮内含有大量的有色体，米粒的颜色由它决定。种皮与外胚乳（珠心层）紧密地贴在一起。种皮的下层为糊粉层，与胚乳联结紧密，含蛋白质、脂肪和维生素较多，重量占整个谷粒的 4.0%~6.0%。

在碾制高精度米时，大部分皮层都被碾米机碾去成为米糠，所以皮层也称为糠层。糠层的厚薄与稻谷的品质有关。品质好，皮层软且薄；品质次，则皮层厚，碾除也较困难，出米率就低。

胚乳是谷粒最主要的组成部分，其重量占整个谷粒的70%左右。胚乳由含淀粉的细胞组织构成。细胞内充满着一定形状的淀粉粒，淀粉粒的间隙填充有数量不定的贮藏性蛋白质。角质粒就是填充的蛋白质多，使淀粉结构紧密、坚硬，且呈透明状；而粉质粒则是填充的蛋白质较少，使胚乳的结构疏松，且呈不透明状。有的谷粒的胚乳为角质，有的谷粒的胚孔为粉质，也有的谷粒胚乳是角、粉质兼有。对于后一种情况，一般粉质部分多位于米粒的腹部（称为腹白粒）或心部（称为心白粒）。

胚位于颖果腹部的下端，占整个谷粒的2.0%~3.5%。胚中含有较多的脂肪、蛋白质及维生素等。由于胚中还含有大量易变酸的脂肪，因此带胚的米粒不易久藏。胚与胚乳联结得不甚紧密，在碾制时容易脱落，尤其是在加工高精度的白米时，所有的胚几乎全部脱落。

稻谷各组成部分的厚度和重量百分比见表5-1。

表5-1 稻谷各组成部分的厚度和重量百分比

名称	厚度/mm	重量/%	名称	厚度/mm	重量/%
颖	24.0~30.0	18.0~20.0	糊粉层	11.0~29.0	4.0~6.0
果皮	7.0~10.0	1.2~1.5	胚乳	—	66.0~70.0
种皮（包括外胚乳）	3.0~4.0	1.2~1.5	胚	—	2.0~2.5

颖果（图5-2）的外表，平滑而有光泽，并且具有5条纵向沟纹。背上的一条叫作背沟。两侧面各有2条，其中较明显的一条在内外颖钩合的相应部位，另一条则与外颖上最明显的一条脉纹相对应。

颖果沟纹的深浅对出米率的高低有着一定的影响，因为沟内的皮层往往很难碾去，若要碾去，必然会对沟旁的胚乳造成损伤，从而影响出米率。米粒的沟纹越深，对出米率的影响就越明显。

由于沟内的皮层较难除去，目前鉴别大米精度高低的一个主要依据，就是观察米粒沟内留存多少皮层。

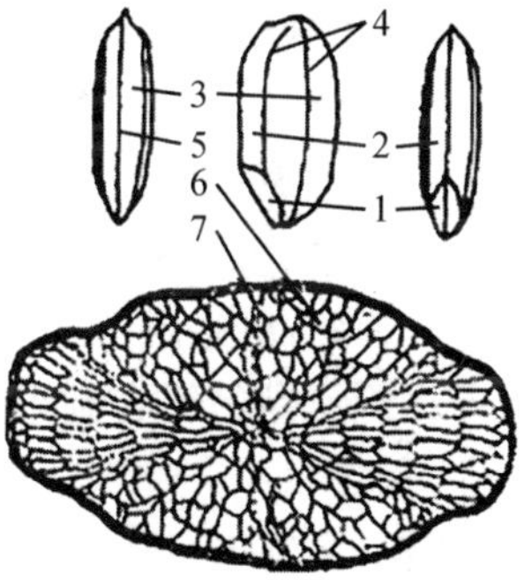

1. 胚；2. 腹部；3. 背部；4. 小沟；5. 背沟；6. 胚乳；7. 皮层

图5-2 颖果

四、稻谷的化学成分

稻谷的化学成分主要有水分、蛋白质、淀粉、脂肪等。各种成分的含量，因品种、土壤、气候、栽培条件和成熟程度的不同而有所差异，详见表5-2和表5-3。

表5-2 稻谷的化学成分 湿重%

类别	品种	产地	水分	蛋白质	淀粉	粗脂肪	粗纤维	灰分
籼稻	玻璃谷	广东	11.60	6.81	64.70	2.64	8.54	5.71
粳稻	民坊300号	河北	11.03	6.93	68.20	2.33	7.09	3.75

表 5-3 大米的化学成分 %

类别	水分	蛋白质	淀粉及糖	脂肪	纤维素	矿物质
粳米	14.03	6.42	77.64	1.01	0.26	0.64
籼米	13.21	6.47	77.59	1.76	0.20	0.86
糯米	14.62	6.69	76.25	1.44	0.21	0.79

(一)水分

水分含量过高的稻谷,会给加工过程带来许多不利的影响,例如,降低稻谷的流动性,从而造成清理和谷糙分离的困难;增加谷壳的韧性,从而降低脱壳效率;直接影响籽粒的强度,容易出碎米;造成加工动力消耗大,增加成本。如果水分含量过低,虽然使谷壳变脆,有利于脱壳,但也将使籽粒变脆,同样容易产生碎米,降低出米率。同时,水分含量过低的米粒,其皮层与胚乳结合紧密,碾除也较为困难。实践证明,适合于加工的稻谷水分含量为13%~16%。

稻谷籽粒各部分的含水量是不同的,一般在气候正常的条件下,胚的水分含量大于皮层的,皮层的水分含量大于胚乳的,而以谷壳的含水量为最低。这对于稻谷的脱壳来说是一个有利的条件。

(二)蛋白质

稻谷中的蛋白质主要分布在胚和糊粉层中,胚乳次之。蛋白质含量的多少决定着稻谷籽粒的强度,蛋白质含量越高,籽粒的强度就越大,其耐压能力也越强,加工时所产生的碎米也越少。

(三)淀粉

淀粉是白色的细小颗粒。稻谷中的淀粉含量最多,一般在70%左右,大部分存在胚乳中,是人体热能的主要来源。

(四)脂肪

稻谷中的脂肪含量一般在2%左右,大部分集中在胚和糊粉层中。谷粒的脂肪多为不饱和脂肪酸,容易氧化变质,尤其是当米粒经碾制受热后,更会加速不饱和脂肪酸的氧化过程。因此,成品白米不适于长期保存。

在副产品的综合利用中,米糠既是榨油原料,也是提炼出治疗肝硬化、降低胆固醇药物的原料。

(五)粗纤维

粗纤维在稻谷中的含量在9.0%左右,主要分布在稻壳中。其次是米糠和胚,在胚乳中的含量仅为0.4%。它不能被人体消化,对人体无营养价值,食用后会影响消化和健康。碾米的目的就在于除去含粗纤维较多的皮层,提高米粒的食用价值。

(六)矿物质

谷粒中除蛋白质、脂肪、淀粉等有机化合物外,还存在一些矿物质,如钾、镁、铁、钙、钠、硅、磷、硫、氯等元素。若将粮粒燃烧,这些元素不会燃烧,而是以氧化物的形态成为灰分,故又称这些元素为灰分。它是构成人体某些组织系统(骨骼、齿、血和肌肉等)不可缺少的成分,能调节生理机能。稻谷的矿物质主要分布在稻壳、胚及皮层中。

(七)维生素

维生素主要存在于稻谷的胚和糊粉层的细胞里,其中以维生素 B_1(硫胺素)、维生素 B_2(核黄素)等B族维生素为多。由于在碾米时维生素的含量会随着精度的提高而减少,因此大米的加工精度不宜过高，应适当地保留胚和糊粉层，以保存一定量的维生素。同时，在加工过程中要加强对稻谷的清理，提高大米的纯净度，以便食用时尽量减少淘洗的时间，避免维生素在水中溶解、损失。

由上述可知，在加工过程中，稻谷各化学成分的含量是随着碾米精度的不同而变化的。精度越高，大米淀粉的含量也越高，而其他几种成分则相对减少。

我国目前加工的标准米，尚允许保存一定数量的米皮和米胚，目的是既保留必要的营养成分，又可获得较高的出米率，从而节约粮食。

五、稻谷的物理性质

稻谷的物理性质，是指稻谷在加工过程中反映出的多种物理属性，如稻谷的色泽和气味，粒形与均匀性，千粒重、比重和容重，腹白度，爆腰率，谷壳率，强度等。

（一）色泽和气味

各种粮粒都有其自然的色泽和气味。若用感官鉴定，正常的稻谷色泽应是鲜黄色或金黄色，且富有光泽，无不良气味。未成熟的稻谷籽粒，一般都呈绿色。如果在收获、贮藏过程中发热霉变，则米粒要变色变质，米粒会变成暗黄色，失去正常光泽，还会有霉味甚至苦味。一般而言，霉变的稻谷米质差，陈稻的色泽和气味比新稻差，不但加工的成品质量不高，而且在加工中易产生碎米，出米率低。

（二）粒型与均匀性

稻谷的粒型也可用长宽比来表示。一般，长宽比大于 2 者为长粒型，籼稻属之；长宽比小于 2 者为短粒型，粳稻属之。

粒型与出米率、出碎率有着密切的关系。籽粒越接近于球形，其壳和皮所占的比例就越小，胚乳的含量则相对较高，也意味着加工时出米率就高。同时，籽粒越接近于球形，其耐压性越强，加工时出碎越少。粳稻的出米率比籼稻的高，而出碎率比籼稻低的原因就在于此。

谷粒大小是合理选用筛孔和调整设备的依据之一。谷粒大小的变化范围较大，如果品种混杂，则粒型大小就不均匀，会造成清理上的困难，同时，砻谷和碾米的操作也难以掌握。因此，对粒型与大小相差较大的稻谷，最好能分批或分粒加工。

（三）千粒重、比重和容重

1. 千粒重

稻谷的千粒重约为 25 g。粳稻的比籼稻的略高。千粒重越大，单位重量中谷粒的数量越少，清理和砻碾时所需时间越短，因此加工的产量高，电耗也少。

2. 比重

比重是指物体重量与其体积之比。在一般情况下，凡发育正常、成熟充分、粒大而饱满的谷粒，其比重较发育不良、成熟度差、粒小而又不饱满的谷粒大，出米率也高。因此，比重也可作为评定稻谷工艺品质的一项指标。稻谷的比重一般为 1.18~1.22。

3. 容重

一般质量好的稻谷，其容重在 560 kg/m^3 左右。容重是粮食质量的综合指标。容重的大小与稻谷本身的品种类型、成熟程度、水分含量及一些外界因素（如含杂质的数量与种类）有关。一般来说，籽粒饱满、整齐，表面光滑、无芒，粒型短圆及比重较大的稻谷，其容重也较大，反之则较小。容重大的稻谷品质好、谷壳率低、出糙率高。

（四）腹白度

腹白度是指米粒腹部乳白色、不透明部分的大小。乳白色、不透明部分位于心部者称为心白。腹白的大小与稻谷在成熟过程中的气候、农业措施、品种等因素有关。通常情况下，粳稻比籼稻的腹白少；晚稻的腹白度较小；细长粒、小粒较短圆粒和大粒的腹白度小；比重大的谷粒腹白度较小。腹白度大的谷粒，其角质部分的含量少，组织疏松，强度低，加工时易碎，出米率低。

（五）爆腰率

糙米的腰部若有纵向或横向裂纹者，称为爆腰粒。糙米中的爆腰粒数占总数的百分比称为爆腰率。爆腰粒是由于对谷粒采取急剧加热或冷却，使谷粒的表面与内部在膨胀或收缩上，产生不均匀的应力错位，或受到外力的撞击作用而产生的。爆腰粒的强度，较正常谷粒低，因此，加工时易产生碎米。原粮的爆腰率越高，其出米率越低。

（六）谷壳率

谷壳率是指稻谷谷壳占稻谷重量的百分比。谷壳率高的稻谷，千粒重小，谷壳厚且包裹紧密，加工时脱壳困难，出糙率低。谷壳率低的稻谷则相反，加工时脱壳容易，出米率也高。它既是稻谷定等的基础，也是评定稻谷工艺品质的一项重要指标。

（七）强度

强度是指谷粒抵抗外力破坏的最大能力。谷粒的强度可用谷粒硬度计来测定，其大小以每粒米所能承受外压力的千克数来表示。一般来说，含蛋白质多、透明度大的谷粒，其强度要比蛋白质含量少、胚乳组织松散、不透明的谷粒大；粳稻比籼稻大，晚稻比早稻大；水分含量低的比水分含量高的大；冬季稻比夏季稻大。在温度对强度的影响上，据测定，谷粒在 5 ℃时强度最大，会随着温度的上升而逐渐降低。

拓展知识

中国好吃的大米都在哪里?

中国地大物博，产米之地随处可见，每个地方的大米亦有其特点。今天就介绍几种被广泛认可的好吃的大米。

1. 黑龙江省五常大米

五常大米是黑龙江省五常市出产的大米，在全国都比较有名。五常大米是大米中的佳品，颗粒饱满、质地坚硬、色泽清透、饭粒油亮、香味浓郁。五常大米历史虽然不及江浙米悠久，产量也不及亩产以吨计的杂交稻，但是品味过正宗五常大米的人，无不为五常大米的口感所折服。

2. 辽宁省东港市柳林大米

东港大米远近闻名，其中最为出名的莫过于柳林大米。柳林大米产于黄海之滨、鸭绿江畔的东港市前阳柳林村，是明末清初以来历代皇家贡米，其以独到的口感、晶莹的外观赢得了大众的认可。柳林大米精选优质晚粳稻品种，用碧绿清澈、咸淡适宜的鸭绿江、北黄海两水灌溉培育，经辽宁省市场监督管理局鉴定为绿色无公害大米。

3. 河南省原阳大米

原阳大米产于河南省原阳县，种在经过黄河水淤平改良后的土地上，土质肥沃，加上原阳地区昼夜温差大的特殊气候，造就了原阳大米的独特品质。原阳县拥有得天独厚的地理优势，盐碱地赋予了大米先天的碱性。原阳大米香味十足，并且蛋白质、淀粉以及铜、铁、钙等微量元素含量都高于国际有名的泰国香米。

4. 新疆米泉大米

米泉大米在新疆人口中一直享有极高的口碑。米泉大米的制作工艺中每一道程序都异常严谨、细致。米泉大米中各种营养素含量较高，因为其品质好，在市场上日渐走俏，不仅占据了以乌鲁木齐为中心的新疆市场，还销往北京、上海、西安等国内大中城市。

5. 河北省丰南御田胭脂米

胭脂米全称是“御田胭脂米”，是一种极为珍贵的作物，原产于河北省丰南王兰庄。胭脂米因培育难度大、产量小，几乎近于灭绝，其售价远远超过日本“越光”大米。胭脂米呈暗红色，清香扑鼻，煮熟后色泽红润，细腻、油亮，口感弹软、滑嫩，余味无穷。

6. 辽宁省盘锦大米

盘锦大米是东北另一种非常有名的大米品种，在中国各大超市均可看到。盘锦市地处辽河入海口，土壤中含有硫酸盐和氯化物，并且盘锦四季分明，雨热同季，非常有利于水稻的生长。真正的盘锦大米晶莹饱满、粒型完整、胶稠度高，米饭色泽油润、清香浓郁、筋道滑腻，口感极佳，是大米中难得的佳品。

7. 宁夏珍珠米

宁夏有塞上江南的美誉，其种植稻谷的历史悠久。宁夏所产的大米品质优良，珍珠米颗粒饱满、色泽洁白、米质油润、味道香甜、营养丰富，富含蛋白质、脂肪等成分。用其蒸成的米饭，洁白晶莹、黏而不腻、味道极佳，为中国大米中的佳品。

8. 云南省遮放米

遮放米可谓是云南最出名的大米，因为清香怡人、口感软糯，一度被奉作皇家“贡米”，最顶尖的遮放米只能在一个叫作允午的村寨种植，离开这里，味道就会有所差异。遮放米具有一种原始的芳香，咀嚼间满口芬芳，如谷神在舞，但产量有限。

9. 黑龙江省响水大米

“龙江大米甲天下，响水大米甲龙江”，响水大米可谓远近闻名。响水大米产于黑龙江省宁安市渤海镇，新中国成立后，响水大米成为人民大会堂的国宴用米，曾于1992~1997年连续三次荣获“中国农业博览会金奖”。作为中国食品协会的推荐产品，响水大米是名副其实的绿色食品。

10. 江西省万年贡米

万年贡米原产于江西万年县荷桥山区，距今已有1 000多年的种植历史。万年贡米，吸取四季清泉，营养丰富，颗粒大，体细长，颗形如梭，米色似玉。用其做饭，质软不腻，味道浓香。经测定，万年贡米蛋白质含量比普通大米高，且含丰富的B族维生素和一定数量的微量元素，堪称米中珍品。

任务二　稻谷加工工艺

问

稻谷加工越精越好吗？

【任务导入】

砻下物的三相混合物，经过分离，清除了大糠和漏砻的稻谷，剩下的便是白生生的米粒。这时的米粒是粗糙的，传统称为“糙米”。糙米用来煮饭,蒸煮时间长、颜色深、黏性差、口感不好。又因糙米的皮层完整,吸水性和膨胀性都不强,导致食用品质不佳。皮层和粗纤维的存在,妨碍了人体的正常消化。这些不利因素使人们积极地谋算对策,脱去糙米外衣,露其内里,这一过程叫作碾米工序。

必备知识

稻谷加工工艺流程如图 5-3 所示。

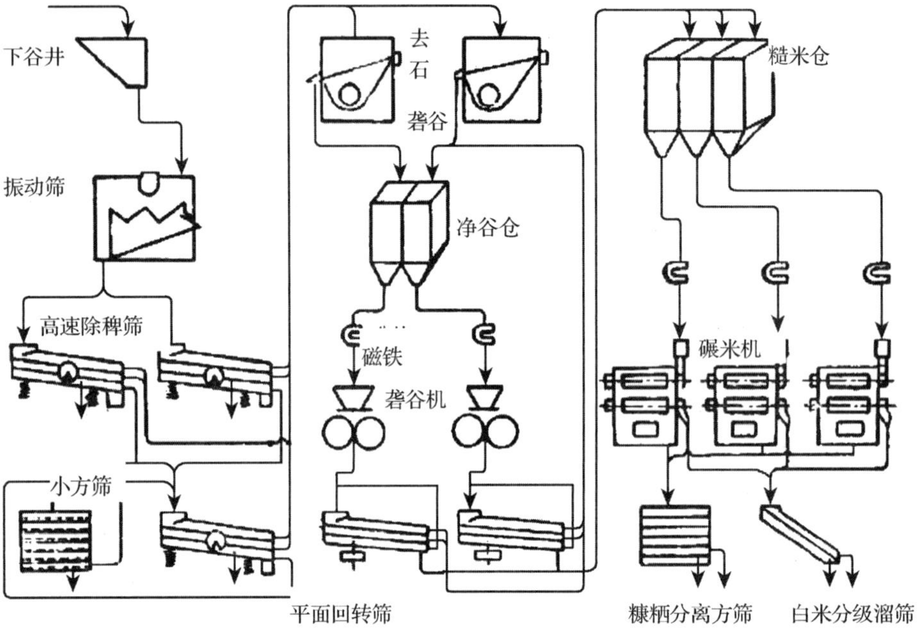

图 5-3 稻谷加工工艺流程

一、稻米收获与翻晒技术

脱粒的稻谷送到米厂后,首先要检测稻谷的含水量。含水量在 14% 以下的稻谷,直接送入谷仓存放;含水量大于 14% 的稻谷,送入烘干机房,根据含水量的多少,分别采取不同的干燥方法,待水分降至 14%,再送入储存仓保存,以待加工。

香型稻谷的存放期都不超过半年,因为稻米的内在质量,如香味、油润性、光亮度等会随存放时间的增加而逐渐降低。在稻谷存放期间,考虑到环境湿度、温度对稻谷的影响,工厂会定期检查谷仓的湿度、温度和稻谷的含水量。根据检查结果,采取相应措施,以防稻谷腐败变质。例如,谷仓温度高,则送凉风进入谷仓降温;稻谷含水量高,则送热风除湿。在复杂情况下,需采取综合措施。稻谷的含水量对大米加工的整米率影响很大,含水量太低,脱壳时,大米易脆断;含水量高,加工时大米易碎,因此要十分注意原料稻谷的含水量。高水分的稻谷,除正常日光翻晒外,最好建设稻谷烘干设备,及时调整稻谷至安全储藏水分,切忌在公路上晒粮,严防稻谷被污染和破碎。优质稻谷更要防止品种的混杂,储藏时必须分仓储存。

二、稻谷清理

稻谷清理是整个生产过程的第一道工序,一般包括初步清理、除稗、去石和磁选 4 个清理内容。稻谷清理主要是根据稻谷和杂质在某些物理性质上的不同,采用一定的清理设备,有效地将夹杂在稻谷内的各种杂质清除,得到纯净的稻谷,既有利于下一步的加工,又有利于确保成品质量。清理工序也可以根据原粮的特点和加工需要,利用筛理,进行大小粒的分级。目前,各工厂的清理工序所采用的设备一般有溜筛、振动筛、高速筛、平面回转筛、去石机和磁选装置等。

三、砻谷及其产品的分离

稻谷的颖壳含有大量的粗纤维,不能食用,必须剥除。在稻谷加工过程中,剥除颖壳的过程称为砻谷。砻谷工艺效果的好坏,不仅直接影响后续工序的工艺效果,而且与成品的质量、出米率和成本有着密切的关系。因此要求在砻谷时,应尽量保持米粒完整,减少米粒的破碎和爆腰,以利于提高出米率;避免或减少糙米的光滑表面遭受破坏,以利于提高谷粒分离的工艺效果。与此同时,应力求保持较高而稳定的脱壳率,以利于提高产量。此外,还须节省动力和减少物料消耗,其中,应特别注意减少能耗,以利于降低成本。

(一)垄谷

目前我国使用的砻谷机械,主要有胶辊砻谷机和金刚砂砻谷机两大类。它们都是借助于机械作用力来脱壳的。

根据稻谷脱壳时的受力状况和脱壳方式,垄谷通常可分为撞击脱壳、挤压搓撕脱壳和端压搓撕脱壳 3 种。

1. 撞击脱壳

撞击脱壳是指高速运动的谷粒与固定工作面撞击而脱去颖壳的方法。如图 5-4 所示,谷粒进入设备后落在离心盘上,受离心力的作用,以一定的入射角冲向静止的粗糙面,在撞击的一瞬间,谷粒的一端受到较大的撞击力和摩擦力,当这些作用力超过稻谷颖壳的结构强度时,颖壳被破坏,从而达到脱壳的目的。离心砻谷机是应用撞击脱壳机理的典型设备。

2. 挤压搓撕脱壳

挤压搓撕脱壳是指稻谷两侧受两个具有不同运动速度的工作面的挤压、搓撕而脱去颖壳的方法。胶辊砻谷机和辊带式砻谷机属于挤压搓撕脱壳机理的典型设备。

如图 5-5 所示,谷粒两侧分别与甲、乙两物体紧密接触,并受到两物体的挤压力 $\boldsymbol{F}_{j1}$、$\boldsymbol{F}_{j2}$。假设甲物体以一定速度向下运动,乙物体静止不动,甲物体则对谷粒产生一向下的摩

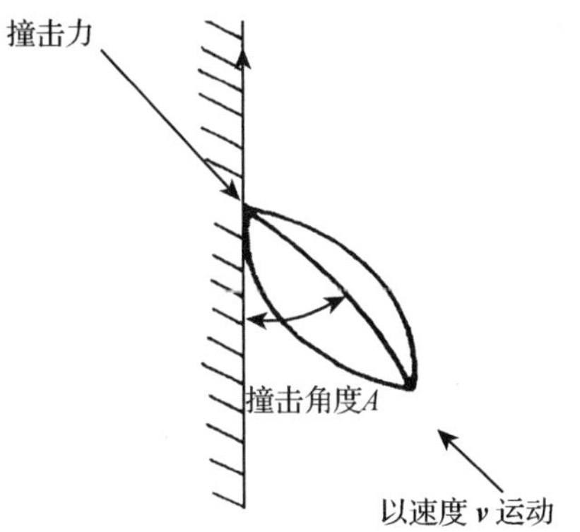

图 5-4　撞击脱壳

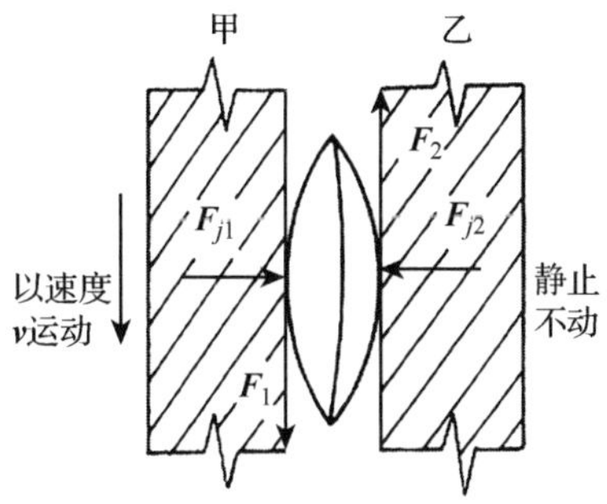

图 5-5　挤压搓撕脱壳

擦力 F_1,使谷粒向下运动,而乙物体对谷粒产生一向上的摩擦力 F_2,阻碍谷粒随甲物体一起向下运动。这样,在谷粒两侧就产生了一对方向相反的摩擦力。在挤压力和摩擦力的作用下,谷壳产生拉伸、剪切、扭转等变形,这些变形通称为搓撕效应。当搓撕效应大于谷壳的结构强度时,谷壳就被撕裂而脱离糙米,从而达到脱壳的目的。两辊间的压力可以调节。品种不同的稻谷需要的压力不同,压力过大,会使米粒变色、变脆,并缩短本来就有限的辊筒寿命。一般来说,每使用 100~150 h 就需要更换辊筒。

胶辊砻谷机基本构件是一对富有弹性的橡胶辊或聚酯合成胶辊,两辊不等速相向运动。稻谷进入两辊间,受到胶辊的挤压和摩擦所产生的搓撕作用,稻壳破裂,分离出糙米。它具有不易损伤米粒、碎米率低等优点,但造价高。

如图 5-6 所示,MLGT36 型胶辊砻谷机采用了自动化程度较高的气压松紧辊方式。设备工作时,进料或卸料,料门即自动开或关,胶辊随之自动紧、松辊。同时,辊间压力可以在线调整,使机器的操作更为简单、可靠、有效。MLGT36 型胶辊砻谷机具有产量高、动耗低、工艺性能稳定、传动平稳、噪声小、辊压调节灵活、胶辊拆装方便、结构简单等特点。

3. **端压搓撕脱壳**

端压搓撕脱壳是指谷粒长度方向的两端受两个不等速运动的工作面的挤压、搓撕而脱去颖壳的方法。沙盘砻谷机是应用端压搓撕脱壳机理的典型设备。它的基本构件是上下平行安置两个沙盘,如图 5-7 所示,上盘固定下盘转动,谷粒在两盘间隙内受到挤压、剪切和搓撕等作用而脱壳。沙盘砻谷机的最大优点是结构简单、造价低,沙盘可自行浇注,但对糙米的损伤大,碎米率高、脱壳率低。

图 5-6　MLGT36 型胶辊砻谷机实物

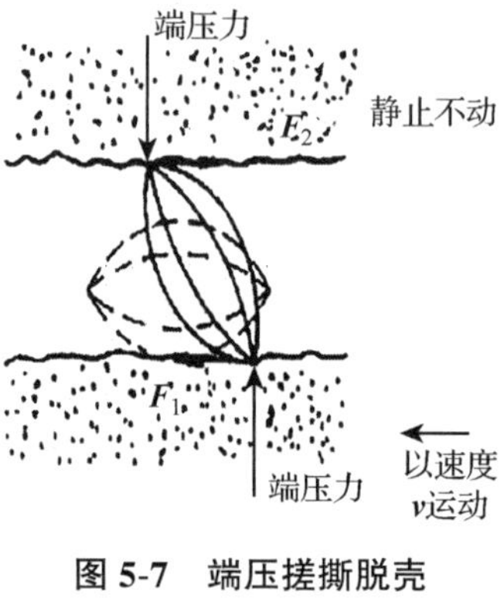

图 5-7　端压搓撕脱壳

为了提高砻谷的工艺效果,要求稻谷脱壳时,应尽量保持米粒完整,减少米粒的爆腰,以提高出米率;应尽量避免破坏糙米的光滑表面,以提高谷糙分离的效果;应保持较高而稳定的脱壳率,以提高产量;还必须节省动力和减少胶辊的消耗,以降低加工成本。

(二)稻壳分离与收集

1. **稻壳分离**

稻壳分离是指从砻下物中将稻壳分离出来的过程。稻壳分离主要利用稻壳与糙米在物理性质上的差异使之相互分离。由于稻壳的相对密度、体积、质量都比糙米轻，而它的摩擦因数比糙米大、悬浮速度比糙米小得多，风选法是稻壳分离的首选方法。

一般砻谷机的下部均带有稻壳分离装置，砻下物进入稻壳分离装置后，流经缓冲槽，落到有鱼鳞孔眼且能改变倾角的淌板。淌板借斜度让物料自流分级，又凭底板上的气流促进分级，稻壳也就集中浮于表层，层次分明地进入分离区。分离区又称风选区，风从机器前后壁面入内，穿过散落的料层，穿过糙米层，让其下坠出料，分离出来的稻壳会被上方的喇叭形吸风管吸走。物料各归一路，分离就此得以实现。

稻壳分离设备种类很多，其中，FL-14 型稻壳分离器是各种稻壳分离器中分离效果较好的一种，许多砻谷机的稻壳分离装置都是参照这种分离器的结构设计的。

FL-14 型稻壳分离器的结构如图 5-8 所示，主要有进料口、淌板、调风门等。

砻下物经稻壳分离后，每 100 kg 稻壳中饱满粮粒数量不应超过 30 粒，谷糙混合物中含稻壳量不应超过 1.0%（胶砻为 0.8%），糙米中含稻壳量不应超过 0.1%。

2. 稻壳收集

稻壳经风选分离后要进行收集，收集时，不但要把全部的稻壳收集起来，而且要使排放的空气达到规定的含尘浓度，以免污染空气、影响环境卫生，这也是稻谷加工中不可忽视的一道工序。稻壳收集的方法主要有重力沉降和离心沉降 2 种。

(1) 重力沉降。重力沉降是指利用沉降室，使稻壳在随气流进入沉降室后突然减速的情况下，依靠自身的重力而沉降。在实际使用中，沉降室通常被做成房式结构，俗称砻糠房，其结构如图 5-9 所示。砻糠房高大、宽敞，带有稻壳的气流进入砻糠房后，由于容积突然扩大，风速骤减，地球的引力迫使稻壳、颗粒尘屑逐步沉降。气流受到内壁阻隔，又遭后来气流的挤压，由砻糠房上部气窗或屋顶排气管排出。这种收集方法所耗动力少，但占地面积大，除尘效果较差，易造成糠尘外扬，因此，建在城市中的米厂不宜使用。

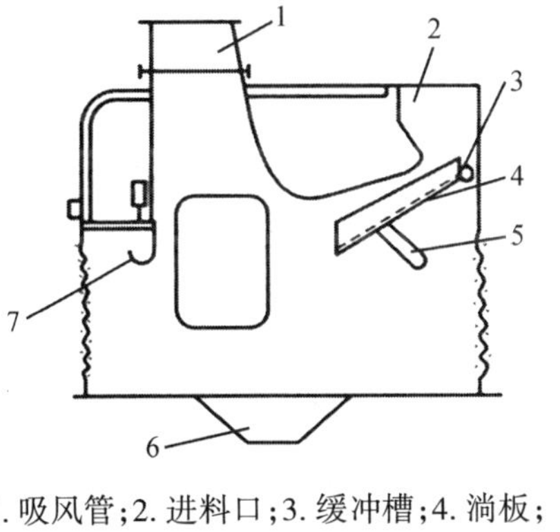

1. 吸风管；2. 进料口；3. 缓冲槽；4. 淌板；
5. 淌板角度调节机构；6. 出料口；7. 调风门

图 5-8　FL-14 型稻壳分离器的结构

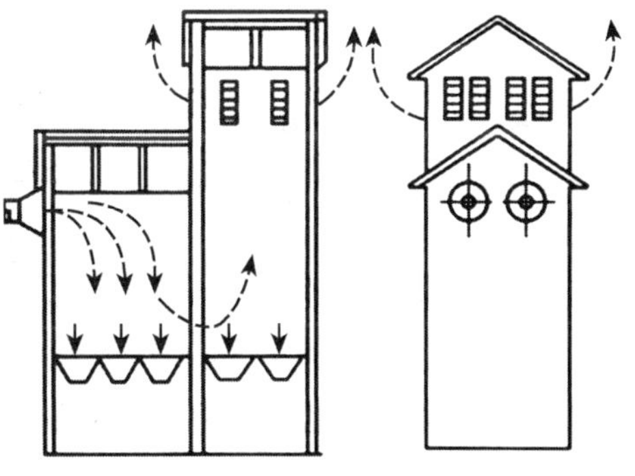

图 5-9　砻糠房的结构

(2) 离心沉降。离心沉降是指使带有稻壳的气流进入离心分离器内，稻壳受离心力的作用甩贴内壁，又靠重力作用下滑到出料口排出。气流因稻壳分离而净化，受负压的驱动从中心出口管向上排出（吸入式，料口有关风器）；或受正压的推进作用从中心出口管向上排出（压入式，料口无关风器）。一般来说，离心分离器对于 10 μm 以上的物料颗粒有较好的沉降效果。采用这种方法，设备结构简单、价格低、维修方便，收集的谷壳便于整理，在碾米厂中，是应用较广的稻壳收集方法。无论是吸入式还是压入式，所排放空气的含尘浓度，一般都达不到规定的排放标准，故而需要采取进一步净化空气的措施。

（三）谷糙分离

谷糙分离有两种方式，一是利用稻谷和糙米的差异，谷糙混合物充分自动分级后，稻谷上浮，糙米下沉，使用合适的筛面，使糙米充分接触分级面而得以分离，这种分离方式以筛选原理为基础；二是以稻谷和糙米在密度、弹性和表面性质方面的差异为基础进行分离，在分离设备内部碰撞和表面摩擦时，稻谷和糙米向不同的方向运动而分离。使用分离筛的筛选法是应用最广泛的谷糙分离法。

常用的谷糙分离设备有谷糙分离平转筛、重力谷糙分离机、撞击谷糙分离机等。

四、稻米调质

（一）稻米调质的目的

稻米调质主要是指对稻谷脱壳后的糙米进行水分调节。糙米水分调节有两个目的：一是将糙米的水分含量调节至14%上下，因为在此水分含量下的糙米最有利于糙米去皮，即可以提高碾米的工艺效果，不仅碎米少、整精米率高，而且米色光洁、滑润，同时也可节省碾米的动力消耗；二是糙米水分调节有利于提高大米的食用品质。经研究证明，大米的水分含量高低直接影响米饭的口感，一般大米水分在14%左右时，所煮的米饭就香软可口。所以优质稻米加工中的水分调节十分重要。

（二）稻米调质的技术与设备

一般在碾米前的糙米仓中对糙米进行水分调节，因为目前还没有专门的水分调节机，所以许多米厂都自行设计水分调节装置。一般采用能使水雾化的电子雾化器，将雾化的水滴喷洒在糙米上，然后将糙米送入糙米仓内，使糙米润水调质3~4 h。将糙米水分含量调节至14%左右后，就可送入碾米机进行碾米。稻米调质要注意控制调节水量，并力求各部分水分含量调节均匀。

五、碾米

碾米通常是指应用物理方法来全部剥除糙米籽粒表面皮层的过程。糙米皮层含有大量纤维素，作为日常主食直接食用不利于人体正常的消化吸收，另外，糙米的吸水性和膨胀性都较差，用糙米煮饭，不仅蒸煮时间长、出饭率低，而且颜色深、黏性差、口感不好。因此，糙米须通过碾米工序将糙米的皮层去除，才能提高其食用品质。同时，根据糙米籽粒的结构特点，要将背沟处的皮层全部去除，势必会造成淀粉、蛋白质等营养物质的损失和碎米的增加，出米率下降。因此，现行的国家标准规定，不同等级的大米宜保留适量的皮层，这不仅有利于减少营养成分的损失，而且可以提高出米率。

碾米用机械根据碾去糙米皮层时作用原理的不同，可分为擦离式碾米、碾削式碾米和混合式碾米（碾削、擦离混合）3种。

（一）擦离式碾米

擦离式碾米是指依靠强烈摩擦作用使糙米去皮的碾米方法。在碾米机碾白室内，米粒和碾白室构件之间及米粒与米粒之间的相对运动，产生相互摩擦力。当强烈的摩擦作用深入糙米粒皮层内部，就会使米粒皮层沿着胚乳的表面产生相对滑动，并被拉伸、断裂，直到擦离。铁辊碾米机即擦离型碾米机，其结构如图5-10所示，小型铁辊碾米机如图5-11所示。

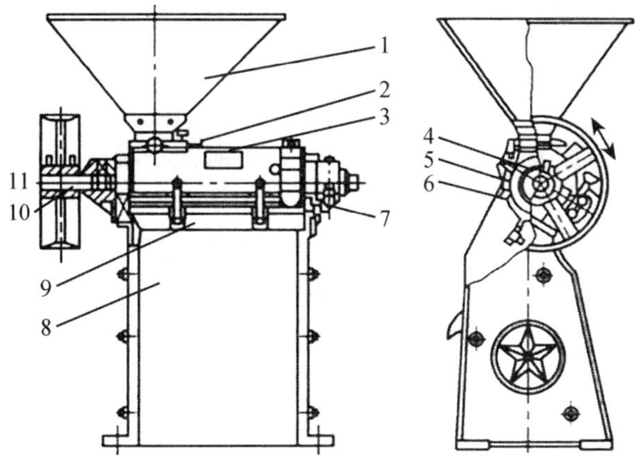

1. 进料斗；2. 进料插门；3. 米盖机；4. 铁辊；5. 米筛；6. 色托；
7. 出料口；8. 机座；9. 方箱；10. 米机轴；11. 带轮

图 5-10　铁辊碾米机的结构

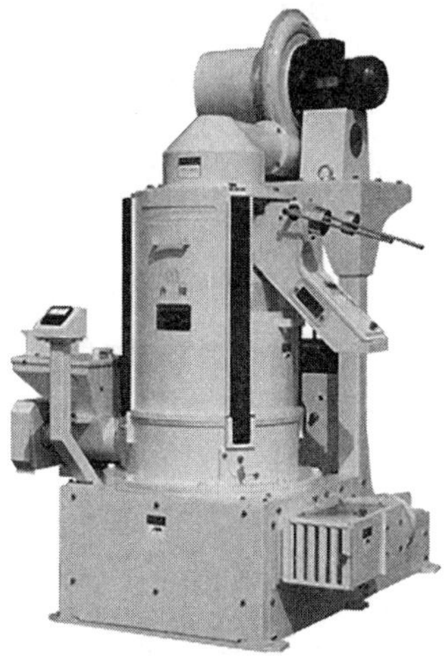

图 5-11　小型铁辊碾米机

擦离式碾米所需的摩擦力，应大于米粒皮层的结构强度和米皮与胚乳的结合力，使皮层拉伸、断裂，导致皮层与胚乳脱离；应小于胚乳自身的结构强度，使皮层与胚乳擦离时不致产生碎米。

在碾米时，一般碾米机碾白室内压力较大，局部压力往往超过抗压和抗折强度，所以碾米过程中容易产生碎米。这种方法所碾制的成品大米，表面细腻、光洁，精度均匀，色泽较好，但只适于碾制籽粒结构紧密、质地坚实、耐压强度大的糙米。

（二）碾削式碾米

碾削式碾米是指利用砂辊筒表面密集、尖锐的砂刀，对糙米皮层进行不断的碾削，使皮层破裂、脱落，达到碾米去皮目的的方法。砂辊碾米机属于碾削型碾米机。

为了提高碾削碾米的工艺效果，必须保持金砂辊筒表面坚硬、锋利，并使辊筒具有较快的线速度(一般在 15 m/s 左右)；为了使糙米在碾白室内充分翻动，碾白室压力不宜过大，一般相当于擦离式碾米压力的 1/5 左右。这种碾米的方法，由于碾米的压力小，因此适用于碾削籽粒结构强度较差、表皮干硬的粉质糙米。碾米中产生碎米少，但碾削式碾米会在米粒表面留下切削的挂痕，使米粒表面起毛，成品光洁度和色泽较差。

（三）混合式碾米

长期的生产实践证明，采用以碾削为主、擦离为辅的混合式碾米，可以减少碎米，提高出米率，改善米色，同时还有利于提高产量、降低电耗，所以这是一种较好的碾米方法。

六、大米抛光技术

（一）大米抛光机的主要作用

大米抛光机的主要作用是去除黏附在大米表面的糠粉，使米粒表面清洁、光亮，提高成品的色泽。这不仅可以提高成品大米的质量和商品价值，还有利于大米的储藏，保持大米的新鲜度，提高大米的食用品质。

（二）大米抛光机的结构和工作原理

1. 结构

大米抛光机由储料斗、喷雾机构、喷风风机、吸糠风机、抛光室和机体 6 个部件组成。

2. 工作过程

经过碾米机碾米达到特等米精度的大米，由储料斗流下并在螺旋推进器的作用下进入抛光室。同时，由控温式水箱将已加热的水通过流量计，经橡胶管和喷雾器进入喷风管道，与喷风气流混合后进入抛光室。水雾附着在米粒表面，使米粒表面糠粉凝聚，同时使米粒表面湿润、软化。通过抛光室内辊筒的回转运动，使米粒在抛光室内不断运动，在运动过程中，米粒之间、米粒与抛光辊筒之间及米粒与米筛之间产生相对运动、相对摩擦。由于米粒表面湿润、软化，这种摩擦将去除米粒表面的糠粉和粉刺，提高表面光洁度，从而使米粒洁净、光亮，达到大米表面抛光的要求。抛光过程中产生的细米糠和细屑由吸糠风机吸出。

七、大米色选技术

(一)大米色选的目的

稻谷在储藏过程中，由于发热等原因，会使一部分稻谷变质，成为黄粒米。黄粒米含有对人体有害的成分，成品大米中含有黄粒米不仅影响大米的商品价值，也影响消费者的身体健康，应尽可能剔除。由于黄粒米与正常白米之间无一般物理特性上的差异，无法用常规清理方法将其清除，因此只能利用黄粒米与白米之间颜色、反光率的差异，用光电比色的方法和设备将其剔除。利用颜色差异剔除混入米中的小玻璃、煤渣等异色粒的方法称为色选，应用先进的光电技术专门剔除异色粒的设备称为色选机。

(二)大米色选机的工作原理和结构

1. 大米色选机的工作原理

色选机工作原理如图5-12所示，色选机选别室内有若干狭长的通道，通道出口处装有高稳定光源。当物料经由振动喂料系统均匀地通过斜槽通道进入选别区域时，光电传感器测得反射光和投射的光量，并与基准色板反射光量比较，将其差值信号放大处理。当信号大于预定值时，驱动喷射系统，用压缩空气吹出异色粒，从而达到色选的目的。

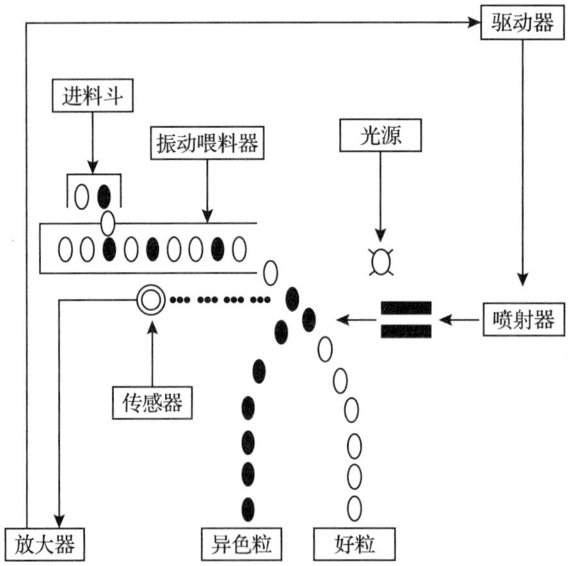

图5-12　色选机工作原理

2. 大米色选机的结构

图 5-13 为 MMS-24A 色选机的结构。该色选机由进料斗、振动喂料器、电控箱、斜槽总成等部件组成。进料斗由两个空腔组成，一次腔与原料进口连接，它为一次色选的 18 个通道供料；二次腔与提升机左通道连接，提升机的左通道将一次色选的吹出物送到二次腔，二次腔将这些物料送到用于二次色选的 6 个通道。提升机的右通道将二次色选的未吹出物送回到一次腔。

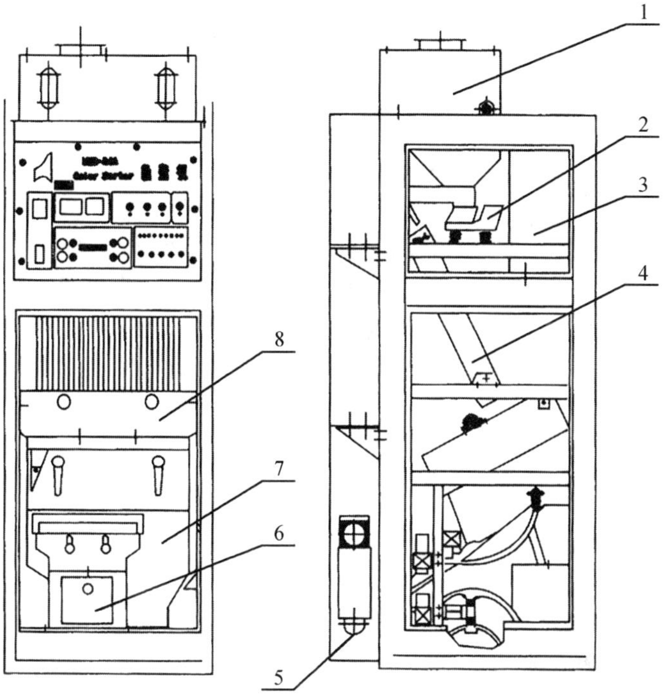

1. 进料斗；2. 振动喂料器；3. 电控箱；4. 斜槽总成；5. 斗式提升机；
6. 流量计总成；7. 出料斗；8 光电总成

图 5-13　MMS-24A 色选机的结构

振动喂料器由 4 组相互独立的振动簸斗组成，每组簸斗分别为 6 个通道供料。为了控制喂料量，二次喂料簸斗与一次喂料簸斗的结构不同。它的簸斗有 6 条分叉的支管，分别对应 6 个二次色选通道。支管的出口处很狭窄，以使二次喂料成为一条均匀的细束。每组喂料器喂料量的大小可由电控箱面板上的电位器调整。

拓展知识

读懂大米包装上的数字

在购买大米时，一定要先看一下大米包装上面的执行标准。大米的执行标准是 GB/T 1354-2018，如果包装袋上有这一行数字和字母，那么这种大米就是符合国家执行标准的大米，大家就可以放心购买。中国把大米分为普通大米和优质大米，符合 GB/T 1354-2018 这个标准的，只能算是普通大米。优质大米又被分为 3 个等级，分别是优质一级、优质二级、优质三级，等级越好说明这种大米的口感越好。

除普通大米外，中国还有 4 种公认的比较好吃的国标大米，大家在购买大米时，可以看一下包装上是否有相应的国标号，五常大米，GB/T 19266；盘锦大米，GB/T 18824；方正大米，GB/T 20040；原阳大米，GB/T 22438。

任务三　稻米的品质检验与分析

【任务导入】

问

稻米感官鉴别的优点和缺点有哪些？

稻米的感官鉴别就是利用直观的感觉来判断稻米品种及其质量好坏的一种方法。因为各种稻米随着品种的不同而具有不同的特征，人体的感觉器官，如耳、目、口、鼻、手对其会产生不同的反应。不同的稻米会给人留下不同的印象。感官鉴别就是凭借这种印象和实践经验来判断粮油产品品种、质量的。它是长期实践的经验总结，在不具备物理检验和化学检验的条件下，具有方法简便、快速、工作效率高等特点。

必备知识

一、概述

碾米厂的品质检验是按生产的程序，对原粮、成品、副产品及下脚料进行品质测定的工作过程。通过品质检验可以及时发现问题，从而采取相应的技术措施解决问题，促进生产，保证质量，提高产品出品率，提高经济效益。

我国大部分地区以大米为主食，而好不好吃如何评定呢？评定稻米食用品质最好的方法是借助人们的感觉器官，对米饭直接进行品尝试验，判断其食用品质的优劣。因为品尝试验是以人们的感官为基础，大米的食味直接关系到消费者的评价，最易为人们所接受。但是，由于参与评定者的饮食习惯不同，往往可能得出几乎相反的结论，如籼稻区的人们普遍认为那种不黏、发硬的米好吃，而粳稻区的人们则相反，觉得黏、软的米饭可口，这种评价上的差异，造成米饭品尝评定的困难化和复杂化。因此，在评定稻米食用品质时，还需辅以与米饭食味关系密切的理化性状、流变学特性的测定，从而消除品尝评定的主观性，得出较客观的评价，使评定更加科学、合理。

一种好吃的大米究竟由哪些因素构成，这对评价食味特性很重要。米饭的食味由许多因素构成，米的品质由更多的因素构成。归纳起来，米的品质主要取决于3个因素，即米的外观、食味及营养价值。品尝试验评定是根据视觉、嗅觉、味觉和触觉等感官来判断的，特别是触觉，即咀嚼米饭时的质地与食味关系最密切。而用于评定稻米食用及蒸煮品质的主要理化性状是糊化温度、胶稠度和直链淀粉含量。

二、稻米的物理品质检验

(一)出糙率检验

净稻谷脱壳后的糙米重量(其中不完善粒折半计算)占试样重量的百分率，称为出糙率。稻谷籽粒成熟度越高、籽粒越饱满、壳越薄，则稻谷出糙率越高。在稻谷加工中，可根据出糙率衡量生产效果，出糙率也是计算出米率的依据之一。不同等级稻谷出糙率见表 5-4。

表 5-4　不同等级稻谷出糙率（最低标准） %

等级	晚粳稻谷			早籼稻谷、晚籼稻谷、籼粳稻谷	早粳稻谷、粳糯稻谷
	一类地区	二类地区	三类地区		
1	82.0	80.0	78.0	79.0	81.0
2	80.0	78.0	76.0	77.0	79.0
3	78.0	76.0	74.0	75.0	77.0
4	76.0	74.0	72.0	73.0	75.0
5	74.0	72.0	70.0	71.0	73.0

注：一类地区包括江苏、浙江、上海、安徽、福建、江西、四川、贵州、云南、湖南、湖北、广东、广西、北京、天津；二类地区包括山东、山西、河南、河北、辽宁、陕西、宁夏；三类地区包括黑龙江、吉林、内蒙古、新疆。

1. 测定原理

实验室用砻谷机仿胶辊砻谷机原理制成，利用两个胶辊相对差速运动，产生摩擦力使稻谷脱壳。脱壳后的糙米与壳密度不同，稻壳被风机吸走，糙米自然下落，从而使壳、糙分离。

2. 仪器和用具

实验室用电动砻谷机或手摇砻谷机；天平，感量 0.01 g；分析盘、镊子等。

3. 操作方法

从平均样品中，称取净稻谷（除去谷外糙米）试样 20 g（m），先拣出生芽粒和生霉粒，单独剥壳，称重（m_1）。然后将剩余试样用砻谷机脱壳，除去糠杂，糙米称重（m_2）。拣出不完善粒，称重（m_3）。糙米重量和不完善粒重量分别加上生芽粒、生霉粒重量，即糙米总重量和不完善粒总重量。

4. 结果计算

稻谷出糙率按下式计算：

$$\text{出糙率} = \frac{(m_1+m_2)-(m_1+m_3)\div 2}{m} \times 100\%$$

式中，m_1 为生芽、生霉粒剥壳后糙米重量，单位为 g；m_2 为糙米重量，单位为 g；m_3 为糙米中不完善粒重量，单位为 g；m 为试样重量，单位为 g。

双试验结果允许差不超过 0.5%，求其平均数，即检验结果。检验结果取小数点后一位。

（二）整精米率检验

整精米率是指将糙米碾磨成精度为国家标准 1 等大米时，米粒产生破碎，其中长度仍达到完整精米粒平均长度的 4/5 以上（含 4/5）的米粒。

我国稻谷质量标准根据出糙率、整精米率将稻谷分为 5 等，各类各等稻谷出糙率指标见表 5-5，各类稻谷以 3 等为中等标准，低于 5 等的为等外稻谷。

1. 仪器和用具

天平，感量 0.01 g；实验室用砻谷机、碾米机；谷物筛选机。

表 5-5　各类各等稻谷出糙率指标　%

等级	籼稻谷		粳稻谷	
	出糙率	整精米率	出糙率	整精米率
1	≥79.0	≥50.0	≥81.0	≥60.0
2	≥77.0	≥50.0	≥79.0	≥60.0
3	≥75.0	≥50.0	≥77.0	≥60.0
4	≥73.0	≥50.0	≥75.0	≥60.0
5	≥71.0	≥50.0	≥73.0	≥60.0

2. 操作方法

称取净稻谷试样重量(m_0),经脱壳后称量糙米总重量(m_1),然后从中称取一定量的糙米(m_2),用实验室用碾米机碾成国家标准 1 等大米的精度,除去糠粉,再捡出整精米粒,称重(m_3)。

3. 结果计算

$$整精米率 = \frac{m_3}{m_0 \times \frac{m_2}{m_1}} \times 100\%$$

式中,m_0 为净稻谷重量,单位为 g;m_1 为糙米总重量,单位为 g;m_2 为碾米的糙米重量,单位为 g;m_3 为标 1 整米重量,单位为 g。

(三)黄粒米及裂纹粒检验

黄粒米形成的主要原因是在收获季节,稻谷不能及时脱粒干燥,带穗堆垛,湿谷在通风不良情况下贮藏,微生物繁殖,堆垛发热,使稻谷变黄。稻谷在贮藏、运输过程中,入仓水分高也会产生黄粒米。

稻谷在某些微生物的作用下也会变黄,其中,产毒青霉菌是导致稻谷变黄,并使籽粒含有真菌毒素的微生物。稻米变黄后,营养价值降低,食用品质较差,严重的发芽率丧失,而且影响商品外观价值。此外,黄粒米粒面可溶性物质较正常米粒丰富,提供了霉菌生长繁殖所需营养源,在同等条件下,高水分黄粒米比正常稻米易受黄曲霉毒素侵染,黄曲霉污染快,产毒量高。因此,在我国稻谷、大米质量标准中,黄粒米限度为 1.0%。

1. 仪器和用具

天平,感量 0.01 g;实验用碾米机;分析盘、镊子。

2. 操作方法

(1)稻谷黄粒米检验。稻谷经检验出糙率后,将其糙米试样用小型碾米机碾磨至近似标准 2 等米的精度,除去糠粉,称重(m),作为试样重量,再按规定拣出黄粒米,称重(m_1)。

计算公式:

$$黄粒谷率 = \frac{m_1}{m} \times 100\%$$

式中，m_1 为黄粒米重量，单位为 g；m 为试样重量，单位为 g。

双试验结果允许差不超过 0.3%，求其平均数，即检验结果。检验结果取小数点后一位。

(2) 大米黄粒米检验。分取大米试样约 50 g（W），在检验碎米的同时，按规定拣出黄粒米（小碎米中不检验黄粒米），称重（W_1）。

计算公式：

$$黄粒米率 = \frac{W_1}{W} \times 100\%$$

式中，W_1 为黄粒米重量，单位为 g；W 为试样重量，单位为 g。

双试验结果允许差不超过 0.3%，求其平均数，即检验结果。检验结果取小数点后一位。

三、大米的加工精度检验

大米加工精度是指米粒脱掉种皮的程度或背沟和粒面留皮的程度。由于大米会因除去种皮程度不同而被加工成不同等级，因此加工精度是大米定等的基础项目。大米加工精度的高低直接影响着食用品质，但是加工精度越高，出米率越低，营养价值也降低。因此，加工精度的测定对碾米工艺来说，在保证产品质量、严格控制精度、提高出米率等方面起着指导生产的作用；在购、销、调等商品流通环节中起着保证商品质量、保障消费者利益、兼顾国家利益等作用。

（一）直接比较法

从平均样品中称取试样 50 g，直接与精度标准样品对照比较，符合哪等标样，定为哪等。

（二）染色法

1. 仪器和用具

蒸发皿或培养皿；天平，感量 0.1 g、0.01 g；量筒，25 mL；电热恒温水浴锅；细口瓶，100 mL、1 000 mL；玻璃棒等。

2. 试剂

(1) 0.1% 品红石碳酸溶液。称 0.5 g 石碳酸（苯酚）加入 10 mL 95% 的乙醇，再加入盐基品红 1 g，待溶解后，用水稀释到 500 mL，充分混合后，贮存于棕色瓶中，备用。

(2) 1.25% 硫酸溶液。用量筒取比重 1.84、浓度 95% 的浓硫酸 7.2 mL，注入盛有 400~500 mL 水的容器内，然后加水稀释到 1 000 mL，备用。

(3) 苏丹Ⅲ乙醇溶液。取苏丹Ⅲ约 0.4 g，加入 100 mL 95% 的乙醇中，配成饱和溶液。

（三）操作方法

1. 品红石碳酸溶液染色法

称取标准样品和试样各 20 g，从中不加挑选地数出两份整米 50 粒，分别放入两个蒸发皿内，用清水洗去浮糠。倒出清水，各注入品红石碳酸溶液数毫升，淹没米粒，浸泡约 20 s。米粒变成黄色后，倒出染色液，用清水洗 2~3 次，沥净水。用 1.25% 硫酸溶液洗 2 次，每次约 30 s，倒出硫酸溶液，用清水洗 2~3 次，根据颜色对比留皮程度。米粒留皮部分呈红紫色，胚乳部分呈浅红白色。

2. 苏丹Ⅲ乙醇溶液染色法

按上法数出整米 50 粒，用苏丹Ⅲ乙醇溶液浸没米粒，然后置于 70~75 ℃水中 5 min，使米粒着色。然后倒出染色液,用50%乙醇洗去多余的色素。皮层和胚芽呈红色,胚乳部分不着色。

四、大米的碱消度检验

碱消度是指米粒在一定碱液中膨胀或崩溃的程度。它是一种简单、快速而准确的间接测定大米糊化温度的方法。

(一)仪器和试剂

培养皿,内径55 mm;氢氧化钾溶液,14 g/L和17 g/L。蒸馏水在配置前需经煮沸,并冷却。配好的溶液使用前至少存放24 h。

(二)操作步骤

将7粒米等距离分散在内径55 mm培养皿中,籼米注入17 g/L氢氧化钾溶液10 mL;粳米注入14 g/L氢氧化钾溶液10 mL。加盖,在恒定室温下(21~30 ℃)静置23 h,然后观察分级。

(三)结果计算

米粒在一定碱溶液中膨胀或崩解的程度可以通过7级标准加以评定,见表5-6。

大米碱消度级别按下式计算:

$$\text{碱消度级别}=\frac{\text{7粒米级别之和}}{7}$$

计算结果取小数点后一位,取双试验结果的平均值。

碱消度与糊化温度的关系:碱消度1~3级的糊化温度高于74 ℃;碱消度4~5级的糊化温度为70~74 ℃;碱消度6~7级的糊化温度低于70 ℃。

米的碱消度主要由米淀粉对碱的抵抗性决定,也与米组织的碱度、致密度有关。此外,陈米比新米对碱的抗性大,未熟粒比成熟粒对碱的抗性小。

碱消度大的米,米饭的黏度也大,但很容易消解。通常情况下,米饭的黏度大,食味好,因此碱消度大的米食味好,碱消度小的和碱消度很大的米食味差。这与国际水稻研究所提倡种植中等糊化温度的稻谷是一致的。碱消度可作为评价大米食味的指标。

表5-6 碱消度分级标准

等级	散粒度	清晰度
1	米粒无影响	米粒似白垩状
2	米粒膨胀	米粒白垩状,环粉状
3	米粒膨胀,环完整,狭	米粒白垩状,环棉絮状或云状
4	米粒膨胀,环完整,宽	中心棉絮状,环云状
5	米粒开裂或分离,环完整,宽大	中心棉絮状,环渐消失
6	米粒解体与环结合	中心云状,环消失
7	米粒完全消散并混合	中心及环消失

五、大米蒸煮试验品质评定

大米蒸煮后,感官鉴定米饭的气味、色泽、外观结构、适口性及滋味,结果以综合评分表示。

（一）用具

小型砻谷机；小型碾米机；单屉蒸锅，26~28 cm；带盖铝盒，60 mL 以上；量筒，15 mL；天平，感量 0.01 g；电炉，2 kW；白瓷盘，32 cm × 22 cm。

（二）操作方法

1. 试样准备

①取稻谷 500 g，用砻谷机去壳得到糙米，再在碾米机上制成所需等级的大米。

②商品大米直接分取试样。

③为了客观反映大米蒸煮品质的优劣，试样编号与制备米饭的符号应随机编排，不要带有规律性的编排。

2. 米饭的制备

①称样。称量 10 g 试样于铝盒中，按参加品评的人数每人一盒。

②洗米。用约 30 mL 水搅拌、淘洗一次，再用 30 mL 蒸馏水冲洗一次，倒干水。

③加水。籼米加蒸馏水 15 mL，粳米加蒸馏水 12 mL，糯米加蒸馏水 10 mL，加盖。

④蒸煮。在盛水的铝盒中，用电炉加热至沸腾后，再将加盖铝盒放于蒸屉上。继续加热并开始计时，蒸煮 40 min 后停止加热，焖 10 min。

⑤将制成的不同试样的米饭盒放在白瓷盘上（每人一盘），供品评。

3. 品评

(1) 品评内容。

品评米饭的色、香、味、外观性状、适口性（包括黏性、弹性、硬度）及滋味等项，其中以气味、适口性、滋味为主。同时按表 5-7 做品评记录。

表 5–7　品评记录表

年　月　日　　　　　　　　品评人员

样号	盒号	气味 25 分	色泽 10 分	外观结构 10 分	适口性 30 分	滋味 25 分	综合 评分	备注
1								
2								

(2) 品评顺序。

先趁热鉴定米饭气味，然后观察米饭色泽、外观结构，再通过咀嚼，品尝评定适口性及滋味，将各项得分相加即得出综合评分。

(3) 品评要求。

①品评人员以 5~10 人组成为宜。

②品评应在专门的房间进行。品评房间为 15 m^2 左右时，要有 4 支 40 W 日光灯，灯管距品评桌面约 1.5 m，品评人员每人一桌，在室温（20~25 ℃）下进行品评。品评时应保持环境安静，无干扰。

③品评最好在饭前 1 h 或饭后 2 h 进行，品尝前不得吸烟或吃糖。

④在品评前，品评人员应用温开水漱口，把口中残留物去净。

⑤试样每次不宜超过 8 份。

⑥品评米饭应一人一盒，评分时不能相互讨论，以免相互影响。主持人也不要向品评人员说明试样的质量情况。

(4)评分。

根据米饭的气味、色泽、外观结构、适口性及滋味,对照参考样品进行评分。综合评分,品质一般者为 60 分,优于一般者为 61~70 分,较好者为 71~80 分,90 分以上为优良。具有不正常气味、滋味者可评定为 50 分以下,有严重异味者可评为 0 分。品评时应当考虑当地大多数人的食用习惯。凡综合评分在 60 分以上的即大多数消费者所能接受的,而综合评分在 60 分以下的即大多数消费者所不能接受的。

(5)结果表示。

根据每个品评人员的综合评分结果计算平均值,品评结果误差大者(超过平均值 10 分以上)可舍弃,舍弃后重新计算平均值。最后将综合评分的平均值作为大米蒸煮试验品质的评定结果。计算结果取整数。

(三)对照参考样品选择

1. 稻谷对照样品

选择稻谷发芽率在 50%~60%,脂肪酸(以 KOH 计)不大于 20 mg/100 g,运动黏度在 4~5 mm/s(4~5 cst)的样品 3~5 份。经品评人员品尝 2~3 次,选出色、香、味正常,综合评分在 75 分左右的样品 1 份,作为每次品尝评分的参考样品。

2. 商品大米对照样品

大米储存半年以内(没有过夏的大米为好),选出色、香、味正常,综合评分在 75 分左右的样品 1 份,作为每次品尝评分的参考样品。

参考样品应密封保存在冰箱(10 ℃左右)中。

(四)挑选品评人员

米饭品尝是依靠人的感觉器官,对米饭的色、香、味进行品尝,即评定米饭品质的优劣的,因此要求品评人员具有较敏锐的鉴尝能力。在开始进行品尝评定之前,应通过鉴别试验来挑选感官灵敏度高的人员。品评人员应由不同性别、不同年龄层次的人员组成。

按标准规定蒸制 4 份米饭,其中有 2 份米饭是由同一试样蒸制而成的,同时按标准规定进行品评,要求品评人员鉴别找出相同的 2 份米饭号,记录见表 5-8。

表 5-8 鉴别试验表

品评人员:	日期:
试样号	鉴定结果
1	√
2	
3	
4	√

说明:在相同 2 份米饭的编号后打“√”

鉴别试验应重复 2 次,结果登记于表 5-9。答对者打“√”,答错者打“×”,如果 2 次都答错的人员,则表明其品评鉴尝灵敏度太低,应淘汰。

表 5-9　品评人员成绩登记表

品评人员编号	鉴别试验结果		成绩
	1	2	
P1	×	√	良
P2	√	√	优
P3	√	×	良
P4	×	×	差
P5	√	√	优
P6	√	√	优

拓展知识

如何鉴别大米的好坏?

1. 大米质量优劣的区分

(1)看色泽。优质大米呈清白色或精白色,有光泽,呈半透明状;劣质大米色泽差,表面呈绿色、黄色或灰褐色。

(2)看粒型。优质大米表面有光亮,且大小均匀、坚实、饱满、完整、硬度较大;劣质大米大小不均匀、碎米粒多,有杂质和带壳谷粒。

(3)看腹白。米粒腹部有一个透明的白斑,腹白小的米是籽粒饱满的稻谷加工成的,腹白大的米是不够成熟的米。

(4)看爆腰。米粒表面出现横裂纹称为"爆腰米",裂纹越多,质量越差。这种米做的饭会"夹生",不仅难吃,而且营养价值低。

(5)闻气味。优质大米是具有正常香气的,劣质大米有异味,如酸臭味等。

2. 大米新鲜程度的区分

新鲜大米色白、富有光泽、气味清新、韧性强,做成的饭口感好、香味浓;陈大米皮层变厚、光泽减少、米粒坚硬、易断裂,做成的饭口感差,没有香味。

3. 大米含水率的区分

如果购买没几天的大米出现霉味、米色发绿等现象,就是由大米含水率过高导致的。要想判断大米是否含水率过高,可采用以下几种方法。

(1)看。抓一小把大米,放入手掌心,正常的大米色泽光亮,且粒面附有少量的糠粉;高水分的大米色泽较阴暗,且粒面糠粉很少。

(2)嚼。取几粒大米放入口中嚼,正常的大米齿觉坚硬而且清脆;高水分的大米组织疏松、不坚硬,齿声不清爽。

(3)摸。将手指轻轻插入米袋中,如滞凝不易插入,那么水分较高。用手紧握大米,如感触滑爽且"格格"有声,放开大米不粘手,则水分较低;反之,水分就高。

复习思考题

1. 如何评定碾米的工艺效果?

2. 大米的物理品质检验包括哪些项目？
3. 如何根据加工精度判断大米的等级？
4. 陈米和新米的蒸煮品质有何不同？

精彩微课

稻谷的工艺性质　　稻谷制米　　稻米品质　　方便米粉

项目六

玉米深加工技术

【学习目标】

【知识目标】

1. 能根据玉米籽粒形态与结构特点,鉴别玉米籽粒类型。
2. 能根据玉米淀粉加工工艺性质和客观条件,合理选择玉米淀粉加工设备。
3. 能根据麦芽糖工艺性质和客观条件,合理选择麦芽糖加工设备。

【能力目标】

1. 能准确说出玉米籽粒的特征与淀粉生产工艺的关系。
2. 能制订出有效的玉米淀粉加工技术措施和操作规程。
3. 能制订出有效的麦芽糖生产技术措施和操作规程。

【素质目标】

1. 能将爱国、敬业、诚信、友善融入学习全过程。
2. 能恪守职业道德,具有严谨认真、团队协作等综合素质。
3. 培养创新思维和发展能力。

【思维导图】

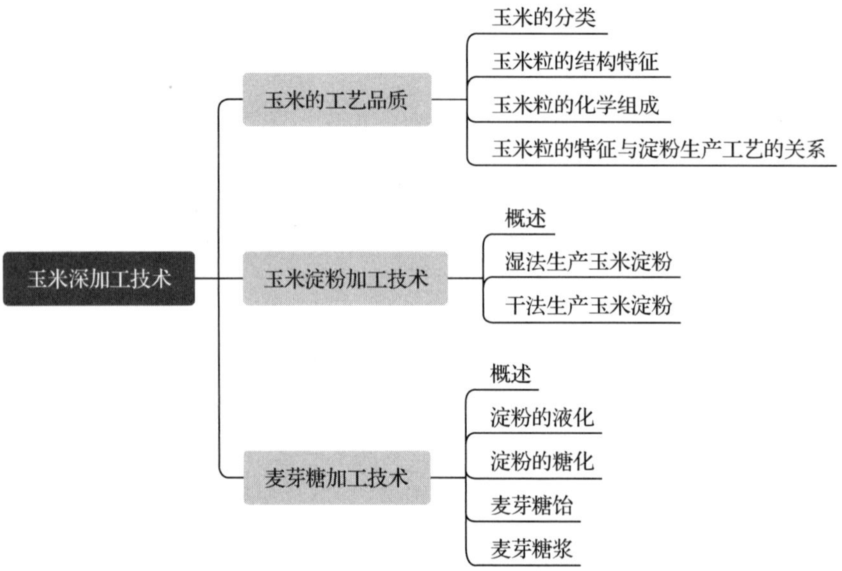

【项目描述】

玉米深度加工不仅可获得具有多功能的糖醇,还可以获得富含不饱和脂肪酸的玉米胚芽油,而且含有比其他食用油更多的植物固醇(又称植物甾醇)。近代科学研究证明,植物固醇能降低血中低密度胆固醇,但对人体有益的高密度胆固醇则不受任何影响。人们常用的植物油,如大豆油、花生油等,其所含的植物固醇均没有玉米胚芽油高。

玉米淀粉可用来制备食用结晶葡萄糖和麦芽糖。葡萄糖和麦芽糖氢化以后,可以制成山梨醇和麦芽糖醇。山梨醇、麦芽糖醇参与人体代谢且不影响血糖,均是国际公认的食糖替代品,广泛用于无糖口香糖、果糖、糕点、冰激凌等。在面制品中使用,山梨醇、麦芽糖醇不易被微生物利用,可以防止变质,使产品柔软,延长其保质期。大家熟知的维生素 C,也是用玉米淀粉转化成葡萄糖和山梨醇,最后经发酵提取而得的。

任务一　玉米的工艺品质

【任务导入】

问

如何区分不同等级的玉米?

我国玉米国家级质量标准有 3 个,分别是最基础的玉米国标、饲料用玉米国标以及工业用玉米国标。这 3 个标准既相互联系又各有特点。玉米国标是大宗玉米的通用标准,广泛适用于商品玉米的收购、贮存、运输、加工以及销售。而饲料用玉米标准和工业用玉米标准针对性更强,在玉米国标的基础上,又有一些变化和调整。这 3 个标准共同点是将水分、杂质、不完善粒、生霉粒等作为衡量玉米品质的主要指标;不同点在于饲料用玉米除保留容重等主要指标外,还增加了粗蛋白质这一技术指标,而工业用玉米则舍弃了容重这一指标项。总体来看,容重、杂质、水分、不完善粒以及生霉粒是衡量玉米质量的指标,具有广泛代表性和权威性。

必备知识

一、玉米的分类

中国新修订的国家标准和美国标准都是依据种皮颜色将玉米分为黄玉米、白玉米和混合玉米。

(1)黄玉米。种皮为黄色,或略带红色的籽粒含量不低于95%的玉米。美国标准中规定黄玉米中其他颜色玉米含量不超过5.0%。

(2)白玉米。种皮为白色,或略带淡黄色或略带粉红色的籽粒含量不低于95%的玉米。美国标准中将淡黄色表述为浅稻草色,并规定白玉米中其他颜色玉米含量不超过2.0%。

(3)混合玉米。不符合(1)(2)要求的黄、白玉米互混的玉米。

二、玉米粒的结构特征

玉米的籽粒在植物学上称颖果,比其他禾谷类作物的籽粒大,形状为扁长形,平均大小为12 mm×8 mm×4 mm,重量为150~600 mg,平均为350 mg。

玉米籽粒的表面覆盖着皮层,它是由坚硬而紧密的细胞(果皮)和一层很薄的不具备细胞构造的半透明膜(种皮)组成的。皮层保护玉米籽粒免受寄生霉菌及有害液体的侵蚀。种皮所含的色素决定了籽粒的颜色,皮层约占籽粒重量的5.3%。

皮层的下部是胚芽和胚乳。胚芽位于靠近籽粒基部的位置,占籽粒纵切面面积近1/3,占籽粒重量的8%~14%。胚芽是玉米植株的幼小生命体,在适宜的条件下,可萌发长成新的植株,繁育后代。胚芽含油量高、营养丰富、韧性强。

胚乳是籽粒的主要部分,细胞里充满了淀粉。胚乳的最外层是由巨大的透明细胞组成的,称为糊粉层。靠近糊粉层的位置分布着角状胚乳,里面含有淀粉颗粒。这些颗粒一般呈多面体,凸凹不平且细小。胚乳约占籽粒重量的82%。

三、玉米粒的化学组成

玉米粒结构的不同部分所含的化学成分的量是不同的,淀粉主要含在胚乳中,胚中脂肪含量最高,皮层主要含纤维素及灰分。胚芽中除脂肪外,蛋白质、灰分及可溶性糖的含量也比较高。玉米粒的化学组成见表6-1。玉米粒各部分的组分见表6-2。

表6-1　玉米粒的化学组成(以干基计)　%

化学成分	含量平均值	含量范围
淀粉	70	64~78
蛋白质	9.5~10	8~14
脂肪	4.4~4.7	3.1~5.7
灰分	1.3	1.1~3.9
可溶性糖	2.5	1.5~3.7
纤维素	2~2.8	1.8~3.5
水分	15.0	7~23

表 6-2 玉米粒各部分的组分 %

成分	胚乳	胚芽	玉米皮	玉米冠
淀粉	86.4	8.2	7.3	5.3
蛋白质	9.4	18.8	3.7	9.1
脂肪	0.8	34.5	1	3.8
糖	0.6	10.8	0.3	1.6
矿物质	1.6	10.1	0.8	1.6

（一）玉米粒的淀粉

淀粉主要含在胚乳的细胞中，胚里含得甚少。玉米淀粉按其结构可分为直链淀粉和支链淀粉两种。直链淀粉遇碘呈蓝色，支链淀粉遇碘呈紫红色。直链淀粉的分子大约含有 200 个葡萄糖基，支链淀粉则含有 300~400 个葡萄糖基。

普通的玉米淀粉只含有 23%~27% 的直链淀粉和 73%~79% 的支链淀粉。直链淀粉可制成强度较高的食用淀粉薄膜。经人工培育的玉米品种，直链淀粉含量在 80% 以上。也可以从直链淀粉和支链淀粉的混合物中分离直链淀粉。黏玉米品种所含的淀粉，全部为支链淀粉，这种淀粉糊化后透明度大，胶黏力强。

（二）玉米粒的蛋白质

玉米粒含有 8%~14% 的蛋白质，这些蛋白质 9.4% 在胚乳中，18.8% 在胚芽中。

如表 6-3 所示，玉米粒中的蛋白质主要是醇溶蛋白和谷蛋白，分别占 40% 左右，而白蛋白、球蛋白只有 8%~9%。因此，从营养角度考虑，玉米蛋白不是人类理想的蛋白质资源。唯独玉米胚芽部分，其蛋白质中白蛋白和球蛋白分别含有 30%，是一种生物学价值较高的蛋白质，见表 6-4。

表 6-3 玉米粒和玉米粒分离物中蛋白质含量 %

项目	整籽粒	胚乳	胚芽	玉米皮
籽仁	100	84	10	6
籽仁蛋白质	100	76	20	4
分离物蛋白质	10	9	19	5

表 6-4 玉米蛋白的组成 %

项目	整籽粒	胚乳	胚芽	玉米皮
白蛋白	8	4	30	—
球蛋白	9	4	30	—
醇溶蛋白	39	47	5	—
谷蛋白	40	39	25	—

（三）玉米粒的脂肪

玉米粒中含有干物质 4.6% 左右的脂肪，近代研究培育的新品种，其脂肪含量可达 7%。玉米粒的脂肪主要含在胚芽中，一般胚芽含油 35%~40%。玉米粒的脂肪约有 72% 液态脂肪酸和 28% 固体脂肪酸，包括软脂酸、硬脂酸、花生酸、油酸、亚麻二烯酸等。玉米粒脂肪的皂化价一般为189~192，碘化价为111~130。

此外，玉米粒还含有物理性质和脂肪相似的磷脂，它们和脂肪同样是甘油酯，但酯键处含有磷酸，玉米粒中磷脂含量在0.28%左右。

四、玉米粒的特征与淀粉生产工艺的关系

从玉米粒中提取淀粉，需要把籽粒的各种化学组分进行有效的分离，以便最大限度地提纯淀粉，并回收其他成分。湿磨是目前唯一有效的方法。风干状态的玉米粒，含水量在15%左右，籽粒坚硬，机械强度大，籽粒内部各个结构部分及各种化学组分紧密地结合在一起，加工时要根据籽粒的特点和各种化学组分相互结合的状况，采用适当的工艺方法进行分离。

玉米粒硬度大，要采取浸泡法使其吸水软化。玉米粒皮层结构紧密，通透性差，浸泡时要添加SO_2等成分，以增加皮层膜的透性。胚芽含油量大，但韧性强，加工时根据这个特点，对玉米进行粗破碎，分离胚芽。可溶性成分一般通过浸泡工艺分离出来。玉米胚乳中淀粉与蛋白质结合得非常牢固，比小麦淀粉与蛋白质的结合要牢固得多。在湿磨加工中，单用水不能使蛋白质和淀粉很好的分离，要通过所添加的SO_2的氧化还原性质打开包围在淀粉粒表面的蛋白质网膜。皮层及纤维则主要是在湿磨后，采取筛选的方式去除。玉米淀粉厂的整体工艺流程，主要是根据玉米粒的性质设计的。

拓展知识

玉米是多用途的农产品

玉米的加工主要是生产淀粉，其次是食用玉米粉，玉米粉可进一步加工成各种食品。针对不同的加工目的，要求玉米具备不同的品质。生产淀粉用的玉米首先要求其淀粉含量相对较高，且易于提取。一般的马齿型玉米均符合这一要求，当然，对于淀粉业专用的品种来说，还需努力提高淀粉含量。此外，还要求玉米新鲜、发芽率高。生产玉米粉，要求玉米籽粒硬度大、角质率高、易脱皮，马齿型玉米则不符合要求。如果专门生产玉米油，要求含油量高且发芽率较高。其他类型的专用玉米，依其不同的用途要求各自的特殊品质，如爆裂玉米要求较高的爆花率和膨胀倍数；鲜食玉米要求一定的甜度和支链淀粉含量等。

随着市场经济的发展，农产品必须符合广大消费者的要求，具备较好的商业品质。商业品质主要是感官评定的，包括外观、色泽、气味、包装、商标、标签等。这部分内容以前是被人们忽略的，而今后则越来越成为进入市场玉米的重要质量评价指标。总之，作为食品或饲料的玉米，一般以营养品质、卫生品质为主要衡量指标。用于不同类型加工的玉米除一定的营养品质、卫生品质外，还要求一定的加工品质。商品品质是对进入市场所有农产品的共同要求。为了评价玉米的质量，就需要制定一定的标准。将上述各项指标的具体要求和相关内容纳入标准，即形成全国统一的、科学的玉米质量评价依据。

当前我国玉米的质量标准还远不能满足国民经济发展的要求，尤其不适应社会主义市场经济的迅猛发展。各有关部门正积极着手改变这一现状，努力完善有关国家标准和行业标准，并积极宣传标准，强化人们的标准意识。随着市场经济的发展，企业标准的制定也必然不断加强。这将有力地推动我国农产品质量的提高。

任务二　玉米淀粉加工技术

【任务导入】

问

玉米有哪些下游产品？

玉米淀粉作为玉米的初级加工品，广泛用于多种行业，主要适用于医药、造纸、化工、食品加工等行业。

全球玉米深加工的不断延伸，加速了玉米淀粉产业的快速发展。目前，玉米淀粉已成为社会不可或缺的一种农产品。

必备知识

一、概述

目前，国内外已实现工业化大规模生产的玉米组分分离提纯的加工方法，普遍采用的是湿法和干法两种方法。湿法是指玉米原料前处理方法，将玉米用温水浸泡，经粗细研磨，分出胚芽、纤维和蛋白质，从而得到高纯度的淀粉产品；干法是指不用大量的温水浸泡，主要靠磨碎、筛分、风选的方法，分出胚芽和纤维，从而得到低脂肪的玉米淀粉。

湿法加工的兴起主要是因为主产品淀粉质量纯净，可以满足医药和特殊发酵制品的加工需要，副产品玉米蛋白、油脂、麸质饲料的回收率高，整体经济效益可观。但是，相对于干法加工而言，它的投资较高、用水量高、能耗高、环保处理较难。干法加工的弱点也相当突出，例如，玉米油的回收难；玉米粉中的蛋白质基本无法分离。

二、湿法生产玉米淀粉

国际上多采用湿磨工艺生产玉米淀粉，其工艺流程可分为开放式和封闭式两种。在开放式流程中，玉米浸泡和全部洗涤水都用新水，因此该流程耗水多，干物质损失大，排污量也多。封闭式流程只在最后的淀粉洗涤时用新水，其他用水工序都用工艺水，因此新水用量少，干物质损失少，污染大为减轻。

（一）工艺流程及工艺参数

1. 玉米的贮存与净化

原料玉米（要求用成熟的玉米，不能用高温干燥过热的玉米）经地秤计量后卸入玉米料斗，经输送机、斗式提升机进入原料贮仓，经振动筛选、除石、磁选等工序净化，计量后放入净化玉米仓。将从玉米仓出来的玉米用水力或机械输送至浸泡系统。水力输送速度为0.9~1.2 m/s，玉米和输送水的比例为1∶（2.5~3），温度为35~40 ℃，经脱水筛，脱除的水再作为输送水用。湿玉米进入浸泡罐。

2. 玉米的浸泡

玉米的浸泡是在亚硫酸水溶液中逆流进行的，一般采用半连续流程。浸泡罐8~12个，浸泡过程中玉米在罐内静止，用泵将浸泡液在罐内一边自身循环一边向前一级罐内输送。始终保持新的亚硫酸溶液与浸泡时间最长（即将结束浸泡）的玉米接触，而新入罐的玉米与即将排出的浸泡液接触，从而保持最佳的浸泡效果。浸泡温度为（50±2）℃，浸泡时亚硫酸溶液浓度为0.20%~0.25%，浸泡时间一般为60~70 h。完成浸泡的浸泡液，即稀玉米浆含干物质7%~9%，pH为3.9~4.1，送至蒸发工序进行蒸发浓缩。浸泡好的玉米含水量应为40%~46%，可溶性物质的含量不高于2.5%，用手能挤裂，胚芽可完整地挤出。其酸度为：对100 kg干物质用0.1 mol/L NaOH标准液中和，用量不超过70 mL。

3. 玉米的破碎

玉米经过浸泡后，胚芽、表皮和胚乳之间变得很松散，玉米胚乳中蛋白质与淀粉之间的联结减弱。吸水后的胚芽具有较大的弹性，容易从破碎的玉米碎粒中分离出来。所以玉米破碎的目的是使胚芽与胚乳分开，同时也释放出一定量的淀粉。

(1)玉米破碎。浸泡后的玉米进入脱胚磨进行第1次破碎。脱胚磨工作原理如图6-1所示。

玉米籽粒在脱胚磨中被破碎成4~6瓣，经胚芽分离后，再进行第2次破碎，使剩下的胚芽进一步与胚乳分离。第2次破碎，使玉米籽粒破碎为10~12瓣。破碎时，控制进入脱胚磨的固体和液体之比约为1：3。经过2次破碎，物料中不允许有完整的籽粒，联结的玉米胚芽不大于0.3%，破碎时释放出20%~25%的淀粉。

(2)胚芽的分离。根据胚芽与胚乳颗粒密度的不同，胚芽的分离有以下几种方法。

①胚芽漂浮槽法。这是一种原始的胚芽分离方法。在漂浮槽中，淀粉乳的浓度为12%~13%。这时密度较小的胚芽漂浮到液面，然后用刮板刮出。这种方法适合于规模较小的工厂使用。

②旋液分离器分离。旋液分离器是由带有进料喷嘴的圆柱室、壳体(分离室)、液状物料(胚芽)接收室等组成。旋液分离器如图6-2所示。

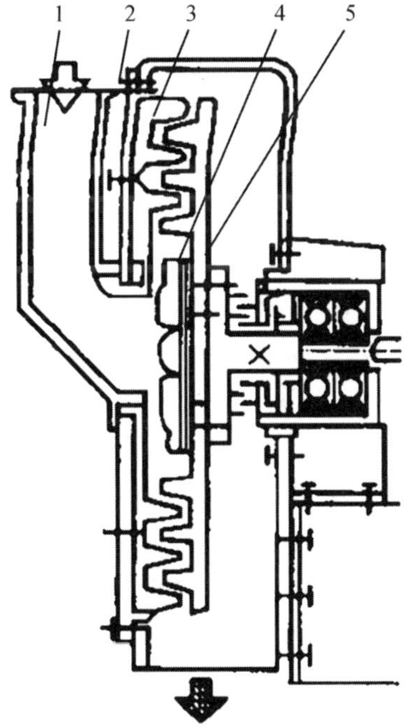

1. 进料口；2. 机盖；3. 定齿盘；
4. 拨料轮；5. 动齿盘

图6-1　脱胚磨工作原理

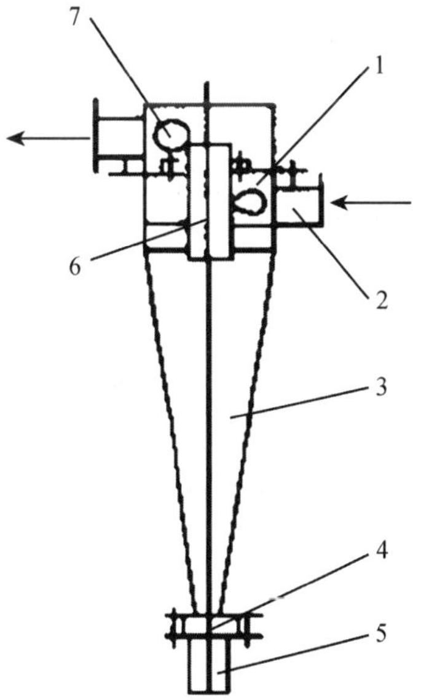

1. 圆柱室；2. 进口；3. 壳体；4. 可换喷嘴；
5. 连接管；6. 胚芽出口；7. 胚芽接收室

图6-2　旋液分离器

第 1 次分离时,淀粉乳浓度应为 11%~13%;第 2 次分离时,淀粉乳浓度应为 13%~15%。旋液分离器分离胚芽速度快,几乎在瞬间完成,工作效率高,适合于规模较大的淀粉厂使用。

③胚芽的筛分和洗涤。经胚芽漂洗槽或旋液分离器分离出的胚芽,都含有一定量的淀粉乳。将这部分淀粉乳回收,并洗净附着在胚芽表面的胚乳。筛分和洗涤是通过多道曲筛串联完成的。

4. **细磨**

经 2 次旋液分离器分离出胚芽后的稀浆料通过压力曲筛,筛下物为粗淀粉乳,淀粉乳与细磨后分离出来的粗淀粉浆液汇合后,进入淀粉分离工序;筛上物进入冲击式磨(针式磨,其结构如图 6-3 所示)进行细磨,以最大限度地使与纤维联结的淀粉游离出来。在磨碎后的浆料中,联结淀粉的含量不大于 10%。细磨后的浆料进入纤维洗涤槽。

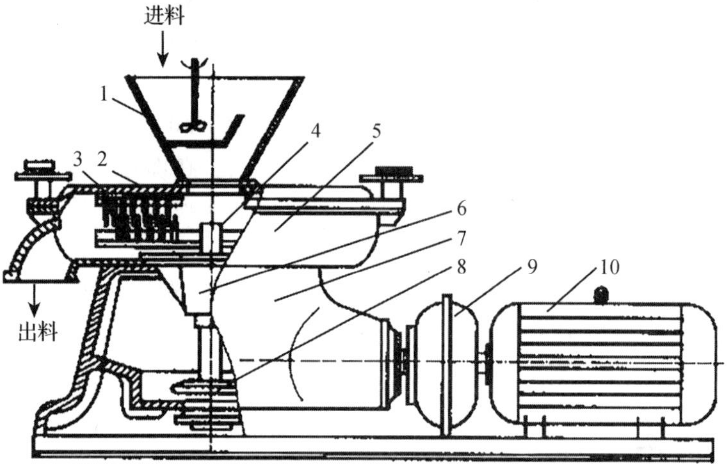

1. 供料器;2. 上盖;3. 定针压盘;4. 转子;5. 机体;6. 上轴承座;
7. 机座;8. 底轴承座;9. 液力耦合器;10. 电动机

图 6-3 针式磨结构

5. **皮渣的筛分与洗涤**

磨细后的浆料形成悬浮液,其中含有游离淀粉、蛋白质和纤维素(粗渣和细渣)等。为了得到纯净的淀粉,要把悬浮液中的粗渣和细渣分离出去。一般大型工业化生产采用曲筛,也可以采用六角筛等。

曲筛是弧形的筛面,浆料以很大的压力从一端注入曲筛的内弧面,粗淀粉乳从圆弧形筛面筛出。渣子沿弧形筛面下滑至另一端排出。曲筛逆流筛洗工艺一般由 7 道曲筛组合在一起,第 1 道曲筛筛孔最小,为 0.05 mm。筛下物粗淀粉乳进入下道工序处理。第 2~7 道曲筛筛孔为 0.075 mm,用于筛理前一道曲筛的筛上物,即每一道曲筛的筛上物依次输送到下一道曲筛进一步筛洗,直至将渣子中的游离淀粉清理干净。而第 2~7 道曲筛的筛下物,淀粉浆液分别用来稀释和清洗前道曲筛的筛上物渣子。在第 6、7 道曲筛进行筛洗时,分别注入适量清水。这样,从最后一道曲筛的筛面上排出的渣子中的淀粉已被清洗干净,输送至皮渣池。这种逆流筛洗工艺可以节约洗渣水,并可最大限度地提取淀粉乳,使渣子带走的淀粉减少至最低程度。

在渣子筛洗过程中,浆液温度应保持在 45~55 ℃,SO_2 的浓度为 0.05%,pH 为 4.3~4.5。

保持一定浓度的 SO_2 是为了抑制悬浮液中微生物的活动。从第 1 道曲筛得到的筛下物淀粉乳液，应含有 10%~14% 的干物质，细渣的含量不应超过 0.1%。在第 7 道曲筛排除的筛上物渣子中，游离淀粉不应超过 4.5%。渣子中结合淀粉的含量则取决于玉米浸泡的程度和浆料细磨时的磨碎程度。

6. 淀粉与蛋白质的分离

成品淀粉要求把淀粉之外的各种成分最大限度地清除，所以，对渣子筛洗得到的淀粉悬浮液需要进行分离，主要是分离蛋白质。在悬浮液中，不同成分之间的颗粒大小和密度方面存在差别。利用这种差别分离蛋白质，通常采用离心分离法，所用到的设备为碟片离心机。

分离出的蛋白质液，放入转鼓式真空吸滤机中脱水，得到湿蛋白质，含水量为 50%~55%。再用管式干燥机干燥，经冷却、包装后出厂。

7. 淀粉的洗涤

分离出蛋白质的淀粉液含干物质浓度为 33%~35%。可溶性物质会对淀粉质量产生一定的影响，特别是在利用淀粉生产糖浆和葡萄糖时，对产品质量有不利的影响。为了排除可溶性物质、降低淀粉的酸度、提高悬浮液的浓度，可在碟片离心机中或旋液分离器中进行淀粉乳逆流洗涤。淀粉乳清洗时，温度应在 40~50 ℃。

8. 淀粉干燥

(1) 机械脱水。当淀粉层达到一定厚度时，停止供给淀粉乳，沉淀层经过一定时间的甩干，由刮除机构刮下，从离心机排出。从离心机中出来的脱水淀粉，含水量为 37%~38%，用手可捏成团，但一触即散。从离心机分离出的清液，可返回淀粉提取工艺流程作为工艺水使用。

(2) 气流干燥。淀粉经机械脱水后，仍含有 36%~38% 的水分。脱除这些水分一般采用气流干燥。湿淀粉自螺旋加料器进入干燥管，新鲜的空气经过空气过滤器过滤和加热至 140~160 ℃后，由风机吸入或鼓入烘干机系统，在干燥管中与湿淀粉汇合后一起向上运行。在此过程中发生热交换，起烘干的作用。要求淀粉、空气混合物沿干燥管路的运动速度为 14~20 m/s。

（二）产品质量标准

食用玉米淀粉理化指标见表 6-5。

表 6-5　食用玉米淀粉理化指标

项目	优级	一级	二级
水分（质量分数）/%		≤14.0	
细度（质量分数）/%	≥99.8	≥99.5	≥99.0
斑点 /（个 /cm^2）	≤0.4	≤1.2	≤2.0
酸度（中和 100 g 绝干淀粉消耗 0.1 mol/L 氢氧化钠溶液的体积）	≤12.0	≤18.0	≤25.0
灰分（干基）/%	≤0.10	≤0.15	≤0.20
蛋白质（干基）/%	≤0.40	≤0.50	≤0.80
脂肪（干基）/%	≤0.10	≤0.15	≤0.25
二氧化硫 /%	≤0.004	—	—
铁盐（Fe）/%	≤0.002	—	—

三、干法生产玉米淀粉

(一)工艺流程

干法玉米淀粉生产工艺流程如图 6-4 所示。

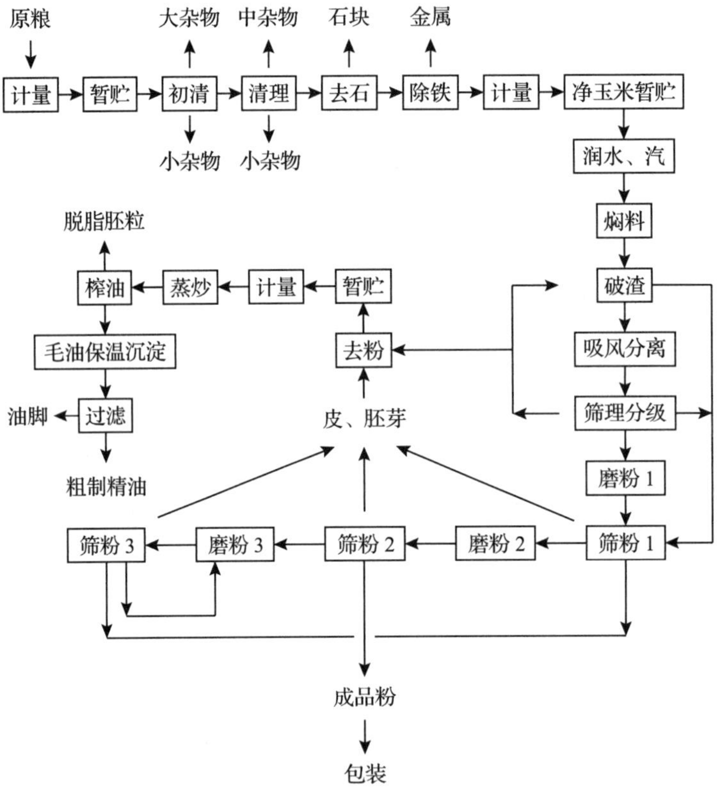

图 6-4　干法玉米淀粉生产工艺流程

将称量的原粮通过二级筛选清理，去掉其中的大杂物、中杂物、小杂物后，放入去石机中去石(尤其是去除同样大小的并肩石)；再经永磁筒除去原粮中的金属磁性物，得到相对纯净的玉米，然后进入粉碎工序。

首先，调节玉米水分，寒冷的天气还需加些蒸汽，使玉米迅速吸水膨胀。在焖料仓内焖料时，玉米水分增加到 16.0%~19.5% 为最佳。然后，送料进破渣机中破碎，处理后的物料中有渣子，这部分混合料先经吸风分离器分出其中的大皮，然后筛理、分级。筛上物为大颗粒，回流至破渣机内重新破碎，中间层物料进后道工序加工，筛下的细粉进入筛粉工序。中间层的渣子和胚芽混合物，一般经 3 道磨粉、3 道筛粉系统处理(这是通常的道数，可调的范围很大，如遇特殊情况，可根据所需玉米粉的粗细度适当增减)，基本上可以提取出绝大部分的皮、胚，从而得到所需细度的玉米粉。

把收集的胚芽和皮，按一定比例配好(一般纯胚芽以占榨油物料的 35%~50% 为宜)，经刷麸机去掉油料上黏附的粉屑，然后称量，蒸炒后榨油，收集毛油，经保温澄清后过滤，即得到粗加工的清油。

(二)主要生产设备

干法玉米淀粉的主要生产设备:高效振动筛、吸式比重去石机、永磁筒、水汽调节机、焖料仓、玉米剥皮破渣机、磨粉机、筛粉机、蒸炒锅、榨油机、过滤机,以及风系统机组、除尘系统机组、提升设备系统机组、水平输送系统机组。

拓展知识

变性淀粉

变性淀粉是指利用物理、化学和酶等手段改变天然淀粉的性质,使其符合各行各业应用的需要。变性淀粉的使用量和范围非常广,中国已经生产了预糊化淀粉、酸化淀粉、氧化淀粉、醚化淀粉、酯化淀粉、交联淀粉、接枝淀粉等应用到纺织、造纸、食品、石油、医用、建筑、农业饲料、日用化工等行业,共 70 多个品种。其中以造纸行业的应用量为最大,占总量的 50%~60%,主要用作湿部添加剂、层间或表面喷雾剂、表面施胶剂和涂布黏合剂。它们可以显著提高纸张的各种物理强度,提高质量和档次,降低木浆配比,提高细小纤维、填料的留着率,提高成品纸的灰分、白度和不透明度,减少湿部断头,减轻三废排放,并改善印刷性能。

变性淀粉在食品工业的应用可以使加工食品在高温、高剪切力和低 pH 条件下保持较高的黏度稳定性,保持其增稠能力,也可以使加工后的食品在室温或低温保藏过程中避免水质分离。由于通过变性提高了淀粉糊的透明度,可以改善食品的外观,提高其光泽度,因此在生产肉制品、调味料、酸奶、汤料、糖果、果冻、冷冻食品、豆沙馅、松脆点心等时都可以添加变性淀粉,以提高产品质量。

变性淀粉在纺织工业用量较大,主要用在丝纱上浆、印花糊料上;在石油工业,变性淀粉主要用于石油钻井液、压裂液和油气生产的多种场合。

总之,变性淀粉的应用范围广、专用性强、品种多,是一个市场潜力大、不断发展的产品。

任务三 麦芽糖加工技术

【任务导入】

麦芽糖是碳水化合物的一种,由含淀粉酶的麦芽作用于淀粉而制得,可以用作营养剂,也供配制培养基用,还是一种中国传统怀旧小吃。麦芽糖是一个化学名词,属双糖(二糖)类,它是白色针状结晶。

> **问**
>
> 你吃过用麦芽糖制作的糖人吗?

麦芽糖具有抗结晶性和保湿性,其冰点低、熬温高,在食品行业,如冷饮、糖果、糕点、奶油类食品等方面可作为增稠剂、增塑剂、甜味剂等。由于麦芽糖还具有低渗透压的性质,在人体内不需要胰岛素便能被人体吸收,系低热量糖品,因此可代替葡萄糖用于病人的输液,不易引起血糖升高,适合于糖尿病患者以及手术期间和手术后的患者。

必备知识

一、概述

麦芽糖是以淀粉质为原料，经酶或酸酶结合的方法水解而制成的。麦芽糖包括不同纯度的麦芽糖浆和固体麦芽糖，按含量多少依次为麦芽糖饴（麦芽糖 50% 以下）、麦芽糖（50%~70%）、高麦芽糖（70% 以上）、90- 麦芽糖、粉状麦芽糖、结晶麦芽糖。

麦芽糖饴，亦称饴糖，在我国有着悠久的历史。传统上把以大米或粮食原料经煮熟，加麦芽作为糖化剂，淋出糖液，经煎熬浓缩而成的一种糖浆，称为饴糖。饴糖含有麦芽糖 35%~45%，其余主要是糊精、少量麦芽三糖和葡萄糖。传统生产饴糖的工艺由于技术落后、劳动强度高、出糖率低，20 世纪 60 年代起已被酶法糖化工艺所取代。酶法糖化是指先将淀粉质原料磨浆，加热糊化，用 α- 淀粉酶液化后，再加麦芽进行糖化的一种工艺。以淀粉或粮食为原料，先用 α- 淀粉酶液化，然后用植物（麦芽、大豆、甘薯等）β- 淀粉酶糖化做成糖浆，再经脱色和离子交换精制而成的酶法饴糖，称为麦芽糖浆，国内俗称白饴糖。普通饴糖因未经脱色精制具有麦芽特有的香味，糖浆中含有较多的灰分与蛋白质，热稳定性较差，熬糖时容易焦化。在制造麦芽糖浆时，若在糖化时将淀粉分子中的支链淀粉分支点的 α-1，6 键先用脱支酶水解，使之成为直链糊精，再经 β- 淀粉酶作用，就可生成更多的麦芽糖，而其中糊精的比例很低。含麦芽糖 70% 以上的糖浆，称为高麦芽糖浆，见表 6-6。

表 6-6　各类麦芽糖浆的主要糖组成分　　%

类别	DE	葡萄糖	麦芽糖	麦芽三糖	其他
麦芽糖饴	35~45	<10	40~50	10~20	30~40
麦芽糖浆	35~50	0.5~3	50~70	10~25	—
高麦芽糖浆	45~60	1.5~2	70~85	8~21	—

二、淀粉的液化

淀粉的液化是指使淀粉分子分散在水中并使其部分水解的过程。液化可用酸或 α- 淀粉酶来进行。淀粉液化的好坏直接影响到以后工序操作的难易和成品的质量。天然淀粉是结构紧密的微粒，其中存在着结晶区与非结晶区，不易受酶的作用，当淀粉浆加热到 60 ℃以上时，淀粉粒的结构逐渐被破坏，体积膨胀、破裂而溶于水，此过程称为糊化。在糊化过程中，附着于淀粉的蛋白质也得以分离而凝聚。淀粉只有糊化以后才能受到酶的作用。不同来源的淀粉达到完全糊化时所需的温度不同，谷物淀粉与薯类淀粉相比较难糊化，但若采用 105~110 ℃的温度进行糊化，可以满足多数淀粉对糊化的要求。在制造麦芽糖浆时，淀粉浆的浓度达到 30% 以上，糊化后黏度很高，所以必须进行液化，使黏度下降并部分水解，以防淀粉冷却时发生沉淀老化。

（一）酸液化

酸液化通常是用盐酸将淀粉浆调节到 pH 2.0，在 140~150 ℃加热 5 min 后，迅速冷却、中和。经此处理后，淀粉得以完全糊化和部分水解，从而使料液的过滤非常容易。但因酸液化是无专一性的，所以可使共存的纤维素、蛋白质等一起水解，以致产生 5- 羟基 -2- 呋喃及无水葡萄糖、色素等副产物，并且生成较多的灰分而影响产品质量，增加净化费用。

（二）酶液化

酶液化的操作是向淀粉浆中添加 α- 淀粉酶，在 pH 5.5~6.0、温度 80~90 ℃条件下保持一定时间，进行液化。随着淀粉分子的降解，黏度迅速下降，对碘的呈色反应由蓝变紫、变红，再转为棕褐色，直到无色而完成液化。液化所用的 α- 淀粉酶有 2 种：一种是普通细菌 α- 淀粉酶，反应最适温度是 70~80 ℃，为了提高其热稳定性，操作时在淀粉浆中添加 $CaCl_2$，0.2%~0.3%；另一种是耐热性 α- 淀粉酶，其反应最适温度是 90 ℃，热稳定性好，反应时不必添加 Ca^{2+}，在使用喷射液化时，能在 105~120 ℃下操作，在此温度下液化，淀粉可以充分糊化，液化效果也就更好。

液化的程度通常是用葡萄糖值（Dextrose Equivalent，DE）来衡量的。为了提高麦芽糖的生成量，必须减少葡萄糖的聚合度为奇数的低聚糖的生成。液化后 DE 越高，则生成奇数聚合度低聚糖的机会也越多，糖化后会生成较多的麦芽三糖而使麦芽糖的含量降低（表 6-7）。若 DE 太低，则糖液黏度太高而难于操作。尤其是采用酸液化时，液化液中残留较多的大分子糊精，在达到糖化温度时，部分直链糊精分子发生老化，影响糖化与糖化液的过滤。酸液化时，麦芽糖的生成量较酶液化的少，而葡萄糖的生成量较多（表 6-8）。

表 6-7　液化液的 DE 对 β- 淀粉酶糖化液组成的影响　%

液化液的 DE	葡萄糖	麦芽糖	麦芽三糖	其他糖
2.38	0.2	87.1	7.8	4.5
5.81	0.5	85.0	10.9	3.6
8.05	1.3	80.8	14.4	3.5
12.6	1.4	74.4	18.0	6.2
14.0	1.6	71.8	20.9	6.7
19.6	2.7	66.2	23.4	7.6
25.5	4.2	65.2	24.0	6.6
31.8	7.1	61.2	25.6	6.3

注：与脱支酶同时使用。

表 6-8　液化方法对麦芽糖生成量的影响　%

液化液	酸液化	酶液化
DE	35~50	35~50
葡萄糖	3~8	0.5~2.0
麦芽糖	45~55	50~60
麦芽三糖	10~25	10~25

三、淀粉的糖化

为了提高麦芽糖含量，糖化时需使用脱支酶，将支链淀粉分支点 α-1，6 键切开。当用脱支酶（或普鲁蓝酶）进行脱支时，这种酶本身具有将已生成的麦芽糖和麦芽三糖缩合成麦芽四糖、麦芽五糖和生成葡萄糖的能力，因此可以影响麦芽糖的生成量。将单独用 β- 淀粉酶或将 β- 淀粉酶与脱支酶、异淀粉酶并用水解的反应产物进行凝胶层析时，可发现不同酶组合水解生成的糖浆，其组成成分有着很大的不同。

单独用β-淀粉酶水解时，产物中除麦芽糖、麦芽三糖外，还含有大量糊精及其他寡糖。当β-淀粉酶与脱支酶并用时，产物中除含大量麦芽糖、麦芽三糖外，还可发现麦芽四糖、麦芽五糖等聚合物的存在，但 DP_7~DP_{20} 的高分子聚合物很少。当使用异淀粉酶和β-淀粉酶糖化时，水解物中高分子成分很少，但可发现存在一系列的低聚糖，这可能是不能被异淀粉酶所水解的短链分支低聚糖。在β-淀粉酶和脱支酶、异淀粉酶一起使用时，水解物中的高分子成分与分支低聚糖一起消失。

四、麦芽糖饴

淀粉调浆后加α-淀粉酶液化，然后加麦芽浆进行糖化，用压滤或离心方法滤出糖液，在蒸发罐中浓缩，制成糖浆。糖化液中固形物含量不低于 28%，有利于过滤及液化。

(一)液化

液化的目的是使淀粉糊化后的黏度降低并发生部分水解，暴露出更多可受糖化酶作用的非还原性末端。用α-淀粉酶液化，用碘液检验液化程度，以碘反应呈红棕色为液化终点，此时的 DE 为 15% 左右。液化的方法有 4 种：升温液化法、间歇液化法、连续液化法和喷射液化法。

1. 升温液化法

将淀粉浆置于液化罐中，添加α-淀粉酶，在搅拌下喷入蒸汽，升温至 85~90 ℃，直至碘反应呈粉红色时，加热至 100 ℃以终止酶反应，然后冷却至糖化温度。液化的温度视所用α-淀粉酶而异，使用一般细菌α-淀粉酶时，采用 85 ℃，为防止酶失活，常需添加 $CaCl_2$ 0.1%~0.3%；使用耐热性α-淀粉酶液化时，可免加 $CaCl_2$，采用 90 ℃。

升温液化法虽说简便，但在升温糊化过程中，黏度上升会使搅拌不匀、料液受热不均，致使液化不完全；采用的不溶性淀粉粒，导致糖化液过滤困难，故此法不宜用在工业生产。

2. 间歇液化法

在液化罐中先加一部分水，由底部喷入蒸汽加热到 90 ℃，再在搅拌下连续注入已添加α-淀粉酶和 $CaCl_2$ 的淀粉浆，同时喷入蒸汽保温(90 ℃)。当淀粉浆注满后，停止进料，保温到碘反应呈红色时，加热到 100 ℃终止反应。此法操作简便，液化效果较好，是工厂常用的方法之一。

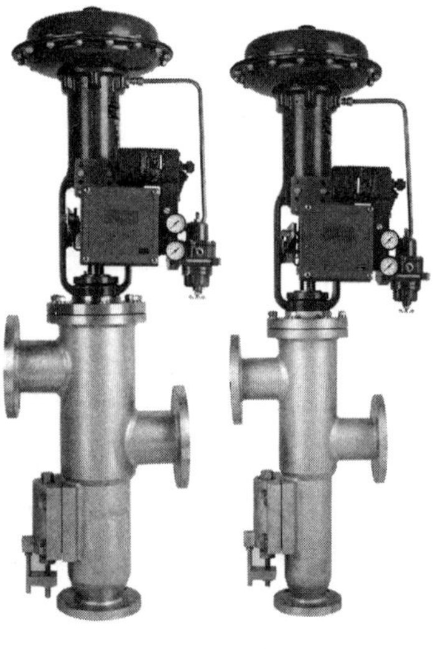

图 6-5　高压蒸汽喷射液化器

3. 连续液化法

开始时与间歇液化法相同，当淀粉浆注满液化桶后，于 90 ℃保温 20 min，再从底部喷蒸汽升温到 97 ℃以上。在搅拌和加热下，分别从顶部进料，底部出料，保持液面高度不变。在操作中，液化罐内物料上下部分的温度不同，上部分 90~92 ℃，下部分 98~100 ℃。用此法液化，淀粉浆在液化罐中滞留时间约 2 min，可完全糊化和液化。

4. 喷射液化法

此法是利用喷射器进行淀粉浆的糊化与液化。如图 6-5 所示，当高压蒸汽(8~10 MPa)通过喷嘴，喷射器内腔便形成真空，抽吸入已加有α-淀粉酶的淀粉浆。在内腔，蒸汽同淀粉浆瞬间混合，温度骤升到100~120 ℃，迅速完成了糊化与液化。淀粉浆喷出落入罐中，90 ℃保持1 h，使液化完全，蛋白质易于凝聚，容易过滤。采用喷射液化法，已切断的淀粉链不易重新聚合，设备的体积小，操作可以连续化，故在淀粉糖行业中应用普遍。

（二）糖化

淀粉浆经液化后，DE约15%，泵入糖化罐中，冷却至62 ℃左右，根据麦芽质量添加1%~4%的麦芽浆，在搅拌下60 ℃保温2~4 h，进行糖化。当DE达到40%左右时，即升温到75 ℃，以终止反应并使糊精充分糖化，在此温度保温30 min，再升温到90 ℃维持20 min，使酶完全失活，并促使蛋白质凝结、降低糖液黏度，以利于过滤。

用麦芽糖化的最适温度为55~60 ℃，最适pH 5.0~5.5。一般糖化液的pH在6.5以下时，投入麦芽糖化，由于淀粉中磷酸的释放和蛋白质的水解，会使pH自然下降到糖化pH，故一般无须调节。

糖化液中除麦芽糖外，还含有糊精（25%~30%）、麦芽三糖（约15%）及麦芽四糖，葡萄糖的含量很少，一般不超过5%。虽然在一定范围内增加麦芽用量或延长糖化的时间，可以增加麦芽糖的生成量，但由于β-淀粉酶不能水解支链淀粉α-1,6键，因此麦芽糖的生成量最多不超过65%，一般只有40%~50%。

（三）过滤与浓缩

糖化液在浓缩之前需用板框压滤机趁热过滤。利用4 m以上高位槽的压头或加压过滤，在加压时，开始压力应低于0.5 MPa，待滤饼形成阻力增大时才增加压力，但以不超过2 MPa为宜。料液温度、pH对过滤速度有很大影响，以pH 5.2~5.4近于蛋白质等电点时的过滤速度为最快，pH低于4.8或高于6.0都会使滤速明显下降。

滤清的糖液应立即浓缩，以防由微生物繁殖等引起的酸败。滤渣中的残糖可用热水洗出再经压滤回收，其中固形物含量5%~7%，可充当工艺用水，用于调浆或磨粉工序。

糖液浓缩时，一般采用常压和真空蒸发相结合的方法。稀糖液先在敞口蒸发器中浓缩到一定程度，然后在真空度不低于80 kPa的条件下蒸发浓缩到固形物含量75%~80%，倘若浓度低于此，则不易保存。

（四）成品质量

1. 感官要求

（1）外观。呈黏稠状、微透明的液体，无肉眼可见杂质。

（2）色泽。无色或淡黄色至棕黄色。

（3）香气。具有麦芽糖饴的正常气味。

（4）滋味。甜味温和、纯正，无异味。

2. 理化指标

麦芽糖饴产品的理化指标见表6-9。

表6-9 麦芽糖饴产品的理化指标

指标	要求	指标	要求
水分/%	≤5	煮熬温度℃	≥115
pH	4.0~6.0	硫酸盐灰分/%	≤0.5
透射率/%	≥95	碘试验	无蓝色
麦芽糖含量（干物计）/%	≤ 50		

五、麦芽糖浆

麦芽糖浆与饴糖的制法大同小异，只是前者的麦芽糖含量应高于普通饴糖，一般要求在 50% 以上，而且产品应是经过脱色、离子交换精制过的糖浆。其外观澄清如水，蛋白质与灰分的含量极低，糖浆熬煮温度远高于饴糖，一般在 140 ℃以上。现在的某些白饴糖，其麦芽糖含量达到 45% 以上，实际上就是麦芽糖浆。

(一)普通麦芽糖浆

制造麦芽糖浆的糖化剂除麦芽外，也常用由甘薯、大麦、麸皮、大豆制取的 β- 淀粉酶。为了保证麦芽糖生成量不低于 50%，糖化时常并用脱支酶。

制造麦芽糖浆的脱色、精制工艺：糖化完毕后，将糖化液升温压滤，用盐酸调节 pH 为 4.8，加 0.5%~1.0% 糖用活性炭，加热至 80 ℃，搅拌 30 min 后压滤。若第 1 次脱色糖液的色价在 0.4 以下，则可进行离子交换精制，否则需要补加 0.2%~0.3% 糖用活性炭进行第 2 次脱色。第 2 次脱色回收的炭可用于下一批的第 1 次脱色。

脱色后的糖液送入离子交换柱进行离子交换，以除去脱色后糖液中残留的蛋白质、氨基酸、有色物质和灰分。离子交换床可按阳—阴—阳—阴串联，阳离子交换树脂大多数选用 001 × 7(732 强酸性苯乙烯)，阴离子交换树脂常采用 201 × 4(711 强碱性苯乙烯)。树脂先经处理后，糖液自离子交换柱顶部流入，其流速为树脂体积的 3~4 倍 /h。当阳离子柱流出糖液的 pH 上升到 3.5 左右、阴离子柱流出糖液的 pH 下降到 4.5 左右时，树脂的交换能力已大大下降，应停止操作，进行再生。此时用温水洗出树脂内的残糖，将糖浓度高的清洗液与离子交换后的糖液合并后浓缩成产品，而树脂则需要再生。阳离子树脂床的再生方法是用 1 mol/L 氯化氢溶液自上而下流过树脂床，流速为树脂体积的 2 倍 /h 左右，HCl 溶液用量为树脂的 3 倍，当流出液 pH 到 1.0 时，停止进酸，静置 2 h 后用无离子水洗涤树脂床至 pH 到 4.0 左右备用。阴离子树脂床的再生方法是用 0.5% NaOH 自上而下流过树脂床，流速控制在树脂体积的 2 倍 /h 左右，稀碱液用量约为树脂体积的 6 倍，当流出液 pH 升到 10.0 以上时停止倒碱液，用无离子水洗刷树脂床到 pH 9.0 左右备用。

脱色净化的糖液在真空浓缩罐中，在真空度 80 kPa 条件下浓缩到固形物浓度达 76%~85%，即得到成品。为使产品在贮藏中不变色，可在浓缩过程中添加少量(≤200 mg/kg)亚硫酸氢钠或焦亚硫酸钠等漂白剂。

(二)用霉菌 α- 淀粉酶制造麦芽糖浆

霉菌 α- 淀粉酶虽然也不能水解支链淀粉的 α-1，6 键，但它属于内切酶，能从淀粉分子内部切开 β-1，4 键，生成麦芽糖与带 α-1，6 键的 α- 极限糊精。后者的相对分子质量远比 β- 极限糊精小，故制成的麦芽糖浆黏度低而有良好的流动性，产品中其他低聚糖的组成也不同于用 β- 淀粉酶制成的糖，除麦芽糖外，还含有较多的麦芽三糖及 α- 极限糊精。

麦芽三糖可抑制肠道中产生毒素的产气荚膜梭菌的繁殖，故具有一定的保健作用。

(三)啤酒用麦芽糖浆

啤酒常用辅料有玉米、大米、燕麦、大麦、小麦，主要为啤酒发酵提供更为廉价的浸出物，使啤酒获得较好的物理稳定性和透明度。大米和玉米辅料为麦汁提供较少量的可溶性蛋白质衍生物，有利于胶体的稳定。大米辅料使啤酒具有天然的芳香，而玉米味甜，有好的口感和很自然的风味，适合于酿制各种风格的啤酒。在美国，玉米是啤酒生产者最常采用的辅料。玉米辅料低蛋白、低多酚，使啤酒不失光，既适合于黑啤酒，也适合于浅色啤酒。辅料的加入,调节了麦汁的碳氮比,促进了酯类和高级醇的生成。辅料还可以用来调节啤酒的色度。另外,辅料的使用能提高啤酒的生产能力和降低生产成本。当然辅料使用过多,会使麦汁可溶性蛋白过低,不利于酵母生长,使啤酒质量下降。

世界各国辅料用量比不尽相同,如欧洲为 10%~30%,美国为 40%~50%,某些非洲国家为 50%~75%。只有德国以法律规定:啤酒必须用大麦为原料酿制,不得使用辅料。

以糖浆为啤酒辅料在美国比较普遍。一些比较大的玉米深加工企业,如美国嘉吉公司等,均以糖浆为啤酒辅料。但一般先用玉米制成淀粉,然后再制成糖浆,这种糖浆称为玉米糖浆。淀粉水解用酸法、酶法或酸酶法。质量较高的辅料,是用黄玉米生产的。欧洲通常用玉米或小麦生产淀粉质糖浆作为啤酒辅料,但他们把这种商品糖浆称为葡萄糖浆,实际上这是错误的,因为这种糖浆只含有很少的葡萄糖,更多的是麦芽糖、麦芽三糖、麦芽四糖以及少量低聚糖等。

英国主要使用糖浆来稀释麦汁中的氮。此外,将糖浆作为辅料,代替大米或玉米,可以简化工序、缩短发酵时间或提高发酵浓度、增加生产能力并易于分离酵母。

20 世纪 80 年代,我国曾开展玉米代替大米酿制啤酒和黄酒的工业试验。黑龙江富锦酒厂以 30%~70% 的玉米辅料酿制啤酒。试验表明,玉米辅料替代大米可以降低产品成本。但随着大麦的比重减少,工艺难度增加。例如,大麦发芽后,醇溶蛋白已经降解,使麦芽中含有一定量可溶性氮和氨基酸态氮,而玉米蛋白仍是原始状态,缺少氨基酸态氮,所以要对生产工艺做若干调整,才能获得质量基本符合部颁标准的啤酒。河南开封啤酒厂,以 30% 的低脂玉米酿制 10 度熟啤酒,其理化指标和感官指标均优于大米辅料酿制的产品。长春啤酒厂亦在试验后认为:以脱胚低脂玉米粉代替大米,可以在保证质量的前提下,进一步降低啤酒的生产成本。

无锡江南大学生物工程学院以干法玉米粉,用 α- 淀粉酶、β- 淀粉酶、普鲁蓝酶液化、糖化制取啤酒糖浆。其麦芽糖和麦芽三糖的含量为 81.34%,葡萄糖和果糖的含量为 7.58%,蛋白质的含量为 0.42%,发酵度达 68.84%。以此糖浆为辅料,在麦汁煮沸时加入,用 1 m^3 发酵罐酿制啤酒。经江苏省啤酒专家鉴评认为:用玉米糖浆代替大米辅料所制啤酒,泡沫丰富、持久,香气纯正,口味清爽,后味干净,和传统大米辅料生产的啤酒无差异。

拓展知识

玉米高麦芽糖

高麦芽糖是玉米加工后的产品之一,通过开发加工,进入保健食品、医药等产品领域,逐渐取代蔗糖,成为人们对糖类的主要需求品。麦芽糖含量≥ 50% 的糖浆,为无色、透明的黏稠液体,是一种用途广泛的糖品,具有其他糖类(饴糖、砂糖)无法比拟的特性和生理功能,突出特点为甜度温和、低热值、抗龋齿、熬煮温度高,易消化吸收,不增加血糖、血脂。高麦芽糖被广泛应用于食品工业,如糖果、冰激凌、饮料、糕点等行业的基础原料和营养甜味剂,在医药工业作为载体配制口服液等中成药,还可开发生产保健营养食品,市场前景广阔。

高麦芽糖粉是采用优质淀粉为原料,通过酶的作用,经过液化、浓缩、干燥等一系列工序精制而成的以麦芽糖为主要成分的白色粉末状淀粉糖制品。高麦芽糖粉因含有麦芽糊精,所以具有良好的抗结晶性,食品工业中用在果酱、果冻等,制造时可防止蔗糖的结晶析出,从而延长商品的保存期。高麦芽糖粉具有良好的发酵性和保湿性,故也大量用于面包、糕点及啤酒制造，可以延缓糕点的淀粉老化。高麦芽糖粉 DE 值低、熬温高，在糖果工业中可以代替酸水解生产的淀粉糖浆，不仅制品口味柔和、甜度适中（约为蔗糖 40%）、不易着色，而且硬糖具有良好的透明度，有较好的抗砂、抗烊性，从而延长保存期。

因高麦芽糖粉中蛋白质、氨基酸等可与糖类发生美拉德反应的物质很少，故热稳定性良好，在制造糖果时比饴糖更适用于真空薄膜法熬糖和浇铸法成型。在医药上用纯高麦芽糖输液滴注静脉时，血糖不升高，故也适合作为糖尿病人补充营养之用。此外，也可作为抗生素疫苗的碳源。

复习思考题

1. 简述玉米综合利用的途径。
2. 比较淀粉酸解与酶解的优缺点。
3. 请给淀粉糖行业提一些建议，例如，如何提高啤酒糖浆的质量？如何制订啤酒糖浆的行业标准？如何进一步降低啤酒糖浆的生产成本？

精彩微课

玉米蛋白粉的利用	玉米秸秆的利用	玉米胚芽的利用	玉米皮的利用	玉米籽粒

项目七
马铃薯加工技术

【学习目标】

【知识目标】

1. 了解马铃薯的营养价值;马铃薯淀粉的生产依据及其特征;马铃薯全粉与马铃薯淀粉的区别;马铃薯脆片工艺。

2. 掌握马铃薯速冻薯条加工工艺流程。

【能力目标】

1. 掌握马铃薯食品加工共性技术。

2. 掌握马铃薯速冻薯条加工技术关键控制点;马铃薯淀粉生产技术要点;马铃薯全粉加工技术要点;马铃薯脆片的加工技术控制要点。

【素质目标】

1. 能将爱国、敬业、诚信、友善融入学习全过程。

2. 能恪守职业道德,具有严谨认真、团队协作等综合素质。

3. 培养创新思维和发展能力。

【思维导图】

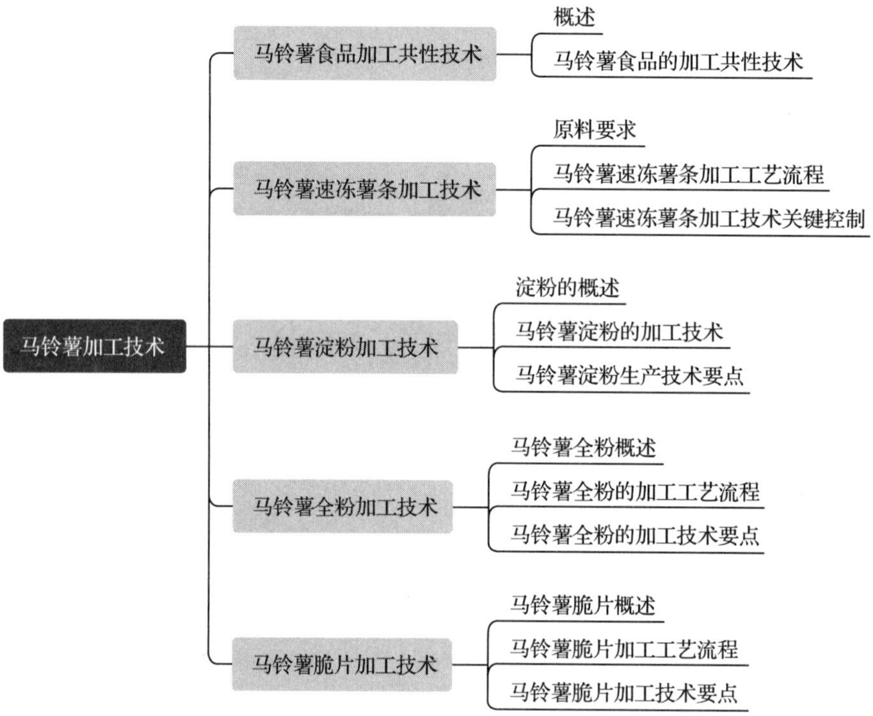

【项目描述】

马铃薯是世界上仅次于水稻、小麦、玉米的第四大粮食作物。它不仅可以作为主食，也可以作为蔬菜食用，营养丰富，加工价值高。此前我国虽是世界上马铃薯种植大国，但国内马铃薯加工率、增值率低，产业链条短，没有充分发挥其应有的经济价值。近年来，各地各部门加大政策扶持，推进全产业链开发，推动“小土豆”长成“大产业”。我国马铃薯播种面积稳定在约 7 000 万亩，产量将近 9 000 万吨，均占世界的 1/4 左右，产量多年居世界第一。同时，单产水平逐年提升，产业链条强化延伸。近 10 年鲜薯亩产提高了 200 多千克，达到 1 290 千克左右。

任务一　马铃薯食品加工共性技术

【任务导入】

问

马铃薯对人体有哪些奇妙的作用？

马铃薯（也称土豆）有营养，是抗衰老的食物。它含有丰富的维生素 B_1、维生素 B_2、维生素 B_6 和泛酸等 B 群维生素及大量的优质纤维素，还含有微量元素、氨基酸、蛋白质、脂肪和优质淀粉等营养元素。经常吃马铃薯的人身体健康，老得慢。吃马铃薯不必担心脂肪过剩，因为它只含有 0.1% 的脂肪，是所有充饥食物中脂肪含量最低的。

必备知识

一、概述

（一）马铃薯的营养价值

马铃薯具有很高的营养价值和药用价值。新鲜的马铃薯中所含成分及含量：淀粉9%~20%，蛋白质1.5%~2.3%，脂肪0.1%~1.1%，粗纤维0.6%~0.8%。每100 g马铃薯中所含的营养成分：热量66~113 J，钙11~60 mg，磷15~68 mg，铁0.4~4.8 mg，硫胺素0.03~0.07 mg，核黄素0.03~0.11 mg，烟酸0.4~1.1 mg。此外，马铃薯块茎还含有禾谷类粮食所没有的胡萝卜素和抗坏血酸。从营养角度来看，它比大米、面粉具有更多的优点，能供给人体大量的热能。马铃薯的营养成分非常全面，营养结构也较合理，只是蛋白质、钙和维生素A的含量稍低。

马铃薯块茎水分多、脂肪少、单位体积的热量相当低，所含的维生素C是苹果的10倍，B族维生素是苹果的4倍，各种矿物质是苹果的几倍至几十倍不等。另外，马铃薯块茎中含有丰富的膳食纤维，纤维质地柔软，可增加人体的饱腹感，不但不会刺激肠胃，还可作为肥胖人群的减肥食品。马铃薯还是降血压食物，可以降低人的血压。

（二）马铃薯的分类

马铃薯按消费用途分类主要有：鲜食用（蒸、煮等）、加工用（炸薯片、薯条、薯泥）和加工淀粉用。加工用马铃薯要求：块型大而均匀，表面光滑，干物质含量适中，一般为20%~26%，淀粉含量高、糖含量低。加工淀粉用马铃薯：淀粉含量要求大于16%。观察蒸、煮熟的马铃薯内部，如果细胞颗粒有闪亮光泽，在口中为干面感的为粉质马铃薯；反之，内部有透明感，食感湿而发黏的为黏质马铃薯。造成这种差异的原因主要有品种、土壤、生长季节、肥料等。

（三）马铃薯加工产品

马铃薯加工产品，除传统的马铃薯淀粉、全粉、速冻薯条外，还有近几年发展起来的冷冻马铃薯泥、冷冻马铃薯丸、脱水马铃薯丁、脱水马铃薯片等制品。

马铃薯淀粉因具有颗粒大、类脂化合物及蛋白质含量低、抗切割性等理化特性，在食品加工中应用越来越广泛，如干粉调制剂、面食、酵母滤液等。

马铃薯全粉和马铃薯淀粉是两种截然不同的制品，根本区别在于全粉的加工没有破坏植物细胞，营养全面，虽然干燥脱水，但经适当比例复水，即可重新获得新鲜的马铃薯泥，制品仍然保留了马铃薯天然的风味及固有的营养价值；淀粉却是在破坏了马铃薯植物细胞后提取出来的，制品不再具有马铃薯的风味和固有的营养价值。

马铃薯全粉主要用于两方面：一是作为添加剂使用，如焙烤面食中添加5%左右，可改善产品的品质，在某些食品中添加马铃薯粉可增加黏度；二是用作冲调马铃薯泥、马铃薯脆片等各种风味和各种营养强化的食品的原料。

马铃薯变性淀粉是以淀粉为原料，经理化方法或生物方法改变其溶解度、黏度等理化性质，产生一系列具有不同性能的变性淀粉或淀粉衍生物。国际上变性淀粉已发展到300余种，并被广泛地应用于纺织、造纸等行业。尤其是在食品工业上，变性淀粉可用作糕点馅的稠化剂、浇注糖果时的凝胶剂等。它还是快餐食品中不可缺少的原料。

二、马铃薯食品的加工共性技术

马铃薯食品的加工中，有部分技术为马铃薯食品的加工共性技术，如原料输送技术、清洗除杂技术、去皮技术、防褐变技术、油炸技术、干燥技术等。

（一）原料输送技术

原料输送技术主要有水力输送和机械输送。生产线产量较大时，原料从贮存仓库输送到生产线，通常采用水力流送槽输送。物料在设备之间的输送主要由皮带输送机、斗式提升机、刮板输送机、螺旋输送机和水力输送泵系统完成。鲜薯（带皮或不带皮）输送多采用皮带输送机、刮板输送机和斗式提升机等。去皮后的切片（条）物料输送，尽可能采用带水输送，即水力输送泵系统或机械输送加喷淋，减少暴露在空气中的时间，防止物料氧化褐变。

（二）清洗除杂技术

1. 手工洗涤

这是马铃薯清洗最简单的方法，适用于小型食品厂生产。

2. 流水槽洗涤

在机械化马铃薯加工厂，一般采用流水槽输送的方法，将马铃薯由贮存仓送入加工车间内，在输送中就能除去80%左右的泥沙。

3. 清洗设备

常用的清洗设备有鼠笼式清洗机和螺旋式清洗机两种。

（三）去皮技术

马铃薯去皮技术有手工去皮、机械去皮、化学去皮（碱液去皮等）和蒸汽去皮等。手工去皮一般用不锈钢刀具去皮，效率低，生产规模大时不宜采用。

1. 机械去皮

机械去皮的原理为在涂有金刚砂、表面粗糙的转筒内，利用马铃薯与粗糙、尖锐的筒内壁表面的摩擦作用去皮。常用的设备是擦皮机，可以批量或连续生产。但这种去皮方法要求选用的马铃薯呈圆形或椭圆形，芽眼少而浅，没有损伤，大小均匀。芽眼深的薯块仍需要额外的手工修整。

2. 碱液去皮

将马铃薯块放在一定浓度和温度的强碱溶液中处理一定时间，软化和松弛薯块的表皮和芽眼，然后用高压冷水喷射冷却和去皮。去皮碱液浓度为15%~25%，温度要加热到淀粉的糊化温度以上，处理至去皮后的马铃薯块茎上出现煮熟的表面环或受热层为宜。这样能使马铃薯表层的组织分解、水解、软化，而其余部分不会受到蒸煮或变性。

3. 蒸汽去皮

将马铃薯在高压蒸汽中进行短时间处理，使薯块外表皮熟化，然后用毛刷辊将松脱的表皮磨刷下来，再用流水将分离的皮层、其他附着物和释放的淀粉等清除。蒸汽去皮能均匀地作用于整个薯块表面，能除去1~2 mm厚的皮层。蒸汽去皮具有去皮效率高，产量大，去皮效果均匀、干净，去皮损失小的特点，但设备相对复杂。

（四）防褐变技术

马铃薯去皮或切片后，若暴露在空气中会发生褐变现象，影响半成品的色泽，因此要进行护色处理。马铃薯发生褐变的原因是多方面的，主要有加工期间的酶促褐变和贮存期间的非酶促褐变，酶促褐变是由多酚氧化酶引起的；非酶促褐变受温度和还原糖含量影响较大，如还原糖与氨基酸作用产生的黑蛋白素、维生素C氧化变色、单宁氧化褐变等。控制酶促褐变主要从控制酶和氧气两方面入手，主要途径有：钝化酶的活性，如热烫、加抑制剂等；改变酶作用的条件，如pH、温度、水分活度等；隔绝与氧的接触；使用抗氧剂，如二氧化硫气体等。

防止马铃薯加工食品的色泽发生变化主要有以下方法。

1. 提取出薯片褐变反应物

将马铃薯浸没在0.01%~0.05%的氯化钾、氨基硫酸钾和氯化镁等碱性金属盐类与碱土金属盐类的热水溶液中，或把切好的鲜薯片浸入0.25%氯化镁溶液中3 min，即可提取出的褐变反应物，使成品保持本身固有的鲜亮颜色。

2. 用亚硫酸氢钠或焦亚硫酸钠处理

将鲜薯片浸没在82~93 ℃的0.25%亚硫酸氢钠或焦亚硫酸钠溶液中，加HCl调至pH 2，煮沸1 min，能得到色泽很好的产品。

3. 用二氧化硫气体处理

将二氧化硫和空气与马铃薯片一起密闭24 h后，贮藏在5 ℃下，或将切片在二氧化硫溶液中浸提后，再用水洗掉二氧化硫及还原糖等，可使切片色泽浅淡。

4. 降低还原糖含量

马铃薯在贮藏期间会发生淀粉的降解、还原糖的积累。在马铃薯加工前，如将马铃薯的贮藏温度升高到21~24 ℃，经过1周的贮藏后，大约有4/5的糖分可重新转化成淀粉，减少了加工时的原料损失及加工食品时的非酶褐变的发生。

（五）油炸技术

在马铃薯食品加工过程，油炸是常用的一道加工工序。油炸不仅可以灭酶，还可以使油炸食品获得特有色泽，同时获得独特的香气和风味。但人们对膳食营养最为关注的就是食品中的脂肪含量，减少脂肪的摄入被推荐为提高自身健康的重要途径之一。降低产品脂肪含量的研究主要有以下几个方面：

(1)改良油炸技术，包括优化油炸参数与离心脱油工艺，或采用预干燥技术、真空低温油炸技术、微波干燥和油炸技术等。

(2)应用各种涂膜技术。由于食品的表面特性可以影响脂肪的吸收，许多学者致力于研究各种可食性涂膜材料，主要包括多糖，如改性淀粉、羧甲基纤维素钠（CMC-Na）、明胶、果胶、葡萄糖等。

(3)改良油炸介质的黏度等特性，可以影响脂肪含量。

（六）干燥技术

在马铃薯加工中，因被干燥产品的形态、含水量、质量要求等不同，其干燥工艺及设备有所不同。经常采用的设备有：箱式干燥机、带式干燥机、滚筒干燥机、流化床干燥机。

拓展知识

马铃薯加工产业存在的问题

提到马铃薯，不得不提2015年提出的“马铃薯主食化战略”——期望将马铃薯加工成馒头、面条、米粉等主食，使马铃薯成为稻米、小麦和玉米外的又一主粮。自从这项战略提出以来，相当多的企业来到相关科研单位寻求合作，期望以马铃薯为原料开发符合大众口味的主食。很多食品企业在往开发马铃薯主食方向探索，期望在未来市场上分一杯羹。

说到马铃薯加工产业，就要考虑产业链的问题，不能仅仅在加工方面泛泛而谈。

首先，对于淀粉类加工企业来说，每批次的原料都可能不同，最终获得的产品质量不均，可能导致市场反馈不好。对于深加工企业来说，优质的加工型品种极其重要，例如，冷冻薯条的原料从形状、大小、耐冻性、最终成品的口感和质构特征等方面，无不决定着这个产品的品质，因此优质原料是这一切的基本保障。近几年，我国在马铃薯优良品种的选育方面进展非常大。

其次是贮存问题。马铃薯一般属于鲜食，不像稻米、小麦和玉米可以经过干燥后在较长时间内贮存。马铃薯贮存时间短和容易发芽腐烂等问题会造成大量损失，不仅会导致品质下降，还可能存在安全问题。同时，因为不能有效地长时间贮存，使得企业加工时间短，全年相当长的一段时间设备停歇，无形增加了企业负担，所以，有效贮存方法的缺乏直接阻碍了马铃薯产业的发展。

再次是加工问题。加工方面的产业结构极其不合理，初加工产品产能过剩但质量良莠不齐，深加工产品严重不足。在初加工方面，我国相当一部分小企业在加工马铃薯淀粉时，存在设备差、工艺落后等问题，而且乱用化学试剂，不仅导致淀粉出粉率低、产品质量不稳定，还会造成大量环境污染，更严重的是这部分小企业的市场占有率还不低，对市场造成了不小的冲击。因为淀粉生产门槛相对较低，所以大多数企业仅仅停留在淀粉生产方面，这样不足以支撑自身发展，发展前景堪忧。

最后，在深加工方面，马铃薯淀粉作为原料被开发成变性淀粉，发展前景不错。马铃薯淀粉在很多方面与玉米淀粉等相比还是有较大优势的，但在变性淀粉方面出众的国内企业较少。半成品类的马铃薯产品或休闲食品的发展趋势较好，特别是薯片等产品，近年来一直呈增长趋势。马铃薯主食产品发展在我国有些落后，但由于马铃薯主食化战略，相信在将来几年，马铃薯深加工主食产品将迎头赶上，使马铃薯产品更丰富。

食品行业有一个共性问题，就是产品同质化、缺乏创新，形成行业内恶性竞争，最终造成不仅利润低，而且阻碍产业发展的困局。

另外，环境污染的问题也不能轻视。淀粉提取过程中会产生大量废水，直接排放会污染环境，有效的废水处理及利用问题也是极大的挑战。

任务二　马铃薯速冻薯条加工技术

【任务导入】

问
你喜欢吃薯条吗？

丙烯酰胺是否致癌的争议已经多年。即便把炸薯条像香烟一样加上警告标签，人们就会因此放弃炸薯条吗？2002年，瑞典科学家首次证实，马铃薯等富含淀粉的食物在高温油炸下会产生过量的丙烯酰胺，这使炸薯条和薯片对健康的危害第一次被认识到。但是，炸薯条和薯片作为美式快餐，仍然受到大多数人的偏爱。

必备知识

马铃薯速冻薯条是指新鲜马铃薯经去皮、切片、漂烫、调理、干燥、油炸后迅速冷冻而制成的一种马铃薯加工产品。

一、原料要求

1. 外形与尺寸

薯块的外形以椭圆形为优，要求芽眼浅而平，最好外凸；表面光滑，薯形整齐；长度不小于 78 mm，单块重量不小于 160 g。

2. 薯肉特征

以白皮白肉为最佳，黄皮白肉次之。为满足不同的消费群体，黄皮黄肉也可以。

3. 病虫害情况

原料不带病害（环腐病、水腐病、晚疫病等），无冻害、虫害，不变绿、不发芽，表皮无裂纹，薯体无空心。

4. 品质指标

还原糖含量要求在 0.25% 以下，干物质含量要求在 20% 以上，淀粉含量要求在 14.0%~17.0%。

5. 品种要求

在我国实际种植的马铃薯品种中，以引进的夏波蒂、布尔班克品种为最佳，国产品种克新 1 号可为替代原料。

二、马铃薯速冻薯条加工工艺流程

马铃薯速冻薯条加工工艺流程：马铃薯预置→分选→去泥沙清洗→去皮及皮薯分离→修整→切条→分级→漂烫→调理→干燥、脱水→油炸→沥油→预冷→速冻→包装→冷藏。

1. 马铃薯预置、分选

要求原料外观整齐、大小均匀、表皮光滑、无严重畸形、无病害、无腐烂、无变绿等。经过预置和分选处理后的原料还原糖含量、干物质含量等指标应达到要求。

2. 去泥沙清洗

利用清洗和流送设备，除去马铃薯表面的泥沙和夹杂的异物（石头）等。

3. 去皮及皮薯分离

用机械去皮或蒸汽去皮的方法，除去马铃薯表皮并将皮薯分离，喷淋护色，防止去皮后的马铃薯表层氧化褐变。要求马铃薯的去皮率达到 95% 以上，且去皮后表层无褐变现象出现。

4. 修整

利用人工对原料进一步除去未去净的薯皮、芽眼、不规则部分。

5. 切条

根据生产要求切成不同规格尺寸、截面呈方形的条，同时用水冲洗表层淀粉。要求截面规整、表面光滑、条形较直。

6. 分级

将长度小于一定规格（30~50 mm）的碎块、短条分离出去，并且进一步去掉薯条表层的淀粉。

7. **漂烫**

在70~100 ℃热水中漂烫，薯条通体呈半透明状，以确保油炸后表面色泽均一。漂烫的作用是对薯条进行灭酶、杀菌，保证原料在加工过程中不发生褐变。

8. **调理**

在调理设备中加入品质改良剂，对薯条进行5~20 min的浸泡，改进薯条的表面组织结构，以利于产品最终获得外焦里嫩的口感。

9. **干燥、脱水**

使用加热烘干设备，去掉薯条部分水分，使薯条的含水量达到工艺要求。

10. **油炸**

在一定温度下，经过几十秒的油炸后，薯条的水分进一步降低。薯条被制成半成品。

11. **沥油**

采用振动等方式沥去薯条表面多余的油脂。

12. **预冷**

为提高速冻效率、减少能耗，利用室外冷空气或机械制冷对油炸后的薯条进行冷却。

13. **速冻**

在较短时间内深冷速冻，使薯条中心温度快速降至低温（-18 ℃），这样薯条内部结冰体细密、均匀，薯条保鲜期长、贮藏质量好，产品深度油炸后口感好。

14. **包装**

要求环境温度在0~5 ℃，包装时间尽可能短，防止薯条吸潮后发生冻黏现象。

15. **冷藏**

温度为-18 ℃。

三、马铃薯速冻薯条加工技术关键控制

影响速冻薯条产品质量的主要因素有马铃薯原料的品质、护色剂的选择、漂烫工艺的控制、烘干工序、油炸和速冻温度及时间的调节等。原料的品种和贮藏环境对加工品质有较大的影响，不同品种的马铃薯在加工过程中漂烫、浸泡、烘干、油炸的温度、时间和工艺要求各不相同，应区别对待。

1. **原料的品质控制**

对于薯条加工，要求原料的干物质含量在20%以上，才能保证产品有外焦里嫩的口感。但是，过高的干物质含量也意味着淀粉含量过高，在加工过程中淀粉容易糊化，导致薯条表面黏液化，与加工设备之间发生粘连，影响生产的连续性和生产效率。

还原糖含量代表马铃薯中参与褐变反应糖分的高低。还原糖含量过高的原料在加工过程中容易发生氧化褐变，使产品的外观、颜色不合要求。特别需要注意的是，还原糖含量是一个变动指标，随着贮藏时间和环境条件的变化会逐渐升高或降低。从加工角度来讲，收购的新鲜原料还原糖含量应低于0.2%，长期贮藏后的原料还原糖含量也不应超过0.4%，否则在加工过程中将影响薯条产品的颜色。

原料的品质主要受品种的影响，薯条加工用的较好品种主要是夏波蒂、布尔班克等引进品种，其干物质含量较高，淀粉含量适中，且还原糖含量较低，薯肉颜色白，芽眼外凸，有利于薯条加工过程中的清洗、去皮和去芽眼，有利于获得较好品质的薯条产品。

2. 褐变原理及控制

由于马铃薯本身固有的酶系和较高的含糖量,极易发生褐变反应,根据褐变发生的机理分为酶促褐变和非酶促褐变。

(1)酶促褐变。多酚氧化酶(PPO,一种含铜的酶)是植物中广泛存在的一种酶,这种酶促反应除了影响加工品的色泽外,还会产生不良气味。马铃薯中存在的酚类化合物,包括木质素、香豆素、花色苷、黄酮、单宁、一元酚、多元酚等物质,一般在未受损伤、健康的马铃薯中不会有问题,但当其受到碰撞、切割、去皮等伤害或发生某种病害,暴露在有毒气体、高氧分压、离子辐射等情况下,酚类物质就会立刻转变为黑色素。这种由酶引起的褐变被称为酶促褐变,其主要原因是酪氨酸的浓度急剧上升。PPO 在马铃薯块茎中的活性随着品种、采收停留时间、贮存时间、长芽情况等的不同而不同。

(2)非酶促褐变。美拉德反应也称焦糖化反应,是由于还原糖与蛋白质发生加成反应而生成的黑色物质,可引起产品变色。

一般在刚采收的马铃薯块茎中,还原糖含量几乎为零。在低温贮藏过程中,还原糖含量逐步升高,可达鲜重的 0.78%,这是由于磷酸化酶可以使淀粉分解成糖。对同一品种而言,可以采用适宜的贮存方法,一方面可以使其还原糖含量不会很高,另一方面可以抑制其发芽。将经过冷藏的马铃薯置于室温(20~30 ℃)下 2~3 周再加工,还原糖含量会明显降低,或者在 10 ℃下贮藏,也可避免其淀粉的过分糖化。

在生产中,多将脱皮切块的马铃薯在有护色剂的溶液中进行浸泡,以防止褐变的发生,常用的护色剂有亚硫酸盐、抗坏血酸、柠檬酸等。

3. 漂烫温度和时间对产品质量的影响

薯条漂烫的目的在于:一方面使马铃薯的生物酶失去活性,有效降低糖分,防止薯条在后续的烘干、油炸过程中发生褐变;另一方面使马铃薯淀粉部分糊化,改变薯条的组织状态,减少油炸时表面淀粉层对油的吸收。

漂烫温度过高、时间过长将会使部分薯条煮烂、表面糊化严重,易产生薯条粘网、条形不规整等弊端。然而,漂烫温度低、时间短又达不到漂烫的目的,将会造成薯条灭酶、杀菌不彻底,导致薯条氧化褐变,外观质量不合格。

一般漂烫温度为 75~95 ℃,时间以 5~10 min 为佳。

4. 烘干温度及时间对产品质量的影响

烘干程度严重,薯条水分散失过多,经油炸后,薯条表面易形成硬壳,影响口感;烘干程度不够,会给下一步的油炸工艺造成不必要的负担。

一般在烘干(85~90 ℃,20 min)前先将薯条进行预烘干(60 ℃,5 min),以除去部分表面水分,有利于提高烘干效果,且能加速内部水分向表面的移动速率。

5. 油炸对薯条品质的影响

通常薯条加工所用油为棕榈油。一般要求 170~175 ℃、35~40 s,此时,产品含油量较低,且风味最优。煎炸油在长时间的高温状态下会发生酸价、过氧化值等指标升高的现象,为防止煎炸油氧化酸败,可以降低油炸温度。此外,降低油炸温度对提高油的品质、防止劣化、降低成本也很有帮助。

☞拓展知识

1 根薯条有多少热量?

减肥的人们,一定知道热量这个词。热量摄入多了就会胖,热量摄入低了就会瘦,对不对?

那么,成年人一天摄入多少热量才不会胖呢?维持生命迹象需要 1 200 大卡左右的基础热量。这部分热量只足够支持你“活着”,但不足以支持你有身体活动。

但是,活动要消耗热量,也就是说,每人每天摄入热量必须高于 1 200 大卡。具体每日所需热量根据性别、身体活动情况、体重大小差异而有所不同。

一般来说,轻体力女性一般每天需要 1 500~2 000 大卡,轻体力男性需要 2 000~2 400 大卡。人们每日饮食摄取的热量平均值约为 2 000 大卡。

在日常所购食物的营养标签中,“每日所需标准百分比”就是以 2 000 大卡的饮食为计算标准的。也就是说,在保持正常的活动基础上,成年人一天摄入 2 000 大卡,并不会长胖。

那 2 000 大卡到底有多少食物呢?国外有专家对 2 000 大卡热量和一些食物进行等量换算,例如,2 000 大卡 =6.6 个甜甜圈;2 000 大卡 =26 个鸡蛋;2 000 大卡 =4 个巨无霸;2 000 大卡 =42 块鸡块;2 000 大卡 =1 整块比萨;2 000 大卡 =285 粒杏仁;2 000 大卡 =19 根香蕉;2 000 大卡 =50 片培根;2 000 大卡 =60 根胡萝卜。

所以,你知道哪些食物的热量低,但饱腹感强了吧?

几乎所有的蔬菜都是热量偏低的,糖分高的水果会更高一点,但是比起油炸等高热量的食品,蔬菜和水果就是健康又低脂。

瘦肉的饱腹感也是非常强的,建议大家可以提高饮食中蛋白质的比例。同时,多吃一些粗粮,这样,虽然三餐的分量看起来不小,但热量往往不算高。

如果将每天的热量摄入控制在 1 800 大卡左右,同时做适当的运动,消耗掉一部分热量,那么按照 1 kg 脂肪 =7 700 大卡计算,很快就能瘦下来。

任务三　马铃薯淀粉加工技术

【任务导入】

问

马铃薯淀粉的用途有哪些?

马铃薯淀粉被称为“淀粉中的王者”,具有高白度、高透明度、高黏度、低糊化温度、高聚合度、低蛋白、低脂肪残留量、低酸性、良好的成膜性、抗凝沉性等特性。马铃薯淀粉作为高端食品原料,被广泛用于食品、医药、石油化工、造纸、纺织、饲料、发酵、铸造、建材等领域。

必备知识

一、淀粉的概述

(一)淀粉的基本构成

淀粉是高等植物中常见的组分,是碳水化合物贮藏的主要形式。在生化上,碳水化合物是由一些称为单糖的简单结构组成的。淀粉、纤维素、糖原等复杂碳水化合物,可看作含有多个这类单糖的聚合物。

植物利用二氧化碳和水为原料合成淀粉。淀粉是由可溶性直链淀粉和不溶性的支链淀粉组成的。由1,4键葡萄糖单体构成的多糖是直链淀粉,直链淀粉一般由300多个*α-D-*葡萄糖分子组成;支链淀粉是由1,3键和1,6键的二糖单体构成的,已知支链淀粉分子约含有1 000个葡萄糖单体。从端基分析获悉,在支链淀粉里,平均每25个葡萄糖单体就有一个分支。

(二)淀粉的颗粒结构

淀粉在胚乳细胞中以颗粒状存在,故可称为淀粉颗粒。显微镜观察表明,不同来源的淀粉颗粒,其形状、大小和构造各不相同。

1. 淀粉颗粒的形状

不同种类的淀粉颗粒具有各自特殊的形状,一般淀粉颗粒形状为圆形(或球形)、卵形(或椭圆形)和多角形(或不规则形),这取决于淀粉的来源,如马铃薯和木薯淀粉颗粒为卵形(或椭圆形);同一种来源淀粉颗粒也有差异,如马铃薯淀粉颗粒大的为卵形,小的为圆形。

2. 淀粉颗粒的大小

不同来源的淀粉颗粒大小相差较大,一般以颗粒长轴的长度表示淀粉颗粒的大小,一般为2~120 μm。

(三)淀粉的物理性质

1. 淀粉的润涨

淀粉颗粒不溶于冷水,但将干燥的天然淀粉置于冷水中,它们会吸水,并经历一个有限的可逆润涨。这时候水分子只是简单地进入淀粉颗粒的非结晶部分,与游离的亲水基相结合。淀粉颗粒会慢慢地吸收少量的水分,产生极限的膨胀,但会保持原有的特征和晶体的双折射。若不加以搅拌,淀粉颗粒会因其密度大而沉淀,将其分离干燥仍可恢复成原来的淀粉颗粒。

2. 淀粉的糊化

若把淀粉的悬浮液加热,在达到一定温度时(一般在55 ℃以上),淀粉颗粒会突然膨胀,因膨胀后的体积是原来体积的数百倍之大,所以悬浮液就变成黏稠的胶体溶液,这种现象称为淀粉的糊化。淀粉颗粒突然膨胀的温度称为糊化温度,又称糊化开始温度。因各淀粉颗粒的大小不一样,待所有淀粉颗粒全部膨胀又有一个糊化过程温度,所以糊化温度是一个范围。

3. 淀粉的回生

淀粉稀溶液或淀粉糊在低温下静置一定的时间,浑浊度增加、溶解度减少,稀溶液中会有沉淀析出。如果冷却速度快,特别是高浓度的淀粉糊,就会变成凝胶体,这种现象称为淀粉的回生,或称老化、凝沉,这种淀粉称为回生淀粉,或称β-淀粉。

回生的本质是糊化的淀粉分子在温度降低时,由于分子运动减慢,此时直链淀粉分子和支链淀粉分子的分支趋向于平行排列,相互靠拢,彼此以氢键结合,重新组成混合微晶束。其结构与原来的生淀粉颗粒的结构相似,但不呈放射状,而是凌乱地组合。由于其所得的淀粉糊分子中氢键很多,分子间缔合很牢固,水溶解性下降,因此如果淀粉糊的冷却速度很快,特别是较高浓度的淀粉糊,直链淀粉分子会来不及重新排列成束状结构,从而形成凝胶体。回生是造成面包硬化、淀粉凝胶收缩的主要原因。当淀粉制品长时间保存时(如爆玉米花),常常变得咬不动,这是因为淀粉从大气中吸收水分,并且回生成不溶性的物质。回生后的米饭、面包等不容易被酶消化吸收。

（四）淀粉的化学性质

1. 淀粉的水解

淀粉与酸共煮时，进行水解，最后全部生成葡萄糖。此水解过程可分为几个阶段，同时有各种中间产物相应形成：淀粉→可溶性淀粉→糊精→麦芽糖→葡萄糖。

淀粉亦可用淀粉酶进行水解，生成的麦芽糖和糊精，再经酸作用最后全部水解成葡萄糖。此时，测定葡萄糖的生成量即可换算出淀粉含量，这就是酶法和酸法测定淀粉含量的原理。

2. 淀粉的氧化

淀粉氧化因氧化剂种类及反应条件不同而变得相当复杂。轻度氧化可引起羟基的氧化、C_2-C_3 键的断裂等。比较有实用价值的为：高碘酸氧化、次氯酸氧化或氯气氧化。

3. 淀粉的成酯作用

淀粉分子既可以与无机酸（如硝酸、硫酸及磷酸等）作用，生成无机酸酯，也可以与有机酸（如甲酸、乙酸等）作用生成有机酸酯。例如，淀粉可以形成乙酸淀粉酯，直链淀粉分子的乙酸酯和乙酸纤维具有同样的性质，强度和韧性都较高，可制成薄膜、胶卷及塑料；支链淀粉分子的乙酸酯质脆，品质不好。淀粉的硝酸酯可以用来做炸药。

二、马铃薯淀粉的加工技术

从营养角度来看，在马铃薯块茎的化学成分中，水分占全部重量的 3/4，淀粉约占干物质重量的 80%，这也是马铃薯作为淀粉生产原料的主要依据。

（一）马铃薯淀粉加工工艺

如图 7-1 所示，马铃薯淀粉加工工艺包括：原料的输送及洗涤、破碎、细胞液的分离、从浆料中洗涤淀粉、细胞液水的分离、淀粉乳的精制、细渣的洗涤、淀粉的洗涤等。

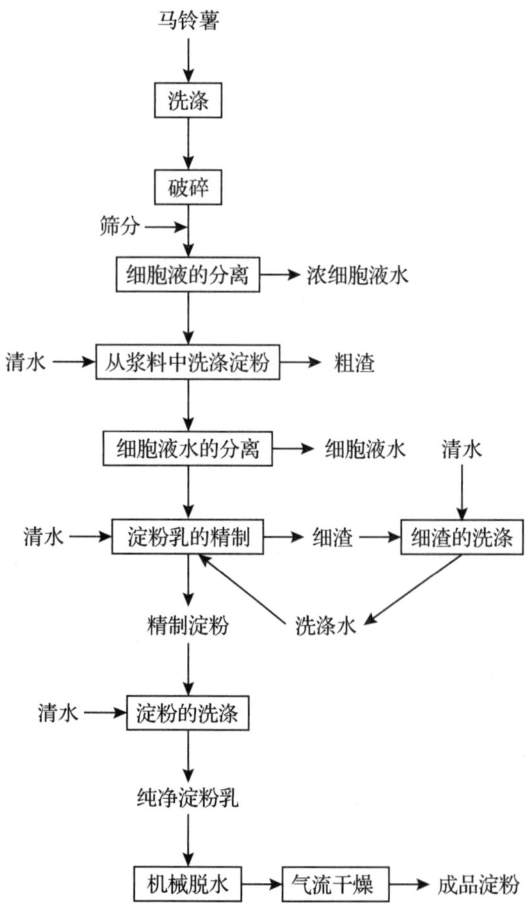

图 7-1　马铃薯淀粉加工工艺流程

（二）离心筛法马铃薯淀粉生产工艺

如图 7-2 所示，首先进行马铃薯的清洗与洗涤，再用清理筛去除原料中的杂草、石块、泥沙等杂质，然后用洗涤机水洗薯块。破碎机将薯块破碎后，经离心机去除细胞液，所得淀粉乳中的纤维和蛋白质分别用离心筛和旋流器除去，淀粉乳洗涤后用真空吸滤机脱水并经气流干燥处理得马铃薯淀粉成品。

（三）曲筛法马铃薯淀粉生产方艺

如图 7-3 所示，将洗净的薯块放在锤片式粉碎机上破碎，得到的浆料在卧式沉降螺旋离心机上分离出细胞液，然后用泵从贮罐中送入纤维分离洗涤系统。洗涤按逆流原理分7个阶段进行，开始两个阶段依次洗涤分离去细胞液的浆料，洗得的粗粒经锉磨机磨碎，然后在曲筛上过滤出粗渣和细渣，再依次在曲筛工按逆流原理进行4次洗涤。淀粉乳液进一步过滤，在除砂器里将残留在乳液中的微小沙粒除去，送入多级旋液分离器洗涤淀粉，得精致淀粉乳，脱水干燥后得成品。

这种粗渣和细渣可同时在曲筛上分离洗涤，可以大大降低用于筛分工序的水耗、电耗，简化工艺的调节，改进淀粉质量，提高淀粉得率。

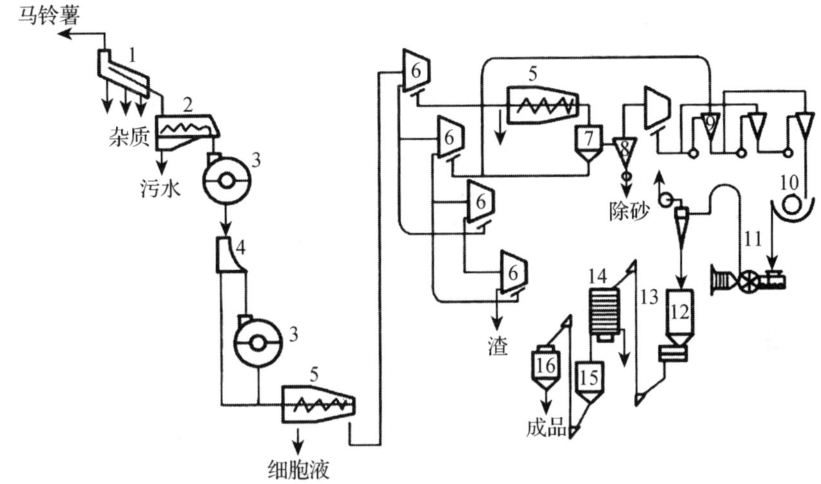

1. 清理筛；2. 洗涤机；3. 磨碎机；4. 曲筛；5. 离心机；6. 离心筛；7. 过滤器；8. 除砂器；9. 旋流器；10. 吸滤机；11. 气流干燥；12. 均匀仓；13. 提升机；14. 成品筛；15. 成品仓；16. 自动秤

图7-2　离心筛法马铃薯淀粉生产工艺流程

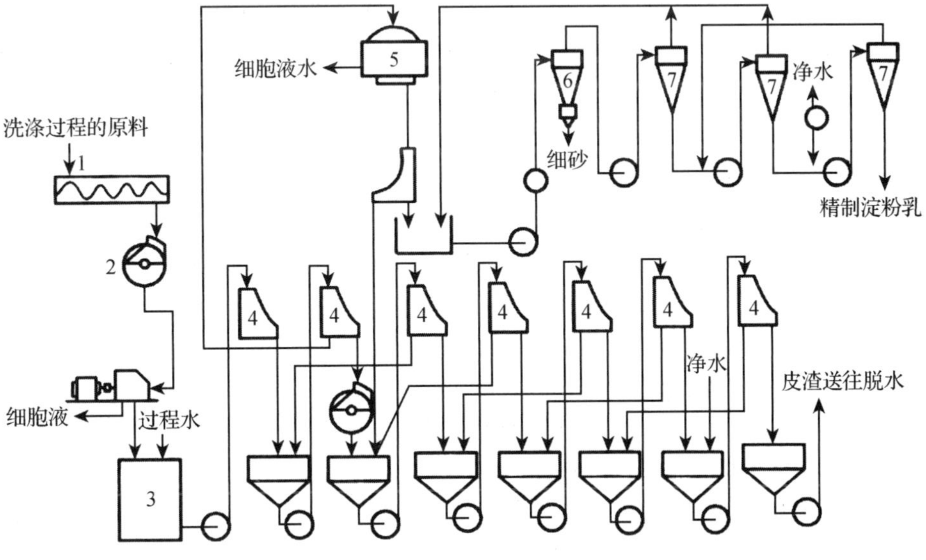

1. 锤片式粉碎机；2. 卧式沉降螺旋离心机；3. 贮藏；4. 曲筛；5. 螺旋离心机；

6. 脱砂旋流分离器；7. 旋液分离器

图7-3　曲筛法马铃薯淀粉生产工艺流程

(四)全旋液分离器法马铃薯淀粉生产工艺

如图 7-4 所示,薯块经清洗称重后进入粉碎机磨碎,然后浆料在筛上分离出粗粒进入第 2 次破碎,之后用泵送入旋液分离器机组。旋液分离器机组一般安排成 13~19 级,经旋液分离后将淀粉与蛋白质、纤维分开。这一生产工艺的特点是,不用分离机、离心机或离心筛等设备,而是采用旋液器,相比之下这是最有成效且现代化的淀粉洗涤设备,采用这一新工艺只需传统工艺用水量的 5%,淀粉回收率可达 99%,节省生产占地面积。

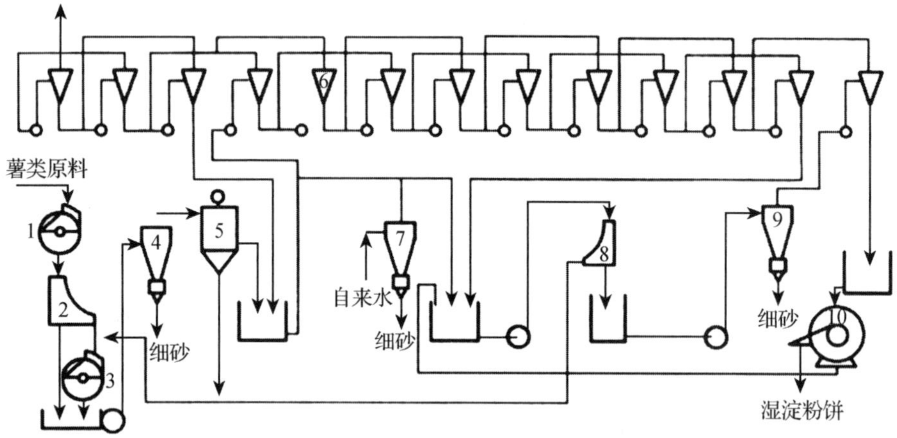

1、3. 磨碎机;2、8. 曲筛;4、7、9. 脱砂旋流分离器;5. 旋转过滤器;6. 旋液分离器;10. 脱水离心机

图 7-4 全旋液分离器法马铃薯淀粉生产工艺流程

三、马铃薯淀粉生产技术要点

1. 原料的选择

对生产淀粉用马铃薯的要求是:单位产量高、抗病性强、薯大、淀粉含量高、淀粉粒大小均匀(沉降快)、可溶性蛋白质少(磨时泡沫少)、表面较光滑、芽眼不深且数量较少、皮薄、其他干物质成分含量不高、凹凸少(容易洗涤)、纤维含量低、新鲜未发芽的马铃薯的粉用种。

2. 原料的输送

原料从贮存仓送到清洗工段通常有干法和湿法输送两种方法,其中,干法输送是由皮带输送机、斗式提升机、刮板输送机和螺旋输送机来完成的;湿法输送通常采用水力输送方法,它在原料输送的同时可以完成部分清洗工作。

3. 洗涤

常用的清洗设备有鼠笼式清洗机和螺旋式清洗机两种。鼠笼式清洗机优点是可以同时完成清洗和输送物料的任务,缺点是不能去石,这将给之后的加工机械带来极大的危害;螺旋式清洗机有两种形式,水平式和倾斜式。

洗涤用水无特殊要求,但自破碎操作起,一切加工用水都应为软水。在水力输送过程中可洗除部分杂质,彻底的清洗是在洗涤机中进行的,以洗净附着在马铃薯表面的污染物。洗涤机是通过搅动轴上安装的搅动杆,在旋转过程中使马铃薯在水中翻动,以洗净污物。洗涤质量取决于原料的被污染程度、清洗机的结构、薯块在清洗机中停留的时间、供水量及其他因素。在沙质土壤中收获的马铃薯洗涤时间可短些,为 8~10 min;在黑黏土中收获的马铃薯洗涤时间要长些，为12~15 min。洗涤后薯块的损伤率不大于5%，洗涤水中淀粉含量小于0.005%。

为了清洗彻底，常常将多种洗涤装置结合使用，一般将螺旋清洗机放在最后，因为它兼有洗涤和输送两种功能。

4. **破碎**

马铃薯破碎的目的是使块茎的细胞破裂，使细胞壁包裹着的淀粉颗粒游离出来，与纤维素和蛋白质等其他成分分开，为提取淀粉创造有利的条件。马铃薯的破碎如果不充分、过粗，则会因细胞壁破坏不完全，使淀粉不能充分游离出来，造成在筛分过程中，淀粉仍留存于薯渣中，不易取净，降低淀粉的得率；如果粉碎过细，则会增加筛分的分离难度。

破碎时多采用擦碎机。擦碎机的工作是通过旋转的转鼓上安装带齿的钢锯对进入机内的马铃薯进行破碎操作的。破碎后的马铃薯悬浮液由破裂的和未破裂的细胞、细胞液及淀粉颗粒所组成。除擦碎机外，也可采用粉碎机进行破碎，如锤片式粉碎机、爪式粉碎机、砂轮磨粉碎机和锉磨机等。

薯块的淀粉粒悬浮于薄壁细胞的细胞汁中，所以分离较谷物淀粉容易。破碎程度越大则出粉率越高，一般要求破碎度在90%以上。马铃薯破碎后的淀粉游离率为85%~97%。

细胞破裂后，释放出的氧化酶在空气中氧的作用下发生氧化，然后褐变，使淀粉色泽发暗，因此，在粉碎时或打碎后应立即向打碎浆料中加入亚硫酸，以抵消氧化酶的作用。

5. **筛分**

马铃薯经破碎后得到的是薯糊混合物，除了淀粉占绝大比例外，还含有纤维素和蛋白质等成分。筛分的目的，就是把薯糊中的纤维和淀粉尽可能地分开。

为彻底破坏马铃薯细胞组织，一般需将其磨制2~3次，每磨1次需用筛子筛理1次，以除去磨碎物中的纤维、未磨碎的组织和杂质。筛上物即粗渣，留在筛面，进入下一道磨子；筛下物即粉乳，包括淀粉及部分细渣的水悬浮液。破碎和筛分时皆需喷水，以利于磨碎和洗出淀粉粒，这有利于物料的管道输送。破碎时的用水量约为原料重的2倍，用于筛理的水约为原料重的4倍，最后所得稀淀粉乳的浓度为4~7波美度。

6. **细胞液的分离**

破碎后的马铃薯浆液中的非水溶性成分主要是淀粉，水溶性成分是细胞液，细胞液是溶于水的蛋白质、氨基酸、微量元素、维生素及其他物质的混合物。天然的细胞液含4.5%~7.0%的干物质，占马铃薯总干物质含量的20%左右。

破碎后细胞液中的酶类，尤其是酪氨酸酶，接触空气中的氧会生成有色物质，使薯汁呈红色，因而影响淀粉的色泽。蛋白质在浆液中还会形成絮状物，产生大量泡沫，因此，在马铃薯破碎后，应立即分离细胞液。立即分离细胞液有两点好处：一是可降低后序泡沫的形成，利于重复使用工艺过程水，提高生产用水的利用率，降低废水的污染程度；二是防止颜色物质的产生，提高淀粉品质。所用设备一般为卧式沉降式离心机。

7. **从浆料中洗涤淀粉**

分离出细胞液后再用水稀释的马铃薯浆料是一种水悬浮液，包含淀粉颗粒、破裂及未破裂的马铃薯细胞，还有残留在浆液中的部分可溶性物质。本工序的任务是从浆料中筛除粗渣。方法是用水把浆料放在不同结构的筛分设备上，用不同的工艺流程进行洗涤。可选用振动筛、离心喷射筛、弧形筛等。

8. **淀粉乳的精制**

淀粉乳的精制就是把大部分细渣从淀粉乳中清除。精制环节对马铃薯淀粉最终质量有很大影响。进入精制的淀粉乳淀粉含量占干物质重量的91%~94%,其余大部分为细渣。淀粉乳的精制一般也在振动筛、离心筛或弧形筛上进行。

在淀粉乳精制工序中,留在筛面的细渣中还含有30%~60%的游离淀粉。为了分离出这些淀粉,要对这些细渣进行洗涤。由于细渣和淀粉在大小和重量上相差不大,因此不易分离,最好采用曲筛洗涤工艺。

9. **淀粉的洗涤**

经过精制的淀粉乳中淀粉的干物质纯度可达97%~98%,但还有2%~3%的杂质,主要是细沙、纤维及少量的可溶性物质,有必要再进行清洗。除沙和洗涤淀粉可采用不同类型的旋液分离器进行。

10. **淀粉的干燥**

除去纤维和蛋白的精制淀粉乳水分含量为50%~60%,应先进行脱水处理,再进行干燥。马铃薯干淀粉脱水处理的主要设备是转鼓式真空吸滤机或卧式自动刮刀离心脱水机,脱水后的湿淀粉含水量可降低到37%~38%。

为便于运输和储存,对湿淀粉必须进行进一步的干燥处理,使水分含量降至安全水分以下。大型淀粉厂普遍使用一次加热、二级气流干燥工艺,但干燥马铃薯淀粉的温度一般不能超过55~58 ℃,温度超过此范围,会造成淀粉颗粒局部糊化、结块,外形失去光泽,黏度降低等。

拓展知识

马铃薯淀粉的用途

1. **肉制品的首选**

肉制品中加入淀粉后,对于改善产品的保水性及其组织状态均有明显的效果。这个过程是由加热过程中淀粉的糊化引起的。

新鲜的肉含有72%~80%的水分,其余的固体物质大部分为蛋白质。当肉制品受热时,蛋白质因变性而推动对水分的结合能力,而淀粉能够吸收这部分水分,糊化并形成稳定的结构。与其他淀粉相比,马铃薯变性淀粉糊化温度低,制品中蛋白质变性和淀粉糊化两种作用几乎同时进行,不会在内部形成小"水塘"。

马铃薯变性淀粉具有很高的膨胀度、吸水能力很强,在加热过程中,肉类蛋白质受热变性,形成网状结构。由于网眼中尚存一部分结合不够紧密的水分,因此被淀粉颗粒吸收固定,使淀粉颗粒变得柔软而有弹性,起到黏着和保水的双重作用。添加马铃薯变性淀粉的肉制品,组织均匀细腻,结构紧密,富有弹性,切面光滑,鲜嫩适口,长期保存和低温冷藏时保水性极强。

2. **酱料的优良增稠剂**

变性淀粉作为一种良好的增稠剂,被广泛地使用在酱料类食品中。使用变性淀粉可降低生产成本,同时,由于酱料品质稳定,可长时间存放不分层,使产品外观有光泽且口感细腻。

酱料产品多含有较高的盐分,因而pH的变化较大,一般需经高温消毒,并伴随中等到激烈的搅拌,加上各种酱料在组织状态、酸性程度、乳化效果等方面的要求有所不同,变性淀粉的选择和使用就显得尤其重要。

马铃薯变性淀粉糊化温度低，可降低高温引起的营养与风味损失；气味温和，不会影响产品原有的风味；透明度高，可赋予酱料良好的外观形态；经筛选的小颗粒产品可提供非常光洁的表面。同时，马铃薯变性淀粉具有良好的抗老化、抗剪切、抗高温和低pH等特性，能够有效地防止酱料产品的沉凝和脱水现象，在一定程度上可增加乳化效果。在酱料产品中，马铃薯变性淀粉不仅可作为增稠剂使用，同时也提供给产品特定的组织结构和口感。特殊的马铃薯变性淀粉还可用于改善酱油的流变性，以增强酱料的附着性和挂壁感。

3. **糖果业的新宠**

马铃薯变性淀粉在糖果中主要用作填充剂，以参与糖体组织结构的形成。利用马铃薯变性淀粉的凝胶特性可制造淀粉软糖。另外，在焦香糖或沙质软糖中，还可用于增加糖果的体积和产品的咀嚼性。

在淀粉软糖的制作上，马铃薯变性淀粉比其他原料的变性淀粉透明度有显著提高，使用浓度最高可达40%。可使产品凝胶能力强，弹性和致密度好，易于成型，还可有效控制糖分结晶。

在明胶糖果中，马铃薯变性淀粉因其良好的透明度和较强的持水作用，在一定比例下能够与明胶很好地配合，形成韧而不硬，滑而不黏，具有良好口感和弹性的凝胶，同时可大幅度降低成本。

在奶糖的生产上，马铃薯变性淀粉可改善产品的口感和咀嚼性，增加弹性和细腻度，防止糖体变形和变色，有效地延长产品的货架期。利用马铃薯变性淀粉制成的奶糖产品，色泽洁白，口感滑爽，厚而不腻，弹性足，不黏牙，能更好地体现乳品的特有风味。

任务四　马铃薯全粉加工技术

【任务导入】

> **问**
>
> 常吃马铃薯可以减肥吗？

马铃薯是我国膳食结构中的重要组成部分，与谷类一起被划分为“谷薯类”。马铃薯被作为主食在很多国家食用的历史非常悠久。研究表明，马铃薯对预防当代频发的“富贵病”具有重要的意义。联合国粮农组织为了推广食用马铃薯，将2008年确定为“国际马铃薯年”。在马铃薯中，膳食纤维、脂肪的含量较低，能够起到控制体重增长，预防高血压、高胆固醇以及糖尿病等的作用。与食用相同重量的馒头相比，马铃薯饱腹感更强、脂肪含量更低，用马铃薯来代替部分粮食，有利于减肥。而马铃薯中的淀粉在人体内的吸收速度缓慢，有利于控制人体血糖上升的速度，是糖尿病患者的良好代餐食品。

必备知识

一、马铃薯全粉概述

马铃薯全粉是由马铃薯去皮、护色、切片、干燥等得到的产品，又称马铃薯粉。全粉的特点是具有新鲜马铃薯的风味和营养价值，在全粉加工过程中能基本保持马铃薯植物细胞的完整，这是与马铃薯淀粉加工的不同之处。当全粉加入适量的水后，可重新获得新鲜马铃薯风味和营养价值的薯泥。

马铃薯全粉由于能够长期保存，且能保持新鲜马铃薯的风味，便于制造各种食品，因此以马铃薯全粉为原料，经科学配方，添加相应营养成分，可制成全营养、多品种、多风味的方便食品，如雪花片类早餐粥、肉卷、饼干、牛奶土豆粉、肉饼、丸子、饺子等。也可以全粉为“添加剂”制成冷饮食品、方便食品、膨化食品及特殊人群（高脂血症、糖尿病患者，老年、妇女、儿童等）食用的多种营养食品、休闲食品等。

二、马铃薯全粉的加工工艺流程

1. 马铃薯颗粒全粉

将去皮、切片、蒸煮后的马铃薯与回填的足够量的干燥马铃薯颗粒全粉充分混合，使其成为“潮湿的混合物”，经过调质、气流干燥和沸腾干燥，制成粒性良好的颗粒全粉。该工艺的特点是最大限度地保持了细胞组织的完整性，使其游离淀粉释放量最少，具有马铃薯原来的风味及营养价值。工艺流程如下：

马铃薯→去石除杂→清洗→去皮分离→清洗→切片→漂洗→预煮→冷却→蒸煮→混合制泥→调质、筛分→气流干燥→沸腾干燥→筛分→干燥→贮存→成品。

2. 马铃薯雪花全粉

马铃薯经去皮、切片、蒸煮、挤压制泥，调浆后进入滚筒干燥机进行干燥，再按要求粉碎成片状的粉料，即得到雪花全粉。该工艺基本保持了马铃薯细胞组织的完整性和马铃薯原有的风味和营养价值。工艺流程如下：

马铃薯→去石除杂→清洗→去皮分离→清洗→切片→预煮→冷却→蒸煮→制泥→滚筒干燥→粉碎→成品。

三、马铃薯全粉的加工技术要点

（一）原料选择

不同品种的马铃薯，其干物质含量、薯肉色泽、芽眼深浅、还原糖含量以及龙葵素含量和多酚氧化酶含量都有明显差异。干物质含量高，则出粉率高；薯肉白，成品色泽浅；芽眼越深越多，则出粉率越低；还原糖含量高，则成品色泽深；龙葵素含量高，祛毒素的难度就大，工艺复杂；多酚氧化酶含量高，半成品褐变严重，导致成品色泽深。另外，原料的贮藏情况也直接影响加工质量。一是贮藏过程中发生的各种病虫害、腐烂、发芽；二是马铃薯具有“低温增糖”的现象，即马铃薯在0~10 ℃贮藏时，组织细胞中的淀粉极易转化为糖，淀粉含量会随着贮藏期的延长而逐渐降低。

因此，作为加工全粉的马铃薯，必须品种纯正，外形规整，呈椭圆形；长度>50 mm，芽眼浅，薯肉色白，成熟、新鲜；干物质含量>20%，还原糖含量<0.2%，单个薯块重量在70 g以上，龙葵素含量少；严格去除发芽、发绿、霉变的马铃薯。将选好的原料送入料斗中，经过带式输送机，对原料进行称重，同时进行挑选，除去带霉斑的薯块和腐烂的薯块。

（二）原料处理

1. 清洗

将马铃薯彻底清洗干净，目的是除去马铃薯表面的泥土和杂质。在生产实践中，可通过流送槽将马铃薯输送到清洗机中。流送槽起到输送和浸泡、粗洗马铃薯的作用。

2. **去皮**

适合于马铃薯的工业去皮方法有摩擦去皮、蒸汽去皮、碱液去皮。摩擦去皮可选用摩皮机，该设备坚固，使用方便，成本低，但对马铃薯形状及芽眼有要求。目前主要采用当前国际先进的蒸汽去皮机去皮，可以避免摩擦去皮的损失和碱液去皮的污染。清洗后的马铃薯按批量装入蒸汽去皮机，在 5~6 MPa 压力下加温 20 s，使马铃薯表面生出水泡，然后用流水冲洗外皮。蒸汽处理后的马铃薯由螺旋输送机均匀送入干式去皮机，去皮机前部去除松皮，后部清洗、去皮并清除其他附着物和释放的淀粉。

蒸汽去皮对原料没有严格的形状要求，蒸汽可均匀作用于整个马铃薯表面，能除去 0.5~1 mm 厚的皮层。去皮过程中要注意防止由多酚氧化酶引起的酶促褐变，可添加褐变抑制剂（如亚硫酸盐），再用清水冲洗。

3. **修整**

目的是除去外皮和芽眼等，因为芽眼处的龙葵素和酚类含量较高，所以应尽可能去除干净。已脱皮的马铃薯经清洗水流喷淋清洗后，掉落在缓慢移动的挑拣台上，接受人工修整，剔除芽眼、发绿、发黑及病变腐烂的部分和残留的薯皮。

4. **切片、切丝**

目的是提高蒸煮的效率，降低蒸煮的强度。可选用切片切丝机，将经过人工检查和修整后合格的去皮马铃薯切成 8~10 mm 厚的片（薯片过薄会使成品风味受到影响，干物质损耗也会增加），并注意防止切片过程中的酶促褐变。然后把薯片放置在输送带上，料层厚度为 15~20 cm，用蒸汽把带上的薯片蒸煮 30~40 min。

（三）预煮和冷却

蒸煮的目的是使马铃薯熟化，以固定淀粉链。先预煮，温度为 68 ℃，时间 15 min，后蒸煮。采用螺旋形蒸汽注入式预煮机，使马铃薯在水浴中轻微糊化。预煮后薯片进入螺旋形冷却器，进行冷却处理使糊化淀粉老化，可适当增加马铃薯细胞壁的弹性，并进一步把游离淀粉除去，以降低马铃薯泥的黏度。冷却的时间和最佳温度依马铃薯的品种、固形物含量有所不同。

在螺旋蒸煮机底部注入蒸汽，螺旋轴使物料获得均一的温度，连续均匀地蒸煮。温度为 100 ℃，时间 15~20 min。然后在混料机中将蒸煮过的马铃薯片断成小颗粒，粒度为 0.15~0.25 mm。蒸煮是马铃薯全粉产品生产中关键的一步，马铃薯的蒸煮程度直接影响产品的质地和产量。

（四）混合制泥

在这一工序中，颗粒全粉采用捣碎和回填方法。首先将蒸煮过的薯片捣碎成泥，再加入适量经过预干燥过筛的薯泥细粒，混合均匀后，制成颗粒，冷却到 15~16 ℃，并保温静置 1 h。这种回填静置方法，能明显地改进由捣碎薯泥和回填物形成的湿混合物的成粒性，达到成粒性好的要求。并使湿混合物的水分含量由 45% 降低到 35%，以利于后序干燥。马铃薯雪花全粉采用螺旋制泥机制泥。

（五）干燥和筛分

干燥是马铃薯全粉生产过程中的关键工艺之一。在干燥过程中，要注意减少对物料的损伤，并要防止淀粉游离。制备颗粒全粉的薯泥干燥分两次进行，即预干燥和最后干燥。当含水率降低到 12%~13% 时，便开始进行筛分。第 1 道筛通过 80 目筛，第 2 道筛通过 16 目筛。筛下物再次送入流化床干燥器干燥，使薯泥含水率约 7% 为止。雪花全粉薯泥的干燥通常利用滚筒干燥机进行。干燥温度为进口 140 ℃、出口 60 ℃,水分控制在 6%~8%。物料经筛分机筛分后,将成品送到成品间中贮存,不符合粒度要求的物料,经管道输送至混料机中重复加工。

(六)包装

合格的马铃薯颗粒全粉在线产品进入包装工序,经称重计量后进入包装袋,封袋、缝口后下线成为成品。马铃薯全粉内包装袋采用食品用聚乙烯塑料薄膜制成,排气后绳索扎口;外包装袋采用纸塑复合材料,用尼龙线缝口。马铃薯全粉经自动包装机包装后,将成品送至成品库存放待销或做成系列产品。

(七)防褐处理和贮藏全粉

在贮藏期间有两种变化,一种是非酶褐变,另一种是氧化变质。防止非酶褐变有几个措施:全粉的贮藏温度低对控制非酶褐变有效;全粉中加入适量硫酸盐,降低全粉的含水量,以及采用还原糖低的马铃薯原料加工薯泥等对防止非酶褐变有利。防止全粉贮藏期间氧化变质的措施为添加适量抗氧化剂,全粉可存放一年以上。

由于雪花粉容重很小,不利于贮存和运输,可以将雪花粉粉碎到 60 目筛下除尘收集,以降低贮运成本,同时也方便食品加工业厂家使用。

拓展知识

马铃薯雪花全粉的用途

马铃薯雪花全粉是脱水马铃薯制品中的一种,以新鲜的马铃薯为原料,经清洗、去皮、切片、预煮、冷却、蒸煮、捣泥等工艺过程,经脱水干燥而得到的片屑状或细粉末状产品统称为马铃薯雪花全粉。生产过程中保留了马铃薯细胞的完整性,使马铃薯雪花全粉保留了天然马铃薯风味。其应用于速冻食品、膨化食品、面包、鱼饵、婴儿食品等,所生产的产品有薯片专用粉、膨化专用粉、鱼饵专用粉等。

任务五 马铃薯脆片加工技术

【任务导入】

问

你吃过哪些果蔬脆片?

果蔬脆片采用的真空技术。食品干燥方面的应用原理很简单,就是在负压条件下,水分沸点的降低,提高了水分蒸发的速度。温度的降低,使干燥过程对食品性状改变不大。真空技术在食品干燥上的应用起始于 20 世纪 40 年代,经过一段时间的发展,50 年代末到 70 年代初,主要用于生产宇航员食品的冷冻干燥技术。

必备知识

一、马铃薯脆片概述

马铃薯脆片是一种松脆酥香、鲜美可口、营养丰富的休闲食品,很受人们青睐。其采用真空低温油炸技术，克服了高温油炸的缺点，能较好地保留马铃薯的营养成分和色泽。脆片含油率低于 20%。油炸马铃薯片比销售鲜薯增值 3~4 倍，有很好的经济效益。

二、马铃薯脆片加工工艺流程

马铃薯脆片加工工艺流程：马铃薯→分选→清洗→去皮→切片→护色→脱水→真空油炸→离心脱油→冷却→分级包装→成品。

三、马铃薯脆片加工技术要点

(一) 原料选择

要求原料的块茎形状整齐，大小相对均匀，表皮薄，色泽一致，芽眼少，相对密度较大，淀粉和总固形物含量高，糖分含量低，马铃薯栽培土壤、环境相对一致。

一般选择圆形或短椭圆形的马铃薯，要求新鲜，无发绿、霉变、腐烂，无机械损伤，无虫蛀，直径在 30~70 mm，干物质含量高于 18.00%，还原糖含量低于 0.20%，茄碱苷含量不超过 0.02%。

(二) 清洗

采用滚笼式清洗机，清除原料中的泥石和其他杂物。或者将马铃薯倒入旋转洗皮机中，用清水浸没，同时放少量粗砂砖块，旋转摩擦 20~30 min，洗去表面泥沙，并清除马铃薯 1/3~2/3 的表皮。

(三) 去皮、切片

(1) 去皮。可手工去皮，也可用去皮机机械去皮。

(2) 切片。由于马铃薯富含淀粉，固形物含量高，因此其切片厚度不宜超过 2 mm。一般采用旋转刀片自动切片。刚采收的马铃薯块茎饱满、含水量高，切片厚度为 1.8~2.0 mm；储藏时间长、水分蒸发量大，块茎固形物含量高，切片厚度以 1.6~1.8 mm 为佳。切片后的马铃薯表面很快有淀粉溢出。

(四) 漂洗

将切好的薯片放在水池中，用冷水对马铃薯片进行漂洗，以去除薯片上的淀粉。如不除去，将影响马铃薯脆片的品质。

(五) 护色处理

去完皮的马铃薯在空气中放置过久会发生褐变，可采用热烫或护色剂处理，热烫温度应在 90 ℃以上，热烫时间为 60~90 s。护色剂护色可用 1% 氯化钠和 0.1% 亚硫酸氢钠的混合液浸泡 30 min。

(六) 脱水

将符合工艺要求的薯片在水池中捞起，再倒入脱水机中脱去部分游离水。因薯片表面含水量太高，油炸时表面起泡，泡内含油，既影响商品外观，也增大耗油量，所以薯片脱水越干越好。去除薯片表面水分可采用的设备有冲孔旋转滚筒、橡胶海绵挤压辊、振动网形输送带及离心分离机。

(七) 真空油炸

真空油炸系统包括工作部分和附属部分，其中，工作部分主要是完成真空油炸过程，包括油炸罐、贮罐、真空系统、加热部分等。附属部分主要完成添加油、排放废油、清洗容器及管道(包括贮油槽、碱液槽)等。

在进行真空油炸时，先往贮油罐内注入1/3容积的食用油，加热升温至95 ℃。把盛有马铃薯片的吊篮放入油炸罐内，锁紧罐盖。在关闭贮罐真空阀后，对油炸罐抽真空，开启两罐间的油路连通阀，油从贮罐内被压至油炸罐内。关闭油路连通阀，加热，使油温保持在90 ℃，在5 min内将真空度提高到86.7 MPa，并在10 min内将真空度提高至93.3 MPa。在此过程中，可看到有大量的泡沫产生，薯片上浮。可根据实际情况控制真空度，以不产生“暴沸”为限。待泡沫基本消失，油温开始上升，即可停止加热。然后使薯片与油层分离，在维持油炸真空度的同时，开启油路连通阀，油炸罐内的油在重力作用下，全部回流到贮罐内。随后再关闭各罐体的真空阀，关闭真空泵。最后缓慢开启油炸罐连接大气的阀门，使罐内压力与大气压力一致。

（八）离心脱油

趁热将薯片置于离心机中，以1 200 r/min离心6 min。

（九）分级包装

包装可采用真空充气包装机包装，先抽真空再充入N_2包装。保持成品含水量在3%左右。既便于产品长期保存，又可防止运输过程中造成破碎。

拓展知识

果蔬脆片是健康食品吗？

判断果蔬脆片是否有营养，主要在于它的制作、加工方法。生产果蔬脆片主要有真空低温油炸、真空干燥或真空膨化、真空冷冻干燥3种方法。生产工艺的不同，使果蔬脆片的营养价值也不相同，含油量也不一样。

1. 真空低温油炸制成的果蔬脆片

虽然较好地保留了原有果蔬的营养成分和天然色泽，吃起来口感松脆，但含油量较高。特别是一些淀粉含量高的马铃薯、甘薯等脆片，食用过多容易导致肥胖，不是健康食品。

2. 真空干燥或真空膨化制成的果蔬脆片

不经过油炸，也保留了原果蔬中绝大部分营养，但在原料处理过程中，维生素C损失较多，存留的仅为新鲜果蔬含量的11.6%。

3. 真空冷冻干燥制成的果蔬脆片

对于营养成分的保留来说，真空冷冻干燥是最好的办法。目前市场上销售的果蔬脆片大多数也采取了这种办法，其优点是能最大限度地维持食品的色、香、味，还能最大限度地保护易氧化物质和易挥发成分，降低营养的损失。

用这种方法生产出来的果蔬脆片含水量很低、保存期长，一般可保存数年以上。真空冷冻干燥制成的果蔬脆片，热量和脂肪含量都相对较低，属于健康食品。

复习思考题

1. 防止马铃薯加工食品的色泽变化主要有哪些方法？
2. 马铃薯全粉和马铃薯淀粉有何区别？
3. 如何降低马铃薯脆片的含油率？

精彩微课

马铃薯及其食品
加工共性技术

马铃薯速冻薯条
加工技术

马铃薯淀粉的
加工技术

马铃薯全粉
加工技术

马铃薯脆片
加工技术

项目八

面粉加工技能拓展

【学习目标】

【知识目标】

1. 能进行方便面面块生产的配方与工艺设计。
2. 能进行挂面加工的配方与工艺设计。
3. 能进行馒头生产的配方与工艺设计。

【能力目标】

1. 熟悉方便面调味原料的性能和作用,掌握方便面汤料调味技术。
2. 能正确分析和解决挂面加工过程中的常见问题。
3. 能制订出有效的馒头生产技术措施和操作规程。

【素质目标】

1. 能将爱国、敬业、诚信、友善融入学习全过程。
2. 能恪守职业道德,具有严谨认真、团队协作等综合素质。
3. 培养创新思维和发展能力。

【思维导图】

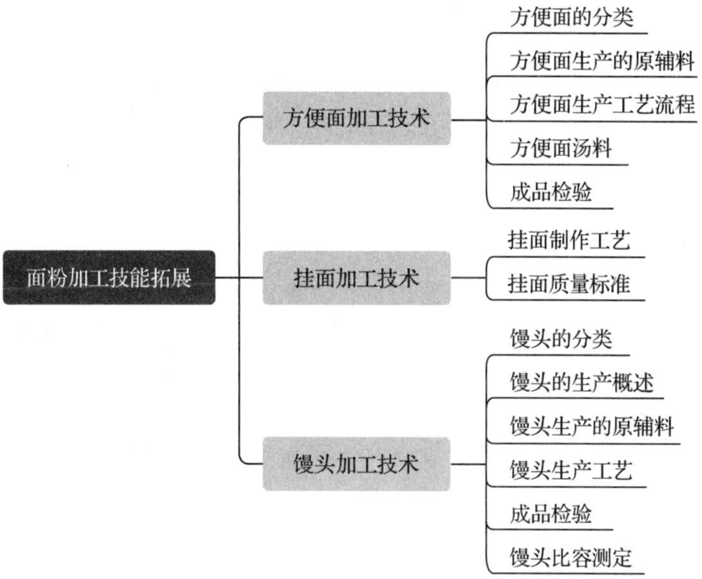

【项目描述】

中国历史上记载的"汤饼""素面"可以看作方便面的"雏形"。1958年，安藤百福把面条制作工艺进行了创新：以小麦粉为主要原料，经和面、熟化、复合、压延、切条折花等工序制成生面条，再经蒸煮使面条充分糊化，然后油炸脱水，制成方便面。在20世纪80年代初，中国引进方便面生产线，此后方便面就以其方便、安全、风味多样化、符合中国饮食文化背景的优势而迅速发展，现在已经是工业化、产业化较成功的一个小麦产品。

任务一　方便面加工技术

【任务导入】

早在方便面发明以前，古代东西方就有人将煮熟的面条油炸后佐以汤汁作为料理。中国古代就有类似的面食——"伊面"或"伊府面"。相传清朝伊秉绶在家为自己母亲祝寿，由于客人多，厨师手忙脚乱下误将煮熟的鸡蛋面放入沸油锅，只好捞起后佐以高汤上桌。客人吃过后赞不绝口，这道菜也就流传了下来。早期方便面包装上依然写有伊面、伊府面，比如华丰的三鲜伊面。

> **问**
>
> 你吃过三鲜伊面吗？

必备知识

一、方便面的分类

按干燥工艺分可分为油炸方便面、热风干燥方便面、微波干燥方便面、非脱水方便面。

1. 油炸方便面

油炸方便面干燥速度快,糊化程度高,面条内部结构具有多孔性,复水性好,且具有油炸的香味。但由于含油高,因此易氧化变质,产生油哈味。

2. 热风干燥方便面

热风干燥方便面是指将蒸熟糊化的湿面条在 70~90 ℃的热风中进行脱水干燥的方便面,具有干燥时间长、糊化度低、复水性差等缺陷,但产品不易氧化变质,保存期长,生产成本较低。

3. 微波干燥方便面

微波干燥具有穿透性强、升温快等特点,弥补了热风干燥和油炸的不足之处,因而产品具有贮存期长、复水性好、价格低等优点。但微波干燥具有耗能高、渗透性大等缺点。微波干燥工艺一般有两种,一种是全部采用微波干燥工艺,另一种是采用了油炸、微波干燥两种脱水工艺。

4. 非脱水方便面

在脱水方便面不断发展的同时,高水分方便面,如速食煮面、冷冻熟面等也相继问世,使方便面产品品种更加丰富。

二、方便面生产的原辅料

(一)小麦粉

小麦粉是方便面生产的主要原料。用作油炸方便面的小麦粉,其质量指标为:水分 12%~14%,灰分 0.4%,蛋白质 9%~12%,湿面筋 28%~36%。使用高筋粉可制得弹力强的面条,复水时,膨胀良好而不易折断,但成本较高。在实际生产中,通常可以在高筋粉中掺以一定量的中筋粉(约占 1/3),油炸时吸油率小且均匀,缺点是复水时,面质较软。

(二)油脂

对油炸方便面来说,油脂重量占方便面重量的 20% 左右。在选用油炸用油时,首先应考虑油脂稳定性,其次为风味、色泽、烟点等。生产上大部分是将棕榈油作为油炸方便面的用油。棕榈油所含亚油酸、亚麻酸低于其他植物油,因而化学性质比较稳定,在低温和高温下发生氧化、分解反应的速度相对较慢。棕榈油的品质要求见表 8-1。

目前,日本和美国均采用 40% 的动物油(牛油或猪油)和 60% 的植物油(豆油、米糠油、棕榈油、麻油等)组成混合油脂作为炸油。为防止油脂的氧化酸败,需使用抗氧化剂,抗氧化剂的用量在 0.2 g/kg 以下。

表 8-1 棕榈油的品质要求

项目	要求
气味	具有棕榈油固有的气味和滋味,无异味
酸价 /(mg KOH/g 油)	≤0.5
过氧化值	≤0.05
水分及挥发物 /%	<0.10
杂质 /%	<0.10
熔点	25 ℃
加热试验(280 ℃)	油色不得变深,无析出物
烟点	195~200 ℃

(三)水

水质直接影响面团的物理性质、淀粉的糊化、产品的稳定性。使用未经软化的自来水，硬度在 25 mmol/L 以上，会使小麦粉的亲水性能变劣，吸水速度降低，和面时间延长。硬水中的钙、镁离子与小麦粉中的蛋白质结合，会降低面筋的弹性和延伸性，降低面团的黏度和工艺性能。钙、镁离子与淀粉结合，会影响淀粉的糊化。水的 pH 对制面工艺和质量也有影响，若 pH 较低，酸性条件下会导致面筋蛋白质和淀粉分解，从而导致面团加工性能降低。和面用水的碱度如果过大，会使面筋质部分溶解，使面团的弹性降低、加工性能降低，用水浸泡时，汤中可溶性物质增加。另外，铁离子过高，会影响面条的色泽，使之变暗甚至变成棕褐色。方便面生产用水的要求见表 8-2。

表 8-2　方便面生产用水的要求

项目	要求
硬度	≤10 mmol/L
pH	7.5~8.5
碱度	≤30 mg/kg
铁	≤0.1 mg/kg
锰	≤0.1 mg/kg

(四)食盐

食盐的添加量一般为小麦粉重量的 1%~3%，春秋适中，夏多冬少。食盐溶解于水中，作为食盐水使用。食盐在面制品中具有加速面块成熟进程、增强面粉的弹性、提高保湿的作用，而且还有防止发酵、抑制酶活性、抑制杂菌生长、防止湿面条酸败等作用。

(五)碱

制面用的碱有碳酸钠和碳酸钾两种，添加量一般为小麦粉重量的 0.1%~0.2%。溶解在水中使用。过量的盐和碱会导致面筋收敛过度而失去弹性，严重影响面条的品质。碱可增强面条的延伸性和可塑性，有利于压延及成型，改善色泽，口感滑爽不粘口，不会出现浑汤现象。

(六)面质改良剂

方便面的面质改良剂有：复合磷酸盐(磷酸二氢钠、偏磷酸钠、聚磷酸钠、焦磷酸钠的混合物)、羧甲基纤维素(CMC)、单硬脂酸甘油醋、聚丙烯酸钠、瓜尔胶、魔芋精粉、海藻酸钠、黄原胶、卵磷脂及变性淀粉等，用量一般为 0.2%~0.4%。当小麦面粉质量有缺陷或生产高质量方便面时，往往要添加多种面质改良剂，以增加面条的弹性、改善口感等。

(七)抗氧化剂

为防止油脂氧化变质，应在炸油中适当加入叔丁基羟基茴香醚(BHA)、叔丁基对苯二酚(TBHQ)或天然抗氧化剂等。

三、方便面生产工艺流程

(一)工艺流程

油炸及热风干燥方便面生产工艺流程如图 8-1 所示。

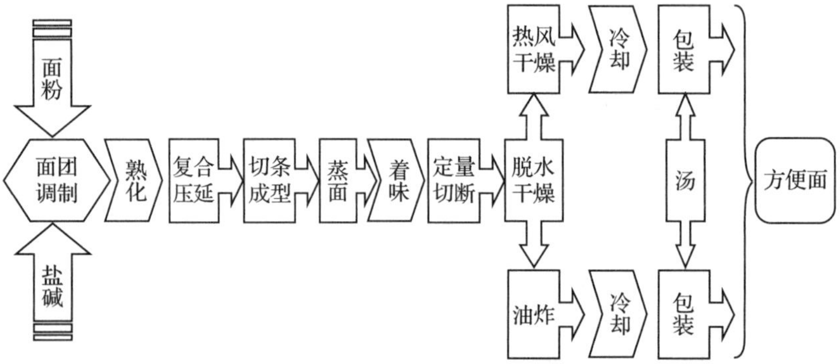

图 8-1　油炸及热风干燥方便面生产工艺流程

（二）操作要点

1. 面团调制

方便面生产中使用的和面机大部分都是卧式双轴和面机，由机体、左右机架、搅拌轴、圆柱形或叶片形搅拌齿、卸料门、加水装置、传动和控制等部分组成。卧式双轴和面机外形及结构如图 8-2 所示，其主要技术参数见表 8-3。

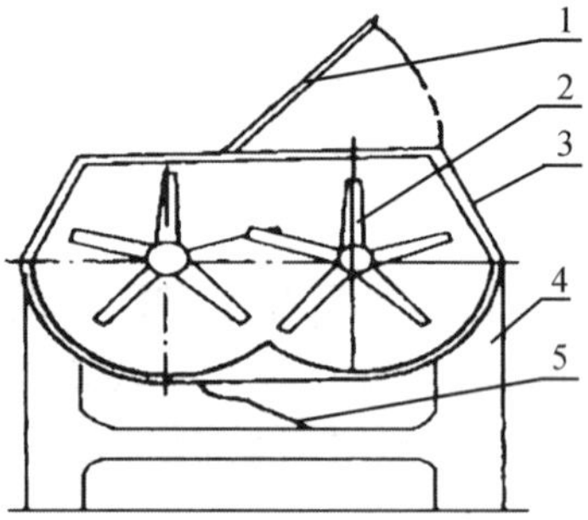

1. 上盖；2. 搅拌叶；3. 壳体；4. 支架；5. 底盖

图 8-2　卧式双轴和面机外形及结构

表 8-3　卧式双轴和面机主要技术参数

项目	参数
最大容量 /kg	150
搅拌轴转速 /rpm	78
搅拌时间 /min	15
功率 /kW	5.5
外形尺寸 /mm	2 000 × 1 000 × 1 200

首先将面粉用气力输送至和面机上部带有计量装置的贮料斗备用。如无气力输送系统，可在和面机上部设一振动筛，将袋装面粉过筛以除去面粉中的线头等杂质。然后分别将制备好的原料溶液、添加剂溶液边搅拌边加入和面机中，干面头回机量不得超过 15%。一般和面加水量为面粉重量的 28%~30%，温度 20~30 ℃，连同面粉本身 13%~14% 的水和

鸡蛋中75%的水，和面后面团含水率达到33%~34%。和面机低速(70~110 r/min)、长时间搅拌，有效搅拌时间15~20 min，使面团形成料坯状，吸水均匀、充足，面筋扩展适宜，颗粒松散，粒度大小一致，色泽均匀，不含生粉，手握成团，轻轻搓揉仍能成为松散的颗粒面团。

2. **熟化**

熟化的作用是使水分最大限度地渗透到蛋白质胶体粒子的内部，使其充分吸水膨胀，互相粘连，进一步形成面筋网络组织；通过低速搅拌或静置，消除面团的内应力，使面团内部结构稳定；促进蛋白质和淀粉之间的水分自动调节，达到均质化，起到对粉粒的调质作用；对复合压片工序起到均匀喂料的作用。

熟化工艺理论上要求在静态下进行，而作为机械化工业生产，面团静置后会结成大块，给复合轧片喂料造成困难。因此，在连续化制面生产流水线中，不得不把静态熟化改为动态熟化，以低速搅拌来防止面团结块，常见的熟化机有圆盘式熟化机和卧式单轴熟化机。熟化时间一般为10~15 min，要求面团的温度、水分不能与和面后相差过大。

熟化机和复合机外形如图8-3所示。

图8-3　熟化机和复合机外形

3. **复合、压延，切条、成型**

复合、压延主要技术参数：产量、压延比、压延倍数、压辊速度和线速度等。初压面片的厚度一般不低于4 mm，以保证面片最终承受8~10的压延倍数，使面片密实、光洁。面机的线速度一般规定末道压辊线速度≤0.6 m/s。面片要逐道压延，较理想的压延比(是指压片后的厚度比压片前减薄的百分比)包括50%、40%、30%、25%、10%。图8-4是复合压延过程，图8-5是压延机外形。

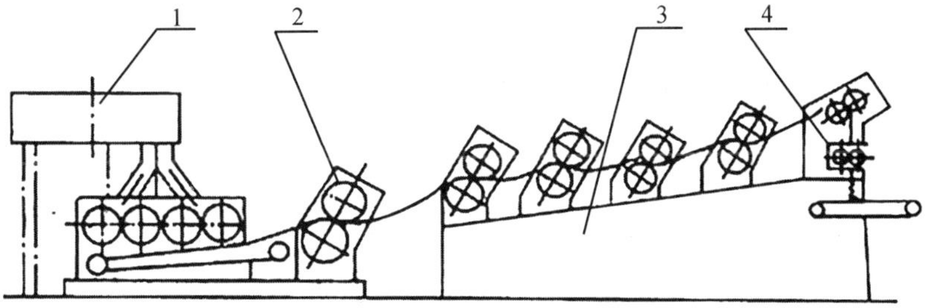

1. 熟化喂料机；2. 复合轧片机组；3. 连续轧片机组；4. 成型器

图8-4　复合、压延过程

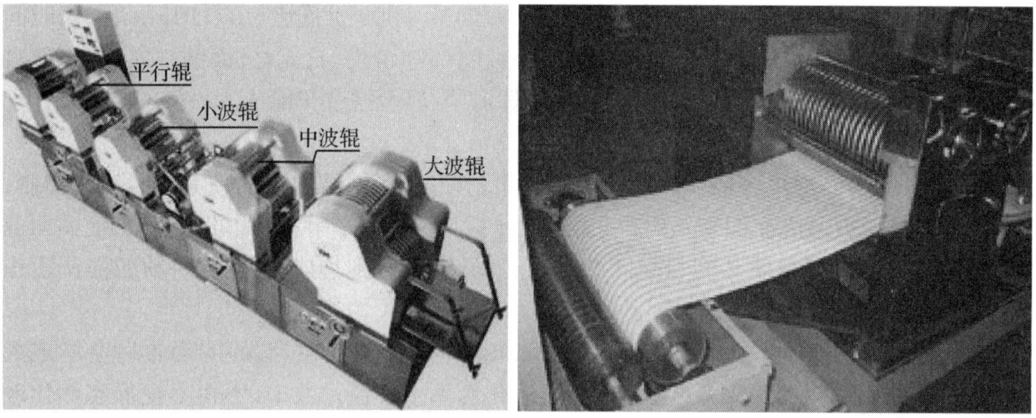

图 8-5　压延机外形

(1)面刀切条。压延好的面带通过面刀,一对相互啮合、有多条间距相等的凹凸槽、相对旋转的齿辊,由于齿辊凹凸槽的两个侧面相互紧密配合而具有剪切作用,使面带成为纵向分开的面条。在齿辊的下方,有两片对称而紧贴齿辊凹槽的铜梳,以清除被剪开的面条,不让其黏附在齿辊上,保证切条能连续地进行。

(2)折花成型。目的是防止蒸面时面条相互粘连,加快脱水时的水分蒸发,方便面被制成波峰竖起、前后波峰相靠、连绵不断、波浪起伏的特殊形状波纹。面条在成型导箱内与导箱前后壁发生碰撞而产生扭曲;成型传送带的线速小于面条的线速,在成型带上,面条受到阻力,使面条成为连续的细小的波纹状面条。面条线速度和成型传送带的线速度是影响成型效果的主要因素。速比大,波纹密;速比小,波纹稀。切条折花机外形及结构如图 8-6 所示。

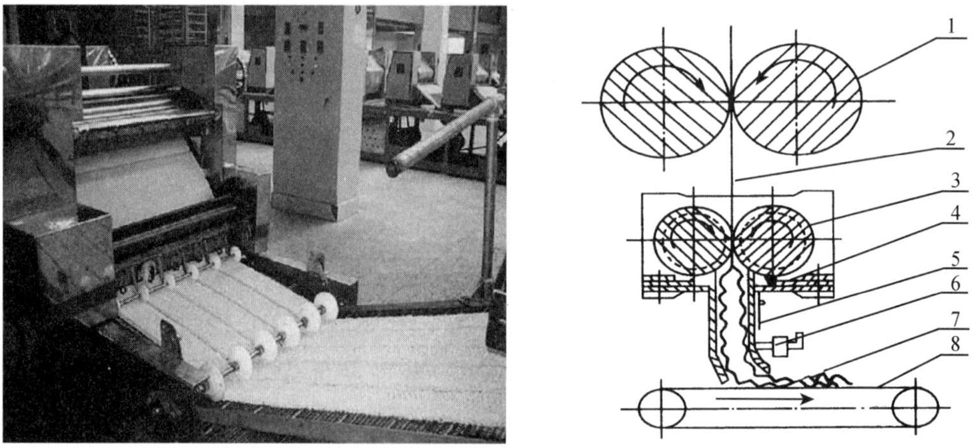

1. 末道轧辊;2. 面带;3. 面刀;4. 铜梳;5. 成型导梳;
6. 重锤;7. 已成波纹形状的面块;8. 可调速成型网带

图 8-6　切条折花机外形及结构

4. **蒸面**

蒸面是指利用蒸汽使淀粉受热糊化和蛋白质变性,由生面制成熟面。面条的糊化度应达到 80% 以上。适当延长蒸面时间,提高面条的糊化度,可改善面条的食用品质。蒸汽压力与时间:蒸面用的蒸汽压力 1.5~2 kg/cm^2,蒸面时间 60~90 s。蒸面是在连续式自动蒸面机上进行的。波纹面块放置在不锈钢丝编织的输送带上,进行蒸面。单层蒸面机如图 8-7 所示。

图 8-7　单层蒸面机

5. 定量切断及折叠

从连续蒸面机出来的熟波纹面带通过一对做相对旋转运动的切刀和托辊，被按一定长度切断。与此同时，曲柄连杆机构上做往复运动的折叠板正好插在被切断面块的中部，送入折叠导辊与分排输送带之间，面块被折叠进来。定量切断分排机外形及结构如图 8-8 所示。

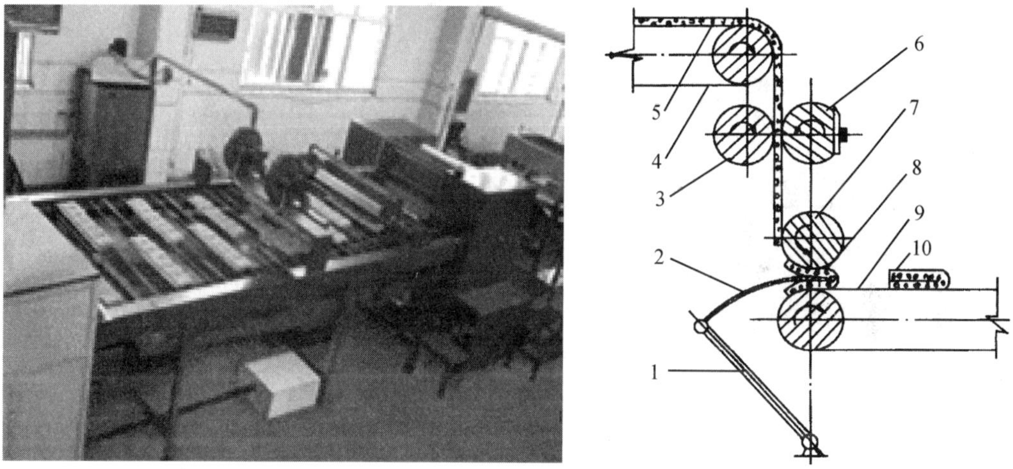

1. 连杆；2. 折叠板；3. 切刀托架；4. 输送带；5. 已蒸熟的面带；6. 切刀；7. 折叠导辊；
8. 正在折叠的面块；9. 分排输送网带；10. 已折叠成型的面块

图 8-8　定量切断分排机外形及结构

6. 脱水

(1) 热风干燥。用低湿度的热空气使面条中的水分汽化。一般干燥机内温度为 70~90 ℃，相对湿度 <70%，干燥时间 35~45 min，干燥后的方便面的水分 <12%，一般在 8%~10%。链盒式连续干燥机外形及结构如图 8-9 所示。

(2) 油炸脱水。将面块放入油槽中，面块被高温油所包围，面条内水分迅速汽化逸出，形成许多微孔，复水性能好，α 化程度高。如果油炸过程中油温过低或时间过短，会造成面条炸不透；相反，油温过高或时间过长，容易炸焦。一般油温控制在 145~150 ℃，油炸时间控制在 70~80 s，面条水分降低至 5% 左右，成品含油量约 20%。

油炸方便面的自动炸面机由主机、热交换器、循环油泵、粗滤器和贮油罐等组成。主机由油槽和带模盒的输送链条组成。从切断分排机出来的面块落入模盒,随链条的移动而逐渐进入油槽,安装在模盒上方链条中的盒盖同步转动,把盒中面块盖住,以防油炸时面块上浮而脱离模盒。当模盒通过油槽逐渐转向出口一端时,盒盖与模盒脱离;当模盒转到盒口朝下时,面块即脱盒落到冷却机的输送带上。方便面油炸机外形及结构如图 8-10 所示。

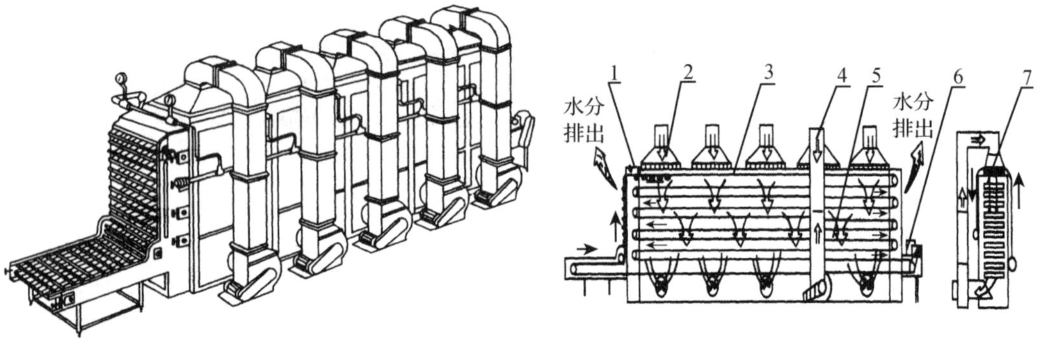

1. 机架;2. 热交换器;3. 链条;4. 风管;5. 热风循环鼓风机;
6. 无级变速传动装置;7. 不锈钢面盒(固定在链条上)

图 8-9　链盒式连续干燥机外形及结构

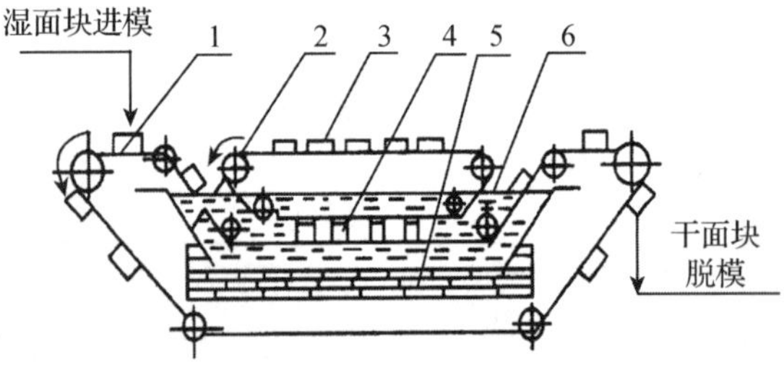

1. 模盒输送链;2. 油槽;3. 模盖输送链;4. 模盖与模盒配合工作状态;5. 加热装置;6 油

图 8-10　方便面油炸机外形及结构

7. **着味**

将一些呈味物质在和面时加入,或者在脱水干燥前后喷洒在面块上,为面块本身着味,可以满足方便面干吃的要求,也使方便面的风味更加完美。在和面时加入调味料,方法简单,不需要专门的设备。但是,一些在高温条件下不稳定的调味料会有不同程度的损失,甚至发生一些化学反应,生成对人体有害的物质。有些调味料还可能对面团的性能产生不良的影响。芳香物质的挥发性较强,不宜在干燥脱水前加入。在面条蒸熟、定量切断后喷洒调味料,可以避免其对面团性能的影响,但干燥时仍会有部分损失。在干燥以后着味,可以减少损失,但会增加面块表面的水分,影响其保藏性能。

8. **冷却与包装**

油炸方便面经过油炸后温度较高,送至冷却机时,温度一般还在 80~100 ℃;热风干燥方便面从干燥机出来送至冷却机时,温度在 50~60 ℃,均需冷却处理后包装。

方便面的冷却是在冷却机内进行的。冷却机由机架、冷却隧道、冷却风扇、不锈钢丝输送带及传动设备组成。经 3~4 min 冷却，待面块温度降至稍高于室温（约 5 ℃）后，进行包装。在包装前应进行金属探测和质量检查。

四、方便面汤料

（一）方便面汤料发展

方便面自身的特点决定了它大众化的定位，可口、方便、营养、餐桌化是其发展的方向。目前方便面已由量的增长时期进入质的增长时期，对面块的质量，对调味料的风味、营养价值都有新的要求。中国的方便面从面块的生产上看，质量已达国际水平，可总体质量水平仍不高，其根本原因在于方便面的汤料质量跟不上，而汤料却是方便面的重要组成部分。一方面，汤料的成本约占方便面总成本的一半；另一方面，方便面是否美味、可口，主要在于汤的质量。

汤料是评价方便面质量优劣的一个重要标志。鲜味是汤料的灵魂，香味是汤料的核心。近年来调味料迅速升级换代，由初期的“盐糖味精香辛料，加点葱花包一包”，发展到现在的“酶解萃取加反应，微胶囊里包香精”。

第一阶段：原始朦胧阶段（1978—1985 年）。汤料以粉状单包料为主，只起到一般调味的作用。

第二阶段：被动吸收阶段（1986—1990 年）。引进方便面生产线增多。这一时期用载体吸附的肉类粉状香精得到应用，香精使汤料只有肉香没有肉感，其香味是粉状汤料的主体香味，包括红烧牛肉、红烧排骨、麻辣鸡汁等。与此同时，核苷酸类鲜味剂进入中国市场，如 5- 肌苷酸钠（IMP）和 5- 鸟苷酸钠（GMP），不仅被认识和接受，而且显示了无可替代的调味功能。脱水蔬菜也快速起步，为汤料增姿添彩。

第三阶段：模仿探索阶段（1991—1998 年）。方便面生产企业为提高自身产品的竞争力，以单一粉包为主的汤料迅速地向双包料发展。注重色、香、味的质量标准，以及对肉类调味香精、天然调味料等原料的选择和应用。在这一时期，国产原料普遍质量较差，高档原料以进口为主。

第四阶段：研究发展阶段（1999 年至今）。国内调味料企业加强了对酶解技术、美拉德反应、超临界萃取技术、调香技术的研究，生产设备不断改进，工艺不断改善，国产肉类调味香精、天然调味料大量涌现，形成了市场的大分化、大发展的新格局。

方便面汤料的发展趋势如下。

（1）原料天然化。天然提取物及酶解产物等天然调味品将得到更广泛的应用；肉类调味香精将以美拉德热反应香精为主体，给人们以回归自然界、营养、安全的感觉，这将成为今后的主导。

（2）风味个性化。不同地区的饮食文化和饮食习惯差异很大，很难被一种口味统一，注重与中国传统食品的结合是一个很好的切入点，博大精深的中华面食文化是方便面发展可以汲取的源泉。

（3）生产科技化。例如，热反应技术、生物酶解技术等。

（4）使用方便化。调味原料迅速升级换代，香气更加逼真、呈味更加丰满、调配更加专业、风味更加细化、使用更加方便。

（5）卫生安全化。企业将更注重原料和添加剂的选择及生产过程控制管理，实行 ISO 9000 认证，引入了“危害分析与关键控制点”（HACCP）认证。

(6)价位大众化。

(7)健康营养化。

(二)调味调香的基本原理

1. 常见的味觉现象

(1)味觉的增强现象。一种味道因另一种物质的存在而显著增强。例如,味精(MSG)与I+G共用能相互增强鲜味,在1% NaCl溶液中加0.02% MSG,另一份加0.02% I+G,两者只有咸味而无鲜味,但两者混合就有强烈的鲜味。因此I+G的加入可以减少MSG的用量,既提高了质量又降低了成本。核苷酸与肉类香精并用,不仅可以抑制异味而且有强烈的肉味。

(2)味觉的对比现象。一种呈味物质使另一种不同味的物质味道变得更强,例如,咸味与甜味(在100 mL水中加入15 g的糖,再加入17 mg的盐,会感到甜味比不加盐时要甜)、咸味与鲜味。在鲜味剂中加盐可以使溶液更鲜美;加入某些香辛料能烘托肉类香精的香气,使肉香味更浓;在辣味料中加入少量香油使辣椒的香气更突出。

(3)味觉的掩盖现象。一种物质使某种味明显减弱。例如,味精掩盖苦味、咸味及酸味,砂糖掩盖咸味,姜葱掩盖腥味,花椒、肉桂等掩盖异味等。在制作酱包时,加入料酒、醋可以除去肉的腥膻味。酵母精含有特殊的酵母味,可以加入丁香或胡椒除去。水解蛋白由于制造工艺的限制,有时后味会带有化学气味,可以加入少量的洋葱精油或姜,使水解蛋白清爽、鲜香。

(4)味的派生现象。两种味的混合,会产生第三种味,“五味调和百味生”就是这个道理。例如,豆腥味与焦苦味结合,能够产生肉鲜味;姜、蒜与辣椒加糖、醋在油中加热,可以产生鱼香味;炒鸡蛋加上醋可以产生蟹味;白糖、料酒、酱油、甜面酱等调配可以制成叉烧味。

2. 食品的理化状态对味觉的影响

(1)黏稠度和细度对味觉的影响。黏稠度高的食品可延长食品在口腔内的粘着时间,使滋味感觉时间延长。细腻的食品可美化口感,使更多的呈味粒子与味蕾接触,口感更丰富。因此在汤料中可适当添加增稠剂。

(2)油脂对味觉的影响。大多数风味物质可部分溶解于脂肪,由于味道的化学结构不同及脂肪酸的链长度差异,使得味道成分在油态和水态彼此分离。溶于水的味道首先释放,并很快消散,后释放出的是溶于脂肪的味道,可以产生连续的味道的感觉。因此低脂肪食物无法产生高脂肪食物的浓烈和持续的味感。脂肪本身也可以提供口感和浓度。

(3)醇厚感对味觉的影响。醇厚感是指食品中的鲜味成分多,并含有肽类化合物及芳香类物质,使味感均衡、协调留下的良好味道。因此汤料中缺少动物蛋白水解物(HAP)、植物蛋白水解物(HVP)等成分是不可能有醇厚感的。

(4)香味和色彩对味觉的影响。对食品增香、着色后,由于条件反射,食用时能产生愉快的感受。但增香和着色所增的香味、颜色应与食品相和谐。

3. 香气的概念和特征

调香包括两种情况,一种是将单体香料组合,另一种是香精的复配。方便面调香,主要指香精的复配。

(1)香气的两种感觉:直冲感和圆润感。直冲感,即香气冲鼻感,来源于低沸点和挥发性香基强烈的嗅觉感,如合成香精和拌合型香精的头香;圆润感,即香气天然的柔和感,来源于动物蛋白中氨基酸、多肽和糖类、脂肪经美拉德反应的特殊肉源香气。

(2)香气的三个阶段:头香、体香、尾香。头香,闻香时最先闻到的香气,它应当清新、柔和、不刺鼻、特征香气突出;体香,头香之后立即闻到的香气,它应当丰满、醇厚,是香精的最主要的香气特征;尾香,是头香和体香挥发后留下的香气,尾香停留的时间较长。

(3)香气的四个要点:香型逼真、香气浓郁、留香持久、香气协调。

4. 调味、调香的原理

方便面的调味、调香就是将各种呈味料、香味料在一定条件下进行组合,产生新味,并以一定的形式使调料与面条充分融合,取得口味、香气、风味平衡,使各种呈味料、香味料之间协调。其最高境界就是,使各种香型、口味综合再现实际烹调的香气、口感,使全部香气和味感综合为一,逼真、圆润、浓郁、醇和。烹与调是一个过程的两个方面,烹调香气非常复杂,只有通过各种原料和烹调方法的配合,掌握香气变化的基本规律,才能正确调配出各种调味香料。因此选择汤料所用的调味香料必须有一定的烹调香气和口感。“食无定味,适口者珍”,反映了调味的灵活性,但只有掌握了“五味调和百味香”的基本准则,才能把酸、甜、苦、辣、咸调配得当,美味可口。

5. 调味原料

根据性能和作用的不同,调味料的原料可以分为咸味剂、鲜味剂、甜味剂、酸味剂、香辛料、天然调味料、香精、色素、油脂、脱水蔬菜、填充剂等。

(1)咸味剂。精制食盐。用量一般超过50%。由于食盐易潮解,会给生产和保管带来很多麻烦,因此应在配料之前把它烘干。

(2)鲜味剂。味精(MSG)、呈味核苷酸[即5-鸟苷酸钠(GMP)]、5-肌苷酸钠(IMP)以及它们的混合物(I+G)、酵母提取物、琥珀酸钠、氨基酸及肽等。味精是一种良好的呈味物质,其水溶液有浓厚的鲜味。呈味核苷酸是一类具有特别强的增鲜作用的添加剂。酵母抽提物含有丰富的蛋白质、多种氨基酸和呈味核苷酸,具有明显的肉香气和味道。

(3)甜味剂。白砂糖和葡萄糖,使风味甜美、可口。

(4)酸味剂。食醋、柠檬酸、乳酸、富马酸钠等,改善风味并有防腐作用。

(5)香辛料。辣椒、胡椒、花椒、蒜、葱、姜等,具有各种特殊的香气,用于改善风味和口感。

(6)天然调味料。种类很多,有水解型的天然调味料、抽提型的天然调味料、动物性水解天然调味料、植物性水解天然调味料,如牛肉抽提物、猪肉抽提物、鸡肉抽提物、鳗鱼抽提物、蘑菇抽提物、酵母精等。

(7)香精。天然香精、合成香精,具有赋香作用,如牛肉味香精、鸡味香精、香菇香精等。

(8)色素。焦糖色素、粉末酱油等,产生酱色的效果。

(9)油脂。色拉油、调味油,增加圆滑的味感。

(10)脱水蔬菜。葱、胡萝卜、香菇、海带等。

(11)填充剂。海藻酸钠、糊精、淀粉、酪蛋白、阿拉伯胶、大豆蛋白等,提高分散性和稳定性,增加适口性。

(三)汤料的加工

汤料加工的关键是确定配方,鸡肉味汤料配方见表 8-4,牛肉味汤料配方见表 8-5,虾味汤料配方见表 8-6,辣味汤料配方见表 8-7。调味料的配方在总体上反映了调味料的色、香、味和原料成本。要根据消费人群的口味和产品销地等情况,进行合理调配,反复试验和筛选,最终确定配方。原料质量对调味料的质量有直接的影响,要注意运用原料本身的风味品质、有效成分含量以及卫生指标。配料的准确与否对汤料的质量有严重的影响。

表 8-4　鸡肉味汤料配方　　%

原料	用量	原料	用量	原料	用量
味精	9.7	鸡肉香精	1.0	蒜粉	0.8
I+G	0.5	焦糖粉	2.6	葱汁粉	2.4
食盐	61.7	黑胡椒粉	2.4	琥珀酸钠	0.4
粉末酱油	6.6	胡萝卜粉	0.8	姜粉	1.6
洋葱粉	6.6	干燥葱片	2.9	合计	100

表 8-5　牛肉味汤料配方　　%

原料	用量	原料	用量	原料	用量
味精	9.00	牛肉精	9.90	韭菜	0.10
I+G	0.20	焦糖粉	1.70	蒜粉	0.05
食盐	59.2	黑胡椒粉	0.15	葡萄糖	11.25
粉末酱油	5.50	琥珀酸钠	0.50		
洋葱粉	0.10	柠檬酸	0.30		
姜粉	0.05	豆芽粉	2.00	合计	100

表 8-6　虾味汤料配方　　%

原料	用量	原料	用量	原料	用量
味精	10.3	虾子香精	1.37	干葱片	1.12
鲜虾粉	11.7	胡椒粉	2.12	蒜粉	1.88
食盐	58.1	姜粉	1.86	砂糖	7.51
香葱粉	1.46	榨菜粉	2.58	合计	100

表 8-7　辣味汤料配方　　%

原料	用量	原料	用量	原料	用量
味精	10.70	榨菜粉	4.56	咖喱粉	3.12
辣椒粉	3.78	胡椒粉	2.17	蒜粉	2.13
食盐	60.27	姜粉	1.89	砂糖	7.51
花椒粉	2.12	芥末粉	1.75	合计	100

一般粉末料包装使用 BOPP/PE、PET/AL/CPP 材料或加有 PVDC 涂层。酱包、油包使用 PET/PE、NY/PE 或 PET/AL/CPP 材料。

粉末状调味料一般要经过清理、干燥、粉碎、筛理、混合、包装等工序。

液体调味料一般要经过预处理、混合、加热、浓缩、灭菌、包装、耐压试验等工序。

五、成品检验

（一）汤料的质量控制

汤料与面块一起食用，其质量和数量都对方便面的整体质量有很大的影响。汤料应该具有正常的色泽、气味等，不能有涩、酸败及其他异味，不能有外来杂质。汤料是即食食品，除了要保证食用品质外，还要符合安全卫生的基本要求。要选用符合卫生标准要求的原料，由符合卫生要求的人员在符合卫生条件的环境中组织生产。要根据配方的不同情况，采取防腐、防霉、抗菌、抗氧化等措施。

（二）方便面的质量控制

方便面的质量控制参考国家标准《方便面》（GB/T 40772-2021）。

1. **感官要求**

面饼感官要求见表 8-8。

表 8-8　面饼感官要求

项目	指标
色泽	色泽均匀，无焦、糊现象，正反两面可略有深浅差别
滋味与气味	滋味与气味正常、无霉味、哈喇味及其他异味
形态	外形整齐，允许正反两面略有花纹差别，复水后应无明显断条、并条现象
口感	面条复水后，无明显断条、并条，口感不夹生，不粘牙
杂质	外表及内部均无肉眼可见的异物

2. **面饼质量要求**

面饼质量要求见表 8-9。

表 8-9　面饼质量要求

项目	油炸方便面			非油炸方便面
	泡面	干吃面	煮面	
脂肪含量 /%	≤24.0	—	≤24.0	—
氯化钠含量 /%	≤2.5	≤3.0	≤2.5	≤2.5
碘呈色度		≥1.0		
复水时间 /min	≤4.0	—	—	≤6.0

注："—"表示不作要求。

3. **方便面调料要求**

色泽正常、无异味，包装完整，应符合相关标准的规定。

4. **净含量偏差**

按照 JJF 1070 及《定量包装商品计量监督管理办法》执行。

5. **检验方法**

感官分析：按 GB/T 25005-2010 执行。

脂肪含量检验：按 GB 5009.6-2016 执行。

氯化钠含量检验：按 GB 5009.44 执行。

拓展知识

行业机会——主食的方便创新化

在方便面行业发展的几十年间,创新也不是什么新鲜词,最直观的表现就是每隔一段时间就能在超市的货架上看到“新面孔”。但是如果说得苛刻些,方便面在中国发展了几十年,真正有价值的创新却并不多,大多数时候都是围绕着“口味”“风味”做文章,换汤不换药,所以才会被很多消费者吐槽,“吃起来都是一个味”。可以说,方便面的创新与升级潜力还未被充分挖掘出来。

从主食的方便食品化角度来看方便面的未来市场,其实还大有可为。中国作为几千年的“吃面”大国,面条在人们主食中占据着重要地位,将面条作为主食的多样性与方便食品的便捷性相结合,自然可以诞生更为丰富的创新灵感。

未来的方便面,应满足多种需求,如早餐、午餐、晚餐这种正餐需求,也有夜宵、加餐、应急等正餐外的需求,这也要求方便面在美味、创新的同时做到营养、健康,这个方向也正好契合当下行业都在做的高端转型。

一个比较典型的行业案例,就是今麦郎。这个品牌在近几年的产品创新都是聚焦于传承中国饮食的健康面。例如,通过学习蒸馒头、煮面条的智慧研发出的“0油炸健康面”拉面,突破了传统油炸面的技术壁垒,经过20多年技术攻关自主研发直条切丝工艺和特殊蒸煮工艺,0油炸面饼相比传统的油炸面饼热量更低,更健康;推出一系列风味面食,如“寻味中华”系列、“速食凉皮”等,满足不同消费人群的口味喜好,丰富产品作为主食替代的多样性。

任务二　挂面加工技术

【任务导入】

> **问**
>
> 你了解挂面的历史吗?

中国面条起源于东汉(时称“煮饼”“水溲饼”),成熟于魏晋(时称“汤饼”,与今日的“热汤面”近似)。唐代、宋代是面条真正成“条”时期,称为“冷淘”“热淘”,与今日的“过水面”相近。元代、明代,面条制作又向前前进了一大步,不但品种多,而且已有挂面问世。中国的制面技术在隋唐时传入日本,1883年,日本的真崎照乡氏制成辊压制面机,加上干燥技术的进步,便出现了工业化生产挂面。意大利通心面是13世纪元代,由马可·波罗从中国传入意大利的,随后,意大利通心面的生产有了很大发展。

必备知识

一、挂面制作工艺

挂面是由湿面条挂在面杆上干燥而得名的,其制作的基本步骤是:先将各种原辅料加入和面机中充分搅拌,静置熟化后将成熟面团通过两个大直径的辊筒压成约10 mm厚的面片，再经压薄辊连续压延面片 6~8 道，使其达到所要求的厚度(1~2 mm)，然后通过切面机进行切条成型，干燥切齐后即得到成品。

(一)工艺流程

挂面生产的工艺流程如图 8-11 所示。

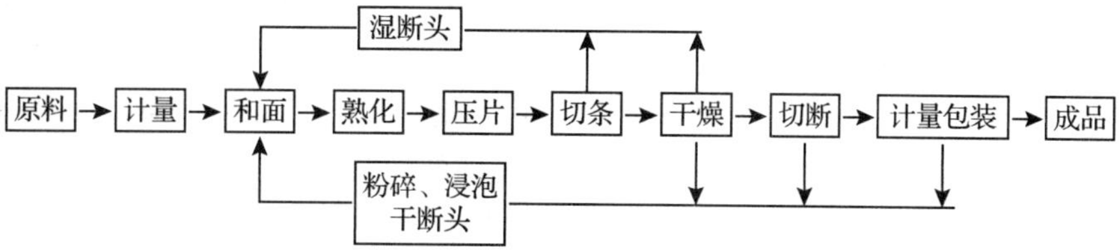

图 8-11　挂面生产的工艺流程

(二)操作要点

1. 和面

和面是指通过和面机的搅拌、揉和作用，将各种原辅料均匀混合，最后形成的面团坯料干湿合适、色泽均匀且不含生粉的小团块，手握成团，轻搓后仍可分散为松散的颗粒状结构。

和面操作要求“四定”，即面粉、食盐、回机面头和其他辅料要按比例定量添加；加水量应根据面粉的湿面筋含量确定，同一批原料，每次和面时的加水量应保持一致。加水要求一次定准，一次加足，以利于小麦面粉和辅料等吸水均匀。如果一次加水不足，搅拌一段时间后发现水分不足再补加，那么会导致小麦面粉吸水不均匀；如果一次加水过多，搅拌后再添加小麦面粉，后加入的小麦面粉吸水就不均匀，这两种情况都会影响面筋质的形成。所以，能否正确估计加水量，做到一次加足，干湿均匀，是衡量工人技术水平高低的重要指标之一。加水量一般为 25%~32%，面团含水量不低于 31%。和面用水温度宜控制在 25 ~30 ℃，水温的高低要根据环境温度调整，如在东北地区严寒的冬天，环境温度较低，在这种情况下，水温可以提高到 40 ~50 ℃，随着温度的提高，面粉的吸水能力逐步提高。和面时间一般为 10~20 min，夏季短一些，冬天长一些。和面时间、和面机转速与设备类型的关系见表 8-10。和面设备，卧式直线搅拌杆和面机和卧式曲线搅拌杆和面机效果较好。近年来，出现了先进的真空和面机，但价格昂贵。

表 8-10　和面时间、和面机转速与设备类型的关系

和面机类型	转速要求 /(r/min)	和面时间 /min
卧式双轴	<150	>10
卧式单轴	<250	>5
卧式半轴	<20	>15
立式、连续式	<600	—

2. 熟化

将和好的面团静置或低速搅拌一段时间，以使和好的面团消除内应力，使水分、蛋白质和淀粉之间均匀分布，促使面筋结构进一步形成，面团结构进一步稳定。熟化的实质是依靠时间的延长使面团内部组织自动调节，从而使各组分更加均匀分布。熟化时间常需 20~

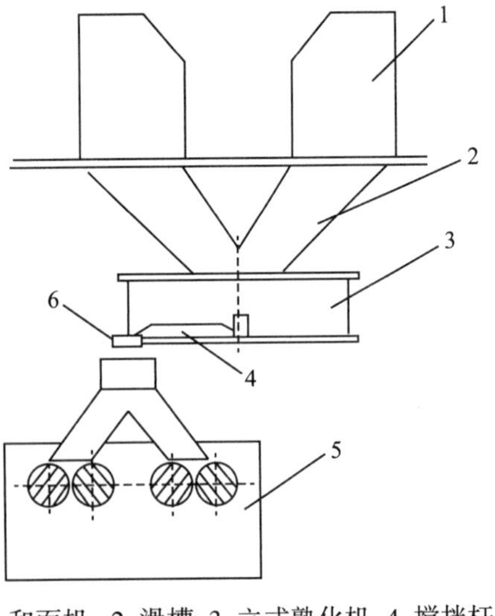

1. 和面机；2. 滑槽；3. 立式熟化机；4. 搅拌杆；
5. 复合机；6. 排料口装有手动闸门

图 8-12　立式熟化机的结构

30 min，但在连续化生产中，一般熟化时间为10~15 min。图 8-12 是立式熟化机的结构。

3. **压延**

压延就是将松散的坯料压成一定厚度的带状面片，并使面筋成为细密的网状组织，在面带中均匀分布。面团的压延是在同一方向上进行的，面筋组织沿着压延方向排列成束，这种排列使得面带的强度沿其长度方向增大。中国古老的制面方法是手工擀面，即把手工和好的面团放在案板上，用擀面棒对面团反复滚压，把面团逐步压成一定厚度的面片。机械制面是液压成型，是指把面团通过多道做相对旋转的轧辊而得到一定厚度的面片，实际也是根据手擀面的原理发展起来的。

压片过程分为压延和复合两个阶段。压延过程中，作用在面带上的压力大小又与压辊的直径有关。直径越大，作用在面带上的压力也越大。复合阶段，要把颗粒状的松散的面团压成面片，所需压力较大，辊径大；压延阶段，所需压力较小，辊径也比较小。初压面片的厚度一般不低于 4 mm（两片复合前相加厚度不低于 8 mm），以保证面片最终承受8~10 倍的压延倍数，使面片密实、光洁。

面片要逐道压延。影响面团压延效果的两个主要因素是压延比和压延速率。

压延比，又称压薄率，是指在轧片过程中，面片进出某道压辊的厚度差与进入前厚度的比值。可用下式表示压延比，一般不大于 50%，太大会破坏面片内部的网状组织。压延比与压延道数有关。

$$\text{压延比} = \frac{(\text{辊压前面片厚度} - \text{辊压后面片厚度})}{\text{辊压前面片厚度}} \times 100\%$$

一般复合后压延阶段压 5~7 道。前后各道比较理想的压延比依次为 50%、40%、30%、25%、15%、10%。

压延速率过高，面带会受到过度的拉伸，容易破坏已形成的面筋，影响面带的表面光滑度；速率过低，面带受压时间长，表面光滑，但影响产量。一般规定末道压辊线速度不大于 0.6 m/s。

4. **切条**

切条是在切面机上完成的，面刀的加工精度和安装使用往往与面条出现毛刺、疙瘩、扭曲、并条及宽厚不一致等缺陷有关。在连续化生产的过程中，切面机被安装在压延机的后端。切面机由切条刀和切断刀组成，切断刀作用是将湿面条横向切断，其转速可以根据每杆湿挂面的长度调节。

5. **烘干**

烘干过程是挂面生产中最重要、最关键的环节。生产中发生的酥面、潮面、酸面等现象，都是由于烘干设备和技术不合理造成的，因此必须予以高度重视。挂面烘干有自然烘干与人工烘干两种方法，工业化生产都采用人工烘干的方法。

根据面条的物理特性和烘干的特殊要求，挂面的烘道分为3个区：预烘干区、主烘干区和完成烘干区。根据挂面的品种、季节、天气，灵活控制各区的温度和湿度，主要技术参数见表8-11。

表8-11　烘干区的主要技术参数

烘干区	温度/℃	相对湿度/%	占总烘干时间/%	风速/(m/s)
预烘干区	25~30	85~90	15~20	1.0~1.2
主烘干区	35~45	75~80	40~50	1.5~1.8
完成烘干区	20~30	55~65	20~40	0.8~1.0

"保湿烘干"是有效的措施。在挂面烘干过程中，要调节烘干室内部的温度和排湿量，保持一定的相对湿度，以控制挂面表层水分的蒸发，防止因表里干燥速度不一致而影响挂面质量。

挂面的烘干过程可以分为4个阶段。

第一阶段：冷风定条。刚进入烘道的鲜湿面条，由于含水量大，本身所能承受的拉力较小，在自重作用下，容易伸长，截面积变小，相应地，增大的拉伸应力会达到断裂应力极限，产生湿的断条。因此，必须先除去湿面条表层的一部分水分，使其逐步从可塑体转向弹性—塑性体，固定其组织，增加湿面条的强度，以避免和防止在烘干初期出现大量落面的现象。

完成此任务的条件是空气介质的相对湿度要控制适宜，最佳范围为85%~90%，蒸发挂面表面的水分，使面条含水量从30%降到28%。如果空气相对湿度较低，则可直接利用室外空气进入烘干区，不但效果好，而且经济。但是过分干燥（空气相对湿度过低）的空气介质，会使面条表层水分蒸发过快和过多，使其表面结膜，降低烘干质量。如果空气介质的相对湿度过高，则需采用适宜的加热方法降低后，才能进入烘干区。否则过湿的空气直接进入烘干区，湿面条表层水分蒸发十分缓慢，甚至不能脱去其表层水分，造成湿面条大量掉落，达不到预烘干的目的。这一点往往被实际工作者所忽视，认为冷风定条就是不加温只吹冷风，而没有仔细地分析只吹冷风是针对相对湿度较低的空气介质而言的。一般在空气相对湿度>95%或空气介质≤10℃时，空气介质需要适当加温。

第二阶段：保潮发汗。引起面条干燥、龟裂和断条的极限含水量为25%，因此冷风定条后，不能继续蒸发表层水分进行烘干，必须以内部水分向外迁移的速度为基准，保持很高的相对湿度，同时加热，使面条内部的水分向外扩散，水分降到25%以内。

第三阶段：升温降潮。内部水分向表层的迁移，使水分子积聚于表层，必须进一步升温，逐步降低烘干区的相对湿度，使面条水分在高温、低湿的环境下迅速蒸发，然后降到16%以内。此阶段是整个脱水过程的高峰区，湿面条自身温度很高，表层水分的汽化速度较快（相对湿度大幅度下降）。而内部水分因湿传导和温湿传导作用，并没有向表层全部迁移完毕，因此仍有结膜的可能，必须保持空气一定湿度，不能使空气过分干燥。

第四阶段：降温散热。散发面条的热量，再蒸发部分水分，使面条水分在12.5%~14.5%。面条经过高温、低湿脱水，其表面和内部水分的含量极不平衡，必须采取缓苏过程进行调整，使面条外表面和内部的水分逐步趋于一致，并消除面条因干燥收缩而产生的干燥内应力，增强韧弹性，达到面条质量均质化。同时，面条是不良导热体，进过高温脱水后，其本身温度较高，尽管最后烘干阶段的空气介质温度较低，但面条内部的热传递不能骤然停止，而要经过余温来完成温度的平衡，使面条内外温度与室温趋于平衡。否则，烘干将继续进行。温度的不平衡性必使面条产生裂纹。

烘干时间是保证挂面质量的一个主要条件，应不低于 3.5 h。烘干时间短，容易造成挂面“外干内潮”和表里收缩不一，甚至产生酥面；烘干时间过长，则生产效率低。

挂面表面出现明显的或不明显的龟裂裂纹，外观呈灰白色且毛糙，折断时截面很不整齐，加水烧煮时会断成小段，这种现象称为酥面。产生酥面的原因有：原料方面，小麦粉的筋力太低，可能是受害小麦加工成的小麦粉，或小麦未经后熟过程、和面工艺控制不当；压片操作时，厚薄不均匀，紧密的程度差异太大；烘干过程中，外层“硬结”，冷却又过快，热面遇到冷风；湿挂面头回机的比例太高等。

挂面的导湿性能比较差，所以，刚从烘房里出来的挂面，其内部的湿热传递不会骤然停止，而是逐步减弱，直到挂面外层和外界空气的温度相对平衡，其水分才会稳定，组织形状才会固定下来，这一过程在工艺上称为挂面的缓酥。缓酥的时间应不少于 12 h。

6. **切断**

烘房出来的面条，总长为 1.2~1.6 m。成品挂面长度一般为 200 mm 或 240 mm，长度允许误差为 ±10 mm。切断对挂面的内在质量无多大影响，但与挂面的外观质量和干面头量增减有极大关系。切断工艺是整个挂面生产中面头（断头料）产生量最多的环节，因此切断工艺要求是长度一致，断头最少。

一般采用圆盘式切面机和往复式切面机。前者传动系统简单、生产效率高，但切出的挂面整齐度差，断损严重；后者整齐度好，断损少、效率稍低、传动装置较复杂。

7. **计量、包装**

计量是挂面包装前的一道重要工序，一般要求计量准确，净重偏差控制在 ±1.0% 以内。挂面包装的基本要求是整齐美观、卫生安全、标志完整、图案清晰。传统的圆筒形纸包装仍广泛采用人工、台秤计量。新型的塑料密封包装已实现自动化计量包装。

8. **面头处理**

在挂面生产过程中，不可避免地会产生一定量的面条断头。湿面头要及时回机。干面头采用浸泡法或粉碎法处理。干面头用适量水浸泡软化后加以利用，对形成面筋能力的破坏较小，但掌握不当，容易发酸变质。粉碎法要求面头细度与面粉相同。回机率不能大于 15%，否则会影响挂面的质量。

二、挂面质量标准

挂面质量标准参考国家标准《挂面》（GB/T 40636-2021）。

1. **感官要求**

感官要求见表 8-12。

表 8-12　感官要求

项目	要求	项目	要求
色泽	均匀一致	杂质	无正常视力可见的异物
气味	无酸味、霉味及其他异味	口感	煮熟后在口中咀嚼时不牙碜

2. **理化指标**

理化指标见表 8-13。

表 8-13　理化指标

项目	指标
水分含量 /%	≤14.5
酸度 /(mL/10 g)	≤4.0
自然断条率 /%	≤5.0
熟断条率 /%	≤5.0
烹调损失率 /%	≤10.0

拓展知识

这些关于挂面的知识你知道吗?

鸡蛋挂面、杂粮挂面、营养素强化挂面……超市中的挂面品种还真不少,工作忙或是偶尔想偷懒的你,可能家里也会储备点挂面。但是,什么样的挂面好,你真清楚吗?

1. **买挂面,主要看"钠"量**

挂面在生产过程中加入了氯化钠,因为氯化钠能让面条更加白亮,有利于缩短煮熟时间。但是,吃一碗煮挂面,即使一滴酱油都不放,仅仅是白挂面,就已经含有 3 g 的盐了。

在某挂面营养成分表中,"钠"含量为 1 200 mg/100 g,也就是 2 两面条中有 3 g 盐(400 mg 钠 =1 g 盐),占全天用盐量的 60%,还不算拌面的各种调味品。因此,购买挂面时,要尽量选择"钠"含量低的。

2. **别选含碳酸钠的挂面**

挂面口感筋道,很多种类比手工做的好吃。估计很多人都有这样的感受,但那是因为在生产过程中加入了一定量的氯化钠(食盐)与碳酸钠(食用碱)。加入碳酸钠能改善挂面品质,但这种物质会破坏小麦制品中的营养素,使营养价值大大降低,因此,应尽量购买没有添加碳酸钠的产品。

3. **杂粮挂面,看清配料表**

绿豆挂面很受欢迎,有"绿豆清凉面",还有一些专门给孩子吃的"绿豆营养挂面"。但如果配料表里标示"绿豆精粉"或"精制绿豆粉",就不要选购了。只要加上"精"字,就代表磨成的粉已经丢失了大部分维生素及矿物质。更有甚者,虽说是绿豆挂面,但配料表里却没有绿豆。

荞麦挂面也很受欢迎,但普通荞麦粉为白色,若挂面中没有额外标明是用苦荞或黑苦荞制成的话,挂面一般不应呈现较深的颜色。

4. **鸡蛋挂面,里面加的是蛋黄粉**

鸡蛋挂面是众多"营养挂面"中销量最大的,很多人以为里面真的有鸡蛋。但是用鲜鸡蛋制作挂面,过程要求严格,稍有不慎就可能产生异味、变质。所以,添加蛋黄粉(鸡全蛋粉)成了许多挂面生产厂家的首选。

蛋黄粉经多道工序,将蛋液干燥成粉,这样更易保存运输,但会损失鸡蛋中的部分营养成分。一般挂面中的添加量在5%~8%,不会超过10%。若添加过多的鸡蛋成分,面条吃起来口感会比较硬。

5. 蔬菜挂面,仅保留了蔬菜的味道

在超市挂面区,"儿童蔬菜挂面"占地不小。但不管是香菇、菠菜、芹菜或是西红柿,经过打汁、和面、烘干等制作挂面的过程后,维生素类营养素损失严重,保留下来的大多只是蔬菜的味道和极少的营养物质,并不是孩子的优质营养食物。

一些营养强化挂面是在生产过程中人为添加了碘、铁、锌等,如果标明了具体添加量,可根据自身情况购买。但是,一般饮食和营养基本均衡的消费者没有必要选择此类挂面。

任务三　馒头加工技术

【任务导入】

问

你了解馒头的历史吗?

"馒头"一词,可以追溯到三国时代。宋朝高承《事物纪原》:"诸葛亮南征,将渡泸水,土俗杀人祭神,亮令以羊、豕代,取面画人头祭之。馒头名始于此。"也有人据此解释,馒头原名蛮头,蛮人之头也,后人嫌不雅,才改为现在的名字。三国之后,有关馒头、包子的记载渐多。《晋书·何曾传》载西晋初太傅何曾精于食,说他"蒸饼上不拆作十字不食",即蒸饼上不蒸出十字的花纹是不吃的。有人认为这种蒸饼和现今的"开花馒头"差不多。伴随着城市化和城镇化的发展,中国主食馒头的生产经营正在向着产业化发展。馒头的加工与销售方式,在不同的地域差异很大,从总体上看,馒头的产业化水平呈现农村低、城市高的趋势。馒头的产业化发展符合社会消费的发展方向,是经济社会发展的必然趋势。

一、馒头的分类

馒头的分类问题是馒头产业化发展进程中的重要问题。2005年,苏东民对馒头进行科学的分类,初步建立统一的、规范的中国馒头分类体系(表8-14)。

苏东民把中国馒头分为三层级,第一层级的分类标准为消费用途,第二层级的分类标准为口感,形状、口味、气味并列作为第三层级标准。此外,为了有利于生产开发,还将馒头的具体品种特征作为补充性分类标准,如地域特点、文化特征等。

二、馒头的生产概述

馒头在中国人民的膳食组成中占有十分重要的地位,而传统家庭式和作坊式生产方式早不能适应现代化生活节奏。馒头的工业化生产是厨房工程的一个重要内容,同时也是中国传统主食社会化生产及配套工作的必然要求。

河南工业大学和河南省粮食科研所,于1986年共同研制出一套馒头设备,首次解决了馒头的连续化生产工艺和单元操作中成型、醒发、汽蒸的技术问题。为中国馒头生产工厂化奠定了基础。1990年,在原有成果基础上和郑州天源食品机械开发公司的积极协助下，采用二次发酵法生产工艺，用酵母完全取代传统的老面发酵，确保了馒头质量；解决了单个馒头输入与生产线主机的准确同步问题；完善了设备卫生质量要求。

1995 年以来，在二次发酵工艺基础上，河南工业大学和河南省粮食科研所对工业化生产过程中的操作单元，进行了单项攻关和综合配套，增加了恒温加水系统，能进行温湿度控制的醒发间；改善了托盘及托盘架车；研制出了 TZXJ 馒头整形机，馒头喂料机，刀切馒头机，包子机，包子、饺子、馒头三用机。

目前，馒头的工业化生产已初具规模。普通的馒头自动化生产线一般由和面机、发酵间、提升机、切块机、馒头成型机、输送机、托盘、醒发间、蒸锅与锅炉等设备组成。产量 250 kg/h 的生产线耗蒸汽 350 kg/h，蒸汽压力 0.12 MPa，耗电 9.2 kW·h。

表 8-14　中国馒头分类体系

标准层级	分类标准或依据		拟分类型	主要特点或代表品种	主要影响因素	判断方式
一层	消费用途		主食 非主食	日常餐食馒头、 花色馒头、 保健馒头	消费需求、数量与频度	消费群体嗜好调查
二层	口感（质构）		软式 中硬式 硬式	南方馒头、广东馒头 北方馒头、机制馒头 杠子馍、皇城枣花	面粉特性、水分、面团、发酵工艺、添加剂等	消费群体嗜好调查；密度、柔软性、筋道感、硬度、弹性等
三层	感官特性	形状（外观）	对称 非对称	圆馒头、方馒头等 包子、卷子等	成型工艺	感官评定
		口味（风味）	淡味	普通市售馒头	口味辅料	感官评定
			甜味	开花馒头、糖馒头		
			咸味	咸味馒头		
			麦香	纯酵香馒头		
		气味（风味）	醇味	米酒酵香馒头	发酵剂及发酵工艺	感官评定
			兼香	老面酵香馒头		

三、馒头生产的原辅料

（一）小麦粉

制作北方传统馒头的小麦粉，筋力应中等或中等偏上，湿面筋含量应在 28% 以上，面团的稳定时间在 4 min 以上。南方馒头比北方馒头要求的蛋白质与筋性稍低一些。蛋白质含量过高，筋性过强，生产出来的馒头表面易皱缩、开裂；蛋白质含量过低，筋力过弱，馒头体积小，咬劲差。

成熟不足的小麦粉，面团的状态不佳，缺乏弹性。这种情况应该添加速效型氧化剂(如抗坏血酸等)来改善；相反，小麦粉成熟或氧化过度，则面筋结合困难，面团呈不均匀的状态。对于成熟度较小的面粉，应强烈搅拌，而对于氧化过度的小麦粉，应加入还原剂使其恢复正常。

(二)发酵剂

馒头常用的发酵剂有酵母、化学膨松剂、面肥(老面头)等。

1. 酵母

酵母通常有以下 3 种。

(1)鲜酵母。鲜酵母又称压榨酵母，它是酵母菌种在糖蜜等培养基中经过扩大培养、繁殖、分离、压榨制成的。鲜酵母有以下特点：

①活性和发酵力都较低。使用时需增加用量，否则就会延长生产周期，影响馒头质量品质。

②活性不稳定。需经常随着贮存时间延长而增加其使用量，否则达不到质量要求，并增大了成本。

③发酵速度慢。由于活性低，发酵力不高，在相同条件下，要比其他酵母发酵时间延长 1 倍到 2 倍，延长生产周期，影响馒头质量。

④贮存条件严格。必须在冰箱或冷库等低温条件下贮存，增加了设备投资和电能消耗。

⑤贮存时间短。有效贮存时间仅有 3~4 周，不能一次性购买太多，需经常采购，增大了费用支出。对于远离酵母生产厂家的工厂来说，使用极不方便。

⑥不易长途运输。

⑦使用前需要活化，用 30~35 ℃的温水活化 10~15 min，用高速搅拌机时可不用水活化。

⑧价格便宜。

(2)活性干酵母。活性干酵母是由鲜酵母经低温干燥而制成的颗粒酵母，它具有以下特点：

①使用比鲜酵母更方便。

②活性很稳定，发酵力很高，高达 1 300 mL。因此，使用量也很稳定。不需低温贮存，可在常温下贮存 1 年左右。

③使用前需用温水活化。

④成本较高。

(3)即发活性干酵母。即发活性干酵母是近些年来发展起来的一种发酵速度很快的高活性新型干酵母，主要生产国是法国、荷兰等。近年来，我国与国外合资建设了多家适合中国面食发酵的即发活性干酵母生产企业。它与鲜酵母、活性干酵母相比，具有以下鲜明特点：

①使用非常方便。使用前无须溶解和活化，可直接加入面粉中拌匀，省时省力。

②活性特别高。在所有的酵母中，即发型酵母的使用量最小。

③活性特别稳定。因采用真空密封充或氮气包装，贮存数年，活力无明显变化，故使用量很稳定。

④发酵速度快。能大大缩短发酵时间，特别适合于快速发酵工艺。

⑤无须低温贮存。只要贮存在室温状态下的阴凉处即可。无任何损失、浪费，节约了能源。

⑥价格较高。

从以上分析可以看出，虽然即发活性干酵母价格高，但其活性高，发酵力大，活性稳定，无任何损失、浪费，这是目前能在全国广泛使用并代替鲜酵母的原因。

2. 化学膨松剂

常见的化学膨松剂是碳酸氢钠、碳酸钠和发酵粉。

(1)碳酸氢钠。俗称小苏打，白色粉末、无臭味，为碱性膨松剂，分解温度在 60 ℃以上。受热分解后的残留部分为碳酸钠，可使成品呈碱性。使用不当会影响成品口味和色泽。

(2)碳酸钠。俗称纯碱、食用碱等，纯品为白色粉末状物质。其主要作用：降低面团酸度，调节面团 pH 近中性，可防止产品萎缩，使产品更加暄软、洁白；碱可以使水中的二价或多价金属沉淀，从而降低和面用水的硬度；碱与一些有机酸反应生成有机酸盐，具有特殊的碱香味。北方一些地区的百姓比较喜爱稍带碱味的馒头。

碱的加入可能会破坏部分 B 族维生素，蒸制后 pH 高于 7.2 时馒头会变为黄色，影响产品外观，因此不可过量添加。

(3)发酵粉。俗称泡打粉，成分是“小苏打 + 酸性盐 + 中性填充物(淀粉)”。由于发酵粉是根据酸碱中和的反应原理而配制的，它的生成物显中性，因此消除了小苏打在使用中的缺点。

3. 面肥(老面头)

面肥是传统的馒头生产所用的发酵剂。它以上次做馒头留下的发酵面团为主要发酵菌种(酵头)，少量补充酵母或酵子，加入面粉和成面团，放入大容器中，在自然条件下适当保温、保湿，过夜发酵。

(三)水

在馒头生产中，要求水的 pH 为 7~8；水的温度在 30 ℃左右，这是酵母的最佳发酵温度；水的硬度一般以中等硬度为宜。硬度是将水中溶解的钙、镁离子的量换算成相应的碳酸钙的量，用 mg/kg 量来表示。中国水硬度的标准是：在 100 mL 水中含有 1 mg 氧化钙为 1 度。氧化镁的量应换算成氧化钙，换算公式：1 mg 氧化钙＝ 0.74 mg 氧化镁。

加水量与面粉的筋力强弱、破损淀粉含量以及面粉本身的水分含量有关。对生产主食馒头来说，如果采用的是中筋粉，且未添加油脂和奶粉，加水量可控制在 43% 以下。加水量超过这个量，可能造成馒头机粘辊的现象。添加奶粉会使吸水率提高，加入 1% 的无糖奶粉，吸水率要增加 1%；糖的添加会使面团的吸水率减少，为得到相同硬度的面团，每加入 1% 的糖量，要减少 0.6% 的吸水率；食盐对吸水量有较大的影响，如添加 2% 的食盐，比无盐面团减少 3% 的吸水量。

(四)糖类

1. 蔗糖产品种类

(1)白砂糖。白砂糖简称砂糖，是纯度最高的蔗糖产品，蔗糖含量达 99% 以上，它是从甘蔗或甜菜中提取糖汁，经过过滤、沉淀、蒸发、结晶、脱色、重结晶、烘干等工艺制得的。白砂糖按其晶粒大小又有粗砂、中砂、细砂之分。对白砂糖的品质要求是晶粒整齐、颜色洁白、干燥、无杂质、无异味。

(2)绵白糖。绵白糖又称绵砂糖和白糖，颜色洁白，具有光泽，是由白砂糖加入 2.5% 左右转化糖浆或饴糖制成的，因此晶粒小、均匀，质地绵软、细腻，甜度较高。蔗糖含量在97%以上。

2. 糖在蒸制面食中的工艺性能

(1)改善制品的风味。糖本身是甜味剂，使食品具有柔和、纯正的甜味。糖还可以与蛋白质、脂肪以及其他成分作用产生特殊风味或加强某种风味。

(2)对面团结构的影响。由于糖的吸湿性，它不仅吸收蛋白质胶粒之间的游离水，同时会造成胶粒外部浓度增加，使胶粒内部的水分产生反渗透作用，从而降低蛋白质胶粒的湿润度，造成调粉过程中面筋形成程度降低，弹性减弱，面团变得黏软。糖在面团调制过程中的反水化作用，每增加约1%糖量，使面粉吸水率降低0.6%左右。所以，糖可以调节面团筋力，控制面团的弹塑性，以及产品的内部组织结构。

(3)调节面团发酵速度。糖可以作为发酵面团中酵母的营养物，促进酵母菌的生长繁殖，提高发酵产气能力。在一定范围内，加糖量多，发酵速度快，单糖较多的糖更有效。但当糖量超过一定限度，会减慢发酵速度，甚至使面团发不起来，这是因为糖的渗透作用抑制了酵母的生命活动。

(4)提高制品的营养价值。因为糖是三大营养物质之一，蔗糖的发热量较高，易被人体吸收，故可以提高制品的营养价值。

(五)油脂

1. 蒸制面食中常用的油脂

(1)动物油脂。常用的动物油脂是猪油。猪油中饱和脂肪酸比例较高，常温下呈半固态，塑性、起酥性较好，色泽洁白、光亮，质地细腻，口味较佳。猪油起泡性能较差，故不能作为膨松制品发泡原料。

(2)植物油。植物油中含有较多的不饱和脂肪酸，大多数在常温下为液体，带有特殊的油脂风味。其加工工艺性能不如动物油脂，一般多用作增香料、蒸盘防粘剂和产品柔软剂。

(3)人造奶油。人造奶油又称人造黄油、麦淇淋、玛琪淋，是以氢化油为主要原料，添加适量的牛乳或乳制品、色素、香料、乳化剂、防腐剂、抗氧化剂、食盐和维生素，经混合、乳化等工序而制成的。乳化性能和加工性能比奶油还要好，是奶油的良好替代品。

(4)奶油。奶油又称黄油或白脱油。它是从牛乳中分离加工而来的一种比较纯净的脂肪，含有80%左右的乳脂肪，还含有少量的乳固体和16%左右的水分。奶油的熔点在28~33 ℃，凝固点为15~25 ℃，常温下是浅黄色固体，高温下易软化变形。其具有乳化发泡性、可塑性、起酥性等良好的加工性能，且风味良好，营养价值较高。

2. 油脂在蒸制面食中的工艺性能

(1)改善面团物理性质。油脂具有疏水性和游离性，加入面团后，便分布在蛋白质和淀粉粒的周围形成油膜，限制面粉的吸水，从而控制面团中面筋的湿润度。此外，由于油脂的隔离使已经形成的面筋微粒不易彼此黏合而形成面筋网络，因此降低了面团的弹性和韧性，提高了疏散性和可塑性，使面团易定型，不易收缩变形。油脂润滑性及与蛋白质的结合也有利于面团延伸性增加，从而提高持气能力。

(2)油脂的润滑作用。油脂在面食中的最重要作用就是充当面筋和淀粉之间的润滑剂。油脂能在面筋和淀粉之间的分界面上形成润滑膜，使面筋网络在发酵过程中的摩擦阻力减小，有利于膨胀，增加面团的延伸性，增大产品体积，使其更加柔软。固体脂润滑性优于液体油。形成的薄膜能阻止淀粉的回生和干缩，使产品老化速度减缓。

(3) 营养与风味。油脂具有特殊的香味，特别是动物油和一些植物油，风味很浓，比如猪油和小磨香油都非常香。油脂还使产品口感细腻、光滑。由于油脂具有非常高的热量，并且带有人体必需脂肪酸，是重要的营养素以及脂溶性维生素的溶剂，因此肥胖病、高血脂等患者应减少油脂的摄入。

(六)食盐

食盐加入面团可增加面团的筋力，提高持气性，并有杀菌防腐、延长产品保质期的作用。但不宜过多添加，防止面团筋力过强而产品萎缩，或阻碍酵母菌的生长繁殖。

(七)奶粉

奶粉有全脂、半脂和脱脂 3 种类型，并且分加糖和未加糖产品。奶粉加入面团可起到增筋、增白、增香和增加营养、提高面团的吸水率、提高面团的发酵耐力和持气能力等作用，使产品口感更加柔软，外观更加美观，并带有奶香。

(八)鸡蛋

鲜鸡蛋含有 75% 左右的水分，固形物中主要为蛋白质。不仅鸡蛋中的蛋白质为消化吸收率很高的营养物质，而且具有良好的乳化性、起泡性和黏结性，可以改善面团的延伸性和持气性，使产品组织柔软、细腻。

(九)面团改良剂

面团改良剂主要有乳化剂、酶类、氧化剂和植物蛋白等。

1. 乳化剂

乳化剂能使互不相溶两相(如油和水)的界面张力下降而相互混溶，并形成均匀分散体或乳化体，从而改变原有的物理状态。乳化剂有防止淀粉回生、减少水分流失、使馒头组织柔软、色泽洁白等作用。

通常使用与淀粉亲和力较高的乳化剂，如各种饱和的蒸馏单酸甘油酯、大豆磷脂、蔗糖脂肪酸酯、硬脂酰乳酸盐(SSL)等。根据作用原理，几种乳化剂的混合使用效果更好。

乳化剂在馒头中的添加量一般不超过面粉的 0.5%，如果添加的目的主要是油脂乳化，则应以配方中的油脂总量为添加基准，一般为油脂的 2%~4%。乳化剂用油或水加热处理形成凝胶后使用效果好。

2. 酶类

常用于面食的酶类有脂肪氧化酶、脂肪酶、 α - 淀粉酶、蛋白酶、转谷酰胺酶、乳糖酶、木聚糖酶、戊聚糖酶、乳脂酶等。

3. 氧化剂

氧化剂对面团的作用主要表现为：改进和面时搅拌的耐受性；增加水分的吸收；改进在发酵和醒发过程中的持气性。对最终产品的作用有：改进馒头体积；使馒头有更好的弹性和韧性；增加产品的白度。常用的氧化剂有：抗坏血酸(Vc)及其盐类、偶氮甲酰胺(ADA)等。

4. 植物蛋白

植物蛋白不仅是改良剂的填充料，还具有促进面团的面筋扩展，增加其延伸性；协助乳化，增加制品柔软度和白度；吸水保水，防止淀粉结晶老化变硬等作用。

常用的植物蛋白制品有：大豆浓缩蛋白、大豆分离蛋白、小麦活性面筋蛋白、花生蛋白粉等。

四、馒头生产工艺

(一)工艺流程

以大中型馒头厂普遍采用的活性干酵母纯种发酵工艺来介绍馒头生产过程,如图8-13所示。

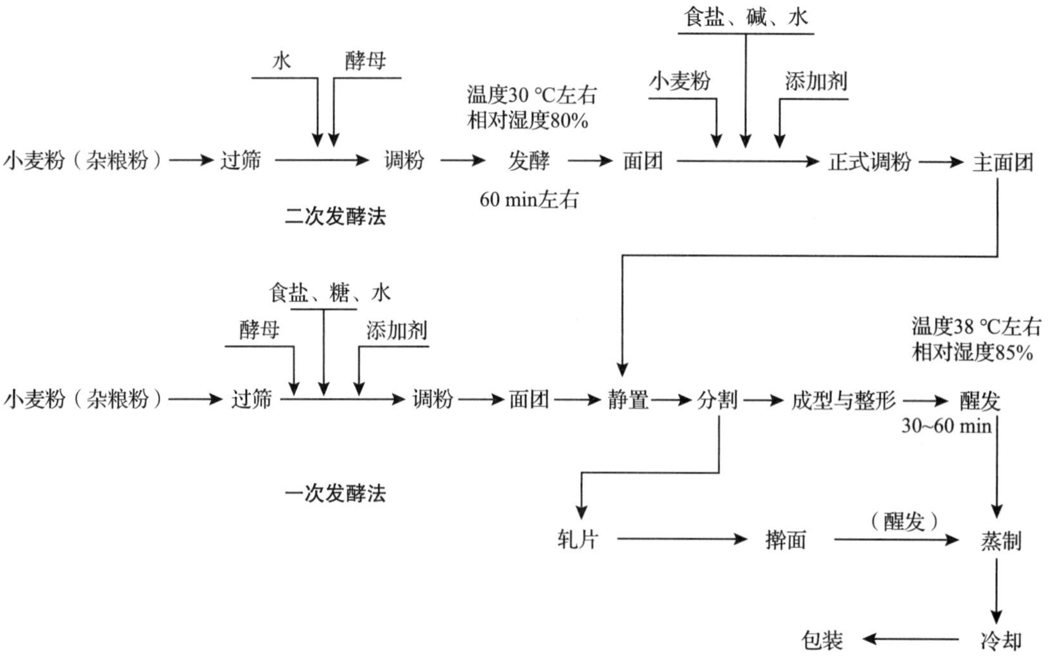

图 8-13　馒头生产过程

(二)操作要点

1. ***和面***

和面要使面团外观干燥,表面光滑,并有良好的弹性和延伸性。不论是立式和面机还是卧式和面机,所调的面团的体积以占搅拌缸体积的30%~60%为宜。调制馒头面团一般采用低速(15~30 r/min)和中速(60~80 r/min)。和面时间应根据和面机的种类来确定。一般和面时间需10~15 min,还应根据原料性质、面团温度等灵活控制。搅拌不够和搅拌过度都会影响面团的持气性。

投料的顺序也是影响馒头质量的一个重要因素。先将水、糖、蛋、甜味剂、面团改良剂置于容器中搅拌充分,使糖和甜味剂溶化均匀,面团改良剂均匀分散在水中,能够与面粉中的蛋白质和淀粉充分作用。如使用鲜酵母应在此工序加入。再将奶粉、即发酵母混入面粉中后放入搅拌机中,加水搅拌成面团。最后在面团搅拌完成前5~6 min加入盐和油脂。

2. ***发酵***

在快速发酵法生产馒头时,面团温度应控制在30 ℃左右,发酵室温度不宜超过35 ℃。pH控制在5~6。发酵时间受加入酵母(或面肥)数量和质量、气候、水温等因素的影响,并且还要根据面团软硬程度加以调节。一般来说,软的面团发酵快,也容易因发酵中产生二氧化碳而膨胀,但是气体容易散失;硬面团发酵慢,是因为这种面团的面筋网络紧密,抑制二氧化碳气体的产生，但也防止二氧化碳气体散失。作为发酵的面不宜太硬，稍软一点较好，同时还要根据天气冷暖以及面粉质量（面筋质多少、面粉粗细、含水量高低）等情况全面考虑。

3. **成型**

首先，成型前面团必须经过轧面过程，以保证面团中的气体排出，组织细密，产品洁白。传统的方法是将面团放于案板上人工按压和翻折，劳动强度十分大，现今工厂多采用揉面机（图 8-14）揉面。揉面机由一对轧面辊、放于辊两边的两块面板，以及支架、电机、传动带和正反向控制开关等组成。

轧面后，面团要进入成型机。工厂应用较多的是卧式双辊螺旋馒头成型机（图 8-15），也有少数厂家使用盘式馒头成型机（图 8-16）。采用卧式双辊螺旋馒头成型机，生产出的馒头洁白、细腻且带有层次。但在面团的一端总是有旋状纹，又称为旋或节巴，难以消除。卧式双辊螺旋馒头成型机开机后有一个填满面嘴的过程，需要适当调节大小，连续运转效果较好，但当处理较少的面团（一般 10 kg 以下）时效果较差。而且，搓圆的面坯在醒发和蒸制时容易塌扁，不够挺立，需要搓高。

4. **装盘**

如图 8-17 所示，在馒头生产线上，坯整形后要进行装盘，每盘馒头坯要排列整齐，装满后放入蒸车。待蒸车放满后，推入醒发室进行醒发。

蒸盘又称为托盘，一般用 0.6~0.8 mm 厚的不锈钢材质制成，盘底有许多 φ1.5~2.0 mm 的通孔，以保证蒸汽穿过，并在汽蒸过程不让面团穿入孔中。蒸盘的尺寸应于蒸车相匹配，

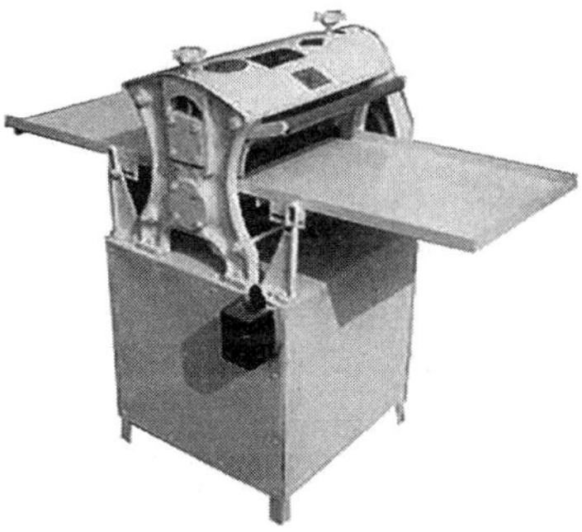

图 8-14　揉面机

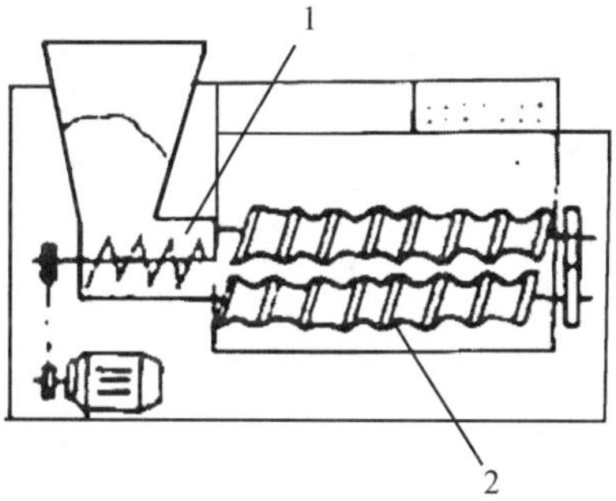

1. 挤出机构；2. 成型机构

图 8-15　卧式双辊螺旋馒头成型机结构

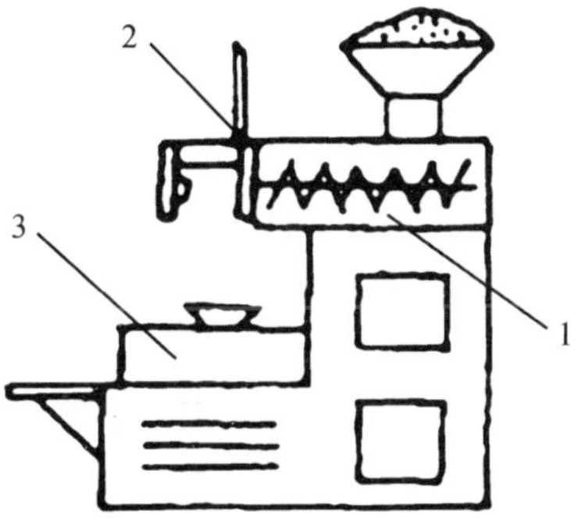

1. 挤出机构；2. 切断装置；3. 转动圆盘

图 8-16　盘式馒头成型机结构

图 8-17　蒸盘及蒸车

一般为 400 mm × 600 mm 和 500 mm × 500 mm 两种尺寸规格。

蒸车是醒发和蒸制馒头的承载和运输工具。蒸车的尺寸应与蒸柜和托盘相匹配。一般每层放 2 个蒸盘，每车 10~14 层，车高不要超过 1.5 m。蒸车所有部件必须是用坚固且耐高温的材料制成的，而且不能生锈。车下安装有 4 个车轮，其中 2 个为转向轮，2 个为定向轮，使车的运动和调向稳定且方便。

5. **醒发**

醒发温度一般为产气最快的 38~40 ℃。温度过低，酵母产气能力差，醒发慢，延长了生产周期，且使馒头不够挺立；醒发温度过高，发酵过于剧烈，可能会造成馒头表面有裂纹，而且醒发时间过短，设备的运作没有足够的缓冲时间，容易出现醒发过度的情况。醒发室如图 8-18 所示。

相对湿度在 70%~90%范围为佳。湿度过小，会使面坯表面干燥，阻止面坯膨胀，影响成品的光洁度，严重的还会使蒸出的馒头有大的裂纹；湿度过高，会造成馒头表面产生水泡，颜色发暗，而且馒头不够挺立、粘盘。经验证明，醒发过程中，以坯表面保持柔软，而且不粘手为宜。

醒发的时间应视具体的产品和生产工艺而定。醒发时间不足，馒头体积小，内部组织结构不良，严重的会出现死面馒头；醒发过度，会使馒头味酸，并且可能由于膨胀过度超过了面团的延伸限度而使得馒头表面塌陷，缺乏光泽或表面不平，出现黑色暗斑，内部出现大蜂窝状孔洞而使馒头变得组织结构粗糙，口感变硬。

图 8-18　醒发室

通常情况下，采用二次发酵工艺醒发的时间可以稍短，而采用一次发酵工艺的醒发时间相对来说要稍长，一般控制在 50~80 min 为宜。若在此时间范围内不能满足醒发的要求，可通过调节酵母加入量、面团温度和加水量等措施来解决。

判别醒发的程度，主要观察面团体积膨大的倍数。通常以搓圆时的体积为基数。就北方馒头而言，醒发到面坯体积的 1.5~2.5 倍为宜；南方馒头醒发程度，一般为 3 倍左右。由于蒸制的方式不同，醒发的程度应该依经验进行调整。如采用蒸锅来进行熟制，面坯膨胀大，醒发程度可稍浅。假定体积膨胀不足，面块伸展性就比较差，馒头体积小，口感硬实，外观不白；如膨胀过度，馒头表面出现暗斑，内部变为粗糙的大孔洞。

醒发适宜程度还可以根据面坯的外观特性来判断。以北方馒头为例，面坯醒发适中时，坯仍比较挺立，但开始横向扩大，外表光滑平整，面团表面稍透明，用手摸，柔软且有一定弹性，不粘手。

6. **蒸制**

汽蒸是馒头加工的熟制工序。蒸制设备主要有蒸柜、蒸笼、蒸锅及蒸车，其中蒸柜和蒸车主要用于工业化生产中，蒸笼、蒸锅一般是作坊和家庭等小规模生产所用。

图 8-19 是单门蒸柜结构。蒸柜主要是由不锈钢箱体构成的。双层壁间放有保温隔热的岩棉。整个柜前面由一可开关的门组成，门关闭时与箱体接触的一周配有耐高温的弹性密封条，扣紧把手后，柜门的四周无大量蒸汽泄漏。导入柜内蒸汽的蒸汽管上安装有控制蒸汽量的阀门和显示入柜蒸汽压力的气压表，管路的终端为一节通入柜内下部的喷汽管，该段管上设有两排向斜下方的蒸汽喷孔。蒸柜上面设有排气孔，排气孔处最好有一根不锈钢管引出室外，以减少室内的蒸汽。在管上设置阀门，以便控制蒸汽排出量。蒸柜的下面必须设有排气排水口，其不仅保证冷凝水的排出，而且蒸汽是向上运动的，只有在下面排气才能使凉空气排出。

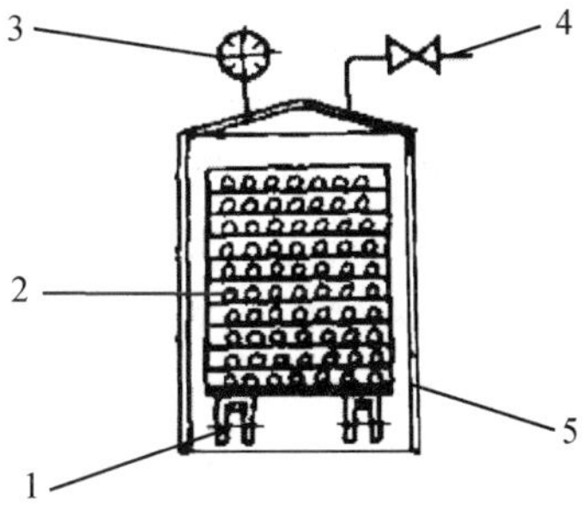

1. 蒸车；2. 蒸盘；3. 压力表；4. 进气管；5. 蒸箱

图 8-19　单门蒸柜结构

对于一般重约 135 g 的主食馒头来说，在保证蒸柜内空气排尽、压力在 0.02~0.04 MPa 的前提下，蒸制 26~27 min 就可以。而对于家庭作坊式生产来说，如果蒸制时水沸后装锅，蒸制时间可以缩短，而火力不大的话，气压小，蒸制时间就要相应延长。小馒头的蒸制时间可缩短许多。

蒸制时柜内压力也是必须充分考虑的因素之一。蒸制过程，要求在一定时间内有蒸汽从排汽口喷出，习惯上称其为“圆汽”。工业生产中，可通过调节进汽阀来控制蒸汽量。蒸汽量大，面食熟化快，但过大可能阻碍面坯体积的膨胀，馒头个体偏小，还可能因喷入的气压过大而导致蒸汽直接反冲到馒头坯表面的现象，从而造成馒头表皮发黑、起泡、出现麻点等问题；蒸制压力小，没有足够的热量交换，蒸制温度低，俗称“汽顶不上来”，蒸制过程会出现产品成熟时间长，面坯过度发酵可能会造成馒头不够挺立，或出现塌陷和萎缩的情况。

一般使用蒸柜时，进柜（箱）气压不能低于 0.01 MPa，也不能高于 0.06 MPa。蒸笼蒸馒头时，应加大火力，尽快让蒸笼圆汽。蒸制过程中不允许断汽。

7. **冷却**

馒头冷却至 50~60 ℃时包装最为理想，这样既不会将多余的水蒸气蒸发掉而损失蒸制面食内部水分，使产品仍然保持柔软，也不会因高温而造成包装袋内有水。常用的冷却方法是将出蒸柜的蒸制面食放在蒸车上或倒在冷却台上，让其自然冷却 20~30 min。

冷却过程应该尽量提高环境湿度，避免干燥空气的直吹。为了提高冷却速率，可以用潮湿冷空气对流来加快降温。一般冷却包装间不可有“过堂风”，在干燥的气候条件下，要在房间内安置加湿装置。

8. **包装**

当馒头长时间暴露于空气中，极易老化、感染霉菌，水分损失太大，影响风味。馒头的包装袋上一般打一两个小孔，以便蒸汽挥发，防止水使产品泛白。

五、成品检验

馒头成品检验以国家标准《小麦粉馒头》(GB/T 21118-2007)为标准。

(一)感官质量要求

外观:形态完整,色泽正常,表面无皱缩、塌陷,无黄斑、灰斑、黑斑、白毛和粘斑等缺陷,无异物。

内部:质构特征均一,有弹性,呈海绵状,无粗糙大孔洞、局部硬块、干面粉痕迹及黄色碱斑等明显缺陷,无异物。

口感:无生感,不粘牙,不牙碜。

滋味和气味:具有小麦粉经发酵、蒸制后特有的滋味和气味,无异味。

(二)理化指标

理化指标见表 8-15。

表 8-15　理化指标

项目	指标
比容 /(mL/g)	≥1.7
水分 /%	≤45.0
pH	5.6~7.2

(三)卫生指标

卫生指标见表 8-16。

表 8-16　卫生指标

项目	指标
大肠菌群 /(MPN/100 g)	≤30
霉菌计数 /(CFU/g)	≤200
致病菌(沙门菌、志贺菌、金黄色葡萄球菌等)	不得检出
总砷(以 As 计)/(mg/kg)	≤0.5
铅(以 Pb 计)/(mg/kg)	≤0.5

六、馒头比容测定

(一)仪器

天平,感量 0.01 g;馒头体积测量仪。

(二)测定步骤

(1)称量。蒸制好的馒头冷却 1 h 后,取 1 个馒头称重,精确到 0.1 g。

(2)体积测量。用馒头体积测量仪(菜籽置换法)测量馒头体积,精确到 5 mL。

(3)结果计算。馒头比容按下面公式进行计算。

$$\lambda=\frac{V}{m}$$

式中,λ 为馒头比容,单位为 mL/g;V 为馒头体积,单位为 mL;M 为馒头重量,单位为 g。

计算结果保留小数点后 1 位。在重复性条件下获得的两次独立测定结果的绝对差值不应超过 0.1 mL/g。

拓展知识

老面馒头的酯化力

中国的发酵面食历史源远流长，其中，馒头更是被誉为中华面食文化的象征，面团发酵剂作为发酵面食的重要原料之一，在 2 000 多年的历史发展中也经历了多次改进和变革。“酒酵”大约是最早用于发酵面食的面团发酵剂。老面是一种多菌种混合发酵的发酵剂，除了酵母菌外，还含有一定数量的霉菌及细菌，菌种复杂多样，酶系丰富。米酒老面馒头，层次感分明，有嚼劲，表皮色泽自然，洁白似玉，特别是浓浓的麦香味、米酒香甜味令人赞不绝口，深受百姓喜爱。

米酒老面中富含酵母菌、霉菌、乳酸菌等菌群。酵母、霉菌、细菌中均含有酯酶，红曲霉、根霉中许多菌株有较强的乙酸乙酯合成能力，酯类是食品中主要的风味物质。有 50 多种的酯可以由酶合成，由于老面中富含各种霉菌，因此其酯化力直接关系到老面馒头的风味。

酯化力一般指老面经发酵后固有的催化生酯的能力，酯化力越高，合成的酯量相对越高，是形成老面馒头风味物质的基础。老面微生物是发酵面团中的菌源和酶源，不同品种的老面足以让馒头的品质、风味有天壤之别。

当今酵母发展势头猛烈，也在无形中暴露出不足，尤其是味道的不足——欠缺发酵香味，而老面作为传统的发酵剂一直被沿用下来，填补了酵母的不足。老面馒头发酵及风味形成机理：在适宜的营养物质、水分、温度、酸碱度等条件下，老面中酵母、霉菌及细菌开始繁殖，并且不断分泌酶类，促进生化反应迅速开始。酵母使低分子糖分解为二氧化碳和酒精，同时，乳酸菌、醋酸菌发生乳酸发酵及醋酸发酵等生化反应，使面团内酸度增高。所产生的有机酸可与酒精发生酯化作用，面团的发酵也可以产生氨基酸、低分子糖、醇类、醛酮类、酸类等风味物质，从而改善馒头的风味。

一方面，老面中因富含大量的菌种成为形成风味物质的优势，而单酵母发酵是不足以形成大量风味物质的；另一方面，脂类物质的生成是非常缓慢的，必须有足够的时间形成酯类，而酵子发酵缓慢，延缓了发酵时间，为酯的形成提供了条件。适当的发酵周期是稳定酸度的有效措施，延长发酵周期可以提高酸度，而且是无挥发性的酸，结合无酸不成酯的理论，即酸是形成香味成分的前驱物质，是各种酯类的主要组成部分，因此不难看出，适当的发酵周期或相对较长的发酵时间是酯形成的必需条件。相反，缩短发酵时间可以降低酸度，酸度不够时，产香单调，而且纯酵母发酵力极强，短时间内馒头成型较好，不能长时间发酵，自然产酯不足。

在馒头制作发酵中，酵母起的一个重要作用就是产气，是馒头成型的基本保证，但是在产酸、产香、产酯方面，不像米酒老面富含多菌种微生物。所以酵母馒头味道寡淡，无发酵香味，而老面馒头有酒香、麦香，香气浓郁。

复习思考题

1. 影响方便面面团质量的因素有哪些？如何控制？
2. 简述方便面汤料的发展现状及趋势？

3. 挂面烘干的机理是什么？如何防止烘干过程中出现酥面现象？
4. 馒头生产中常用的发酵剂有哪几种？
5. 和面时如何判断面筋已充分形成？
6. 如何判断面团发酵达到了最佳状态？

精彩微课

方便面　　挂面　　馒头

项目九

大豆蛋白加工技能拓展

【学习目标】

【知识目标】

1. 能通过给定的资料完成传统豆制品生产的相关知识准备。
2. 掌握大豆蛋白的理化性质、功能性质。

【能力目标】

1. 能科学制订传统豆制品生产的工作方案。
2. 能正确分析和解决大豆蛋白生产过程中的常见问题。

【素质目标】

1. 能将爱国、敬业、诚信、友善融入学习全过程。
2. 能恪守职业道德，具有严谨认真、团队协作等综合素质。
3. 培养创新思维和发展能力。

【思维导图】

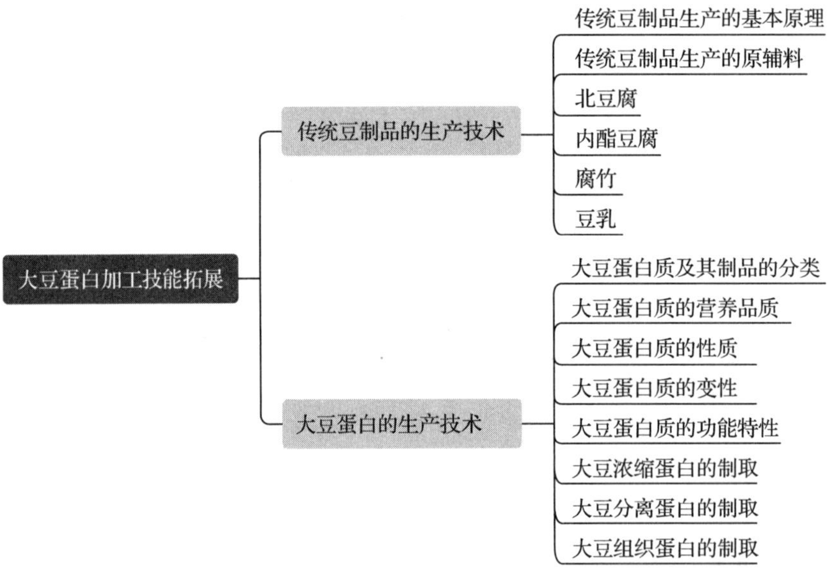

【项目描述】

蛋白质是人类生命活动的重要物质基础，是衡量食品水平的重要标志。

大豆中的蛋白质是指存在于大豆籽粒中的诸多蛋白质的总称，是大豆中最重要的成分之一。它不单指某一种蛋白质。大豆中蛋白质含量一般在 40% 左右，有的品种可以达到 50% 以上。大豆中的蛋白质含量位居植物性食品原料的含量之首，按 40% 计算，1 kg 大豆中的蛋白质含量相当于 2.3 kg 猪肉或 2.8 kg 瘦牛肉中蛋白质的含量，因此，大豆被人们誉为“植物肉”“绿色牛乳”。

大豆蛋白具有动物蛋白不可比拟的优点。动物肉类、乳类食品虽可提供大量优质蛋白，但其中含有较多的胆固醇，容易引发动脉硬化等“富贵病”，大豆蛋白具有较高的营养价值又不含胆固醇，而且对胆固醇高的人有明显降低人体胆固醇的功效。进行大豆蛋白的生产，为解决人口不断增长的发展中国家蛋白质供给不足提供了最佳解决途径，同时为改善饮食模式及膳食结构中的营养平衡等问题，提供了不错的选择。

谷物中总蛋白质含量相对较低，一般来说，赖氨酸和其他几种必需氨基酸的比例较低，谷物的这些缺陷可通过将谷物与豆类种子以一定的比例混合得到解决。一方面，豆类和各种油料种子的加入还可以提供谷物中的限制氨基酸，如赖氨酸（有时是色氨酸和苏氨酸），从而改善谷物蛋白质的质量，这被称为蛋白质增补。另一方面，豆类和油料中缺乏的蛋氨酸也可由蛋氨酸含量较高的谷物提供，彼此间氨基酸的互补平衡被称为蛋白质互补。

任务一　传统豆制品的生产技术

【任务导入】

> **问**
>
> 豆腐、豆干、豆浆、豆皮……五花八门的豆制品你知道多少?

豆腐,是烹饪菜肴时经常会用到的一种食材。豆腐的种类层出不穷,除了传统的南北豆腐外,还有内酯豆腐、杏仁豆腐、鸡蛋豆腐……多种豆腐,令人眼花缭乱。

豆腐是由富含蛋白质的豆类磨成豆浆,再通过加热和添加凝固剂的方式使其凝固而形成的豆制品。根据这个定义,大家会发现,在文章开头提到的一些"豆腐"其实是"假豆腐"。比如鸡蛋豆腐,是以鸡蛋为原料制成的;又比如以杏仁为原料的杏仁豆腐。虽然它们都因白嫩、水润,外形与豆腐相似而得名,但其实和豆腐一点关系都没有,它们的原料中都没有大豆。

必备知识

一、传统豆制品生产的基本原理

中国传统豆制品种类繁多,生产工艺也各有特色,但是就其实质来讲,豆制品的生产就是制取不同性质的蛋白质胶体的过程。

大豆蛋白质存在于大豆子叶的蛋白体中。大豆经过浸泡,蛋白体膜被破坏以后,蛋白质即可分散于水中,形成蛋白质溶液,即生豆浆。生豆浆即大豆蛋白质溶胶,由于蛋白质胶粒的水化作用和蛋白质胶粒表面的双电层,大豆蛋白质溶胶可保持相对稳定。但是一旦有外加因素作用,这种相对稳定就可能受到破坏。

生豆浆加热后,蛋白质分子热运动加剧,维持蛋白质分子的二、三、四级结构的次级键断裂,蛋白质的空间结构改变,多肽链舒展,分子内部的某些疏水基团趋向分子表面,使蛋白质的水化作用减弱,溶解度降低,分子之间容易接近而形成聚集体,形成新的相对稳定的体系——前凝胶体系,即熟豆浆。

在熟豆浆形成过程中,蛋白质发生了一定的变性,在形成前凝胶的同时,还能与少量脂肪结合形成脂蛋白,脂蛋白的形成使豆浆产生香气。脂蛋白的形成随煮沸时间的延长而增加。同时借助煮浆,还能消除大豆中的胰蛋白酶抑制素、血球凝集素、皂苷等对人体有害的物质,减少生豆浆的豆腥味,使豆浆特有的香气显现,还可以起到消毒灭菌,提高风味和卫生质量的作用。

前凝胶形成后必须借助无机盐、电解质的作用使蛋白质进一步变性,转变成凝胶。常见的电解质有石膏、卤水、δ-葡萄糖酸内酯及氯化钙等盐类。它们在豆浆中解离出Ca^{2+}、Mg^{2+},Ca^{2+}、Mg^{2+}不但可以破坏蛋白质的水化膜和双电层,而且有"搭桥"作用。蛋白质分子间通过-Mg-或-Ca-桥相互连接起来,形成立体网状结构,并将水分子包容在网络中,形成豆腐脑。

豆腐脑形成较快,但是蛋白质主体网络形成需要一定时间,所以在一定温度下保温静置一段时间,使蛋白质凝胶网络进一步形成,这就是一个"蹲脑"的过程。将强化凝胶中水分加压排出,即可得到豆制品。

二、传统豆制品生产的原辅料

(一)大豆

豆腐加工要求选用蛋白质含量高,油脂含量低,粒大皮薄,豆脐色浅,颗粒饱满,表皮光滑、无皱纹,无虫蛀,无发霉、变质的大豆。

(二)水

对水质的要求:

(1)要符合饮用水的质量标准。豆腐生产历来是就地取水,即常用可饮用的江水、河水、湖水、深井水、泉水、自来水等。

(2)要求水的硬度越小越好。因为用硬水泡豆所需的时间较长,并且,钙、镁较多的硬水易使蛋白质凝固,影响蛋白质的提取率,从而影响豆腐的得率。

表 9-1 是浸泡水质对豆腐品质的影响。

表 9-1　浸泡水质对豆腐品质的影响　　%

水质	豆浆中含蛋白质	豆浆制豆腐得率
软水	3.71	45.0
纯水	3.60	47.5
井水	3.40	30.0
1 L 硬水含 300 mg 钙	2.49	26.5
1 L 硬水含 300 mg 镁	2.00	21.5

(三)凝固剂

1. 石膏

石膏的主要化学成分是硫酸钙,石膏有生石膏、半熟石膏、熟石膏和过熟石膏之分。不同生熟程度石膏的凝固作用强弱不同,其中生石膏的作用强,而过熟石膏几乎没有凝固作用。实际生产中通常采用熟石膏,控制豆浆温度在 85 ℃左右,添加量为大豆蛋白质的 0.04%(按硫酸钙计算)左右。

以石膏为凝固剂制出的豆腐质地细嫩,水分含量高(达 88%~90%),色泽洁白,因此将其称为嫩豆腐,也称南豆腐。但由于硫酸钙溶解度很小,使用时豆腐凝固缓慢,易产生不均匀的凝固斑点,而且在豆腐中残留量较大,因此,现在有不少地方将石膏与新型凝固剂内酯配合使用。

2. 盐卤

盐卤又称卤水,是制造海盐的副产品。盐卤的主要化学成分是氯化镁,其次是氯化钠、氯化钙。盐卤的凝固作用主要来自氯化镁。用盐卤制出的豆腐具有独特的甜味,豆腐风味十足,但盐卤遇大豆蛋白时反应速度快,结构易于收缩,保水性不如石膏,故用其生产的豆腐质地略粗糙发硬,易破碎,容易产生凝固不均匀的现象,因此,目前已很少单独使用。以盐卤为凝固剂制出的豆腐又称北豆腐、老豆腐。

3. 硫酸镁

硫酸镁是近年来才开始使用的凝固剂。用硫酸镁加工出的豆腐有甜味,而且可增强豆腐的风味，该豆腐的品质与以氯化镁为凝固剂制出的豆腐相同，但将硫酸镁用于温度较高的豆浆（70 ℃）时，豆腐易产生斑点，因而多将硫酸镁与内酯配合使用。

4. *δ*-葡萄糖酸内酯

δ-葡萄糖酸内酯（GDL）是一种酸类凝固剂，易溶于水，在水中分解为葡萄糖酸，在加热条件下分解速度会加快，pH 增加时分解速度也会加快。加入 GDL 的熟豆浆，当温度达到 60 ℃时，大豆蛋白质开始凝固，在 80~90 ℃凝固成的蛋白质凝胶持水性最佳，制成的豆腐弹性大，质地滑润爽口。GDL 适合做原浆豆腐。在凉豆浆中加入 GDL，加热后 GDL 分解转化，蛋白质凝固，成为豆腐。添加量一般为 0.25%~0.35%（以豆浆计），若低于 0.25%，不利于成型，而高于 0.35%，会使豆腐偏酸，不易析水。

用 GDL 制得的豆腐，口味平淡而且略带酸味。若添加一定量的保护剂，不但可以改善风味，而且还能改变凝固质量。常用的保护剂有磷酸氢二钠、磷酸二氢钠、酒石酸钠及复合磷酸盐（含焦磷酸钠 41%、偏磷酸钠 29%、碳酸钠 1%、聚磷酸钠 29%）等，用量为 0.2%（以豆浆计）左右。

5. 复合凝固剂

复合凝固剂是用 2 种或 2 种以上的成分加工成的凝固剂，它是伴随豆制品生产的工业化、机械化和自动化的发展而产生的。例如，一种带有涂覆膜的有机酸颗粒凝固剂，常温下它不溶于豆浆，但是一旦经过加热，涂覆膜就会熔化，内部的有机酸就会发挥凝固作用。常用的有机酸有柠檬酸、异柠檬酸、山梨酸、富马酸、乳酸、琥珀酸、葡萄糖酸及它们的内酯或酐。采用柠檬酸时，添加量为豆浆（固形物含量 10%）的 0.05%~0.50%。涂覆剂要满足常温下完全呈固态，而稍经加热就完全熔化的条件，因此其熔点一般在 40~70 ℃。符合这些条件的涂覆剂有动物脂肪、植物油、各种甘油酯、山梨糖醇酐脂肪酸酯、丙二醇脂肪酸酯、动物胶等。为使被涂覆的有机酸颗粒均匀地分散于豆浆中，可以添加可食性表面活性剂，如卵磷脂、聚环氧乙烷、月桂基醚等。

6. 混合凝固剂

与单一凝固剂制成的豆腐相比，用混合凝固剂制成的豆腐具有更高的保水性，且有弹力和一定的硬度等。常用混合凝固剂：乳酸 0.21% 加硫酸钙 0.06%；醋酸 0.18% 加硫酸钙 0.06%；酒石酸 0.2% 加硫酸钙 0.06%；抗坏血酸 0.2% 加硫酸钙 0.06% 等。

7. 菜汁凝固剂

作为凝固剂用的菜汁每 100 g 含水溶性钙至少在 100 mg 以上，例如，每 100 g 菜汁含钙量：无头甘蓝 310 mg，卷心菜 150~400 mg，萝卜 210 mg，辣椒 640 mg，紫苏 220 mg 等。菜汁凝固剂的制作是将新鲜蔬菜磨碎取汁、加热杀菌后，在 5 ℃条件下存放或冷冻，可长期备用。在添加蔬菜汁时，要求豆浆的温度保持在 70~80 ℃，蔬菜汁用量为 100 g 豆浆加含水溶性钙 10~40 mg 的蔬菜汁。菜汁凝固剂加入后 4 min，即可凝固成豆腐。

（四）消泡剂

豆浆中含有大量泡沫，煮沸时泡沫会更加丰盛。泡沫的存在不仅使豆浆传热效率降低，影响蛋白质的溶出，延长煮浆时间，而且会使豆腐内含气泡，有损外观。豆腐生产中常用的消泡剂有以下几类。

1. 酸败油类消泡剂

在酸败油中添加氢氧化钙、碳酸钙或碳酸镁等后，可作为消泡剂使用。其消泡效果是由钙皂的表面活性作用产生的。在豆浆中添加这种消泡剂后，豆浆 pH 上升，影响凝固反应;豆腐体积增大,持水力提高。体积增大和持水力提高的程度因消泡剂的品质和用量不同而异。豆腐生产中常用的酸败油为榨油的副产品,常称为油脚。

2. 甘油酯类消泡剂

甘油酯类消泡剂主要是甘油单酸酯,其消泡效果与其所含的脂肪酸的饱和程度有关,一般不饱和脂肪酸形成的甘油酯的消泡效果最明显。甘油单酸酯有纯度在40%~50%的未蒸馏品和纯度在90%以上的蒸馏品两种。由于蒸馏品无异味、无臭,因此,用它作为消泡剂对豆腐风味无任何影响。使用时,将甘油酯分散在生浆中,充分搅拌,使其均匀分布后,再加热即可。

3. 硅酮树脂类消泡剂

硅酮树脂有多种类型,用作消泡剂的硅酮树脂属于水分散型。它能消除残存在豆浆中的微细气泡,其消泡效果优于甘油酯。如将硅酮树脂与甘油酯配合使用,消泡效果会更好。使用时,按剂量将其加入豆浆中,混合均匀,即可达到消泡目的。

(五)防腐剂

豆制品生产中采用的防腐剂主要有丙烯酸、硝基呋喃系化合物等。丙烯酸具有抗菌能力强、热稳定性高等特点,允许使用量为豆浆的5 mg/kg以内。丙烯酸防腐剂主要用于包装豆腐,对产品色泽稍有影响。

(六)品质改良剂

豆腐是一类含水量较高的产品,因此要求豆腐具有较强的持水性。而豆腐的持水性受生产条件的影响,例如,在凝固剂用量过多、凝固温度过高时,豆腐的持水性降低,体积缩小,出品率减少;对于陈豆,凝固剂的用量应少一些,如按一般用量加入,则出品率降低。为了增加豆腐的持水性,可在豆腐或豆浆中加入某些添加物,以调整凝固反应,扩大凝固剂的适量幅度。聚合磷酸盐、脂肪酸甘油酯、蔗糖脂肪酸酯可用作豆腐品质改良剂。

三、北豆腐

(一)北豆腐生产工艺流程

北豆腐生产工艺流程:清理→浸泡→制浆→过滤→煮浆→点浆→墩脑→破脑→浇制→加压成型→冷却。

(二)操作要点

1. 清理

选择品质优良的大豆,除去所含的杂质,得到纯净的大豆。

2. 浸泡

浸泡的目的是豆粒吸水膨胀,有利于大豆粉碎后提取其中的蛋白质。浸泡时要注意掌握好水温和浸泡时间,并要注意所用水质和水量。浸泡时间长短因气温和水温不同而异。一般在冬季需要浸泡14~16 h,春秋季12~14 h,夏季6~8 h。但不论浸泡时间长短,浸泡后的大豆要达到以下要求:大豆要增重1倍,夏季可浸泡至九成,搓开豆瓣中间稍有凹心,中心色泽稍暗;冬季可泡至十成,搓开豆瓣呈乳白色,中心浅黄色,pH约为6。但在使用砂轮制浆时,浸泡时间可缩短1~2 h。浸泡后大豆表面光滑、无皱皮,豆皮轻易不脱落。

3. 制浆

经过浸泡的大豆,蛋白体膜变得松脆,但是要使蛋白质溶出,必须进行适当的机械破碎。从蛋白质溶出量角度来看,大豆破碎得越彻底,蛋白质越容易溶出。但是磨得过细,大豆中的纤维素会随着蛋白质进入豆浆中，使产品变得粗糙，色泽深，而且也不利于浆渣分离，使产品得率降低。因此，一般控制磨碎细度为100~120目。实际生产时，应根据豆腐品种适当调整粗细度，并控制豆渣中残存的蛋白质，蛋白质含量低于2.6%为宜。采用石磨、钢磨或砂盘磨进行破碎，注意制浆时一定要边加水边加大豆，且投料、加水要均匀，不可中途断水或断料，以确保所磨豆糊光滑、粗细适当、稀稠合适。制浆加水量一般以大豆重的1.8倍为宜。磨碎后的豆糊采用平筛、卧式离心筛分离，以能够充分提取大豆蛋白质为宜。

4. **过滤**

过滤可用布袋手工进行，不过目前多用离心机过滤，一般需过滤3次，使用尼龙滤网，第1次用80~100目，第2次、第3次用80目。将尼龙滤网围成喇叭型过滤效果较好，过滤中需经过3次洗渣，使最终豆渣中蛋白质含量不超过2.5%。为了加快过滤，过滤时将所加水的温度控制在60 ℃为宜。加水量视豆糊稀浓而定，一般要求1 kg大豆生产豆浆8~10 kg。

5. **煮浆**

煮浆是指通过加热使豆浆中的蛋白质发生热变性的过程。一方面为后续点浆创造必要条件，另一方面消除豆浆中的抗营养成分，杀菌，减轻异味，提高营养价值，延长产品的保鲜期。煮浆的方法根据生产条件不同，可以采用土灶铁锅煮浆法、敞口罐蒸汽煮浆法、封闭式溢流煮浆法等。

豆浆可放在敞口大锅内进行煮制，煮浆时，要求时间短，一般不得超过15 min，并要求煮三开，即煮浆开锅应使豆浆“三起三落”，以消除浮沫。三落要通过封闭气门来实现，不得注入生浆或生水。在第2次开锅，浮起的泡沫中间有可见裂纹，并有透明气泡产生时，可加入消泡剂消泡。消泡剂可用油脚或植物油加氢氧化钙，按10∶1的比例搅匀，发酵成稀膏后使用，用量为1%。也可使用硅有机树脂乳化剂。消泡后再开气门，煮浆至97~100 ℃时，封闭气门，稍留余气放浆，煮沸最好采用封闭阶梯式溢流蒸煮罐，它可自动控制煮浆各阶段的温度，精度高，煮浆效果好。煮浆时，先用泵将豆浆泵入第1蒸煮罐底部，利用蒸汽加热产生对流，使罐底浆液上升；通过第2蒸煮罐的夹层流浆道溢流，进入第2煮浆罐底部，再次与蒸汽接触进行第2次加热。经反复5次加热至100 ℃时，立即从第5次煮浆罐上端通过放浆管道输入缓冲罐，再用80~100目的铜砂滤网过滤，或用振动筛加细过滤，除去微小杂质、锅巴及膨胀的渣滓，以提高浆液质量。根据生产经验，各煮浆罐内浆温为：1罐55 ℃，2罐75 ℃，3罐85 ℃，4罐95 ℃，5罐100 ℃。浆温不得超过100 ℃，否则会导致蛋白质严重变性，影响后续工序的进行。

6. **点浆**

点浆是决定豆腐出品率高低和质量好坏的关键技术环节。在点浆时要掌握好豆浆的温度和pH，正确使用凝固剂及点浆操作。北豆腐生产通常以盐卤为凝固剂，使用前，应先在盐卤中加4倍水（容积比），过滤备用。盐卤用量一般以原料大豆干重的3%~4%为宜，但要根据浆温、原料质量、水质等而定。若用量过多，会使豆腐有苦涩味等；用量不足，会使豆腐过软，不易成型。当浆温较高时，盐卤用量宜少；当浆温较低时，盐卤用量宜多。当使用蛋白质含量较高的新豆时，盐卤用量宜多；当使用蛋白质含量少的陈豆时，盐卤用量宜少。以软水制取的豆浆，盐卤用量宜少；以硬水制取的豆浆，盐卤用量宜多，且比软水豆浆增加用量约50%。为了使豆腐中大豆蛋白质凝固完全，点浆时，应将浆温控制在80 ℃左右为宜。豆浆pH对点浆质量也有很大的影响，一般应将凝固豆浆的pH控制在6.0~6.5

最为适宜。当 pH 接近 6.0 时，盐卤的添加速度要缓慢，甚至要停下来，若盐卤添加速度太快、太多或太集中，就会造成凝固不均匀，影响豆腐质量。点浆操作也是影响点浆效果的重要因素之一。点浆时，要先用木耙或铜勺上下搅拌豆浆，使豆浆从缸底向上翻滚，然后，一边搅拌一边点盐卤，搅拌和加盐卤均要先紧后慢。当缸内出现 50% 芝麻大小的豆脑(也称豆花)时，搅拌要减慢，盐卤流量也相应减少；当出现 80% 豆脑时，应停止搅拌和加盐卤，使豆脑凝固下沉。搅拌时要方向一致，不能忽正忽反，更不能乱搅。一般搅拌得好，豆浆和盐卤混合充分，盐卤分布均匀，凝固物的结构组织也会细致、良好，微孔的大小和分布均匀。盐卤加入速度要适当，过快会影响豆腐质地的均一性。

7. 墩脑

点浆结束后，应将豆脑静置，不得再搅拌，以使豆脑进一步聚集、凝固、沉淀，即墩脑。墩脑时间一般应控制在 15~25 min，不宜过长或过短，墩脑时间过短，蛋白质凝固物的结构不牢固，保水性差，豆腐缺乏弹性，出品率过低；时间过长，则会使豆脑温度降低，影响下道工序的完成。一般在墩脑过程中，上层豆脑凝固较差，其原因有二：一是由于盐卤加入后下沉，致使上层盐卤浓度过低；二是浆面易散热，温度下降快，导致凝固较差。因此，点浆时，要勤搅拌，使盐卤尽可能均匀分布；墩脑时脑浆要封严，以防散热过快。墩脑后，脑缸上层有一层黄浆水，正常的黄浆水应为澄清的淡黄色，这说明点脑适度，不老不嫩。若黄浆水色深，黄即脑老，暗红色即脑过老；若黄浆水为乳白色，且混浊，即脑嫩，这时需再加盐卤补救。

8. 破脑

破脑是指将豆脑适当打碎，排出包在蛋白质周围的黄浆水。破脑时，可先用小勺将表皮以下 1~2 cm 厚的一层翻到一边，再用竹剑将缸内豆脑划成 7 cm 左右见方的小块，稍停片刻，即可浇制。

9. 浇制

浇制是指将豆脑舀入铺有豆包布的模型内包住，进行造型。北豆腐生产，应选用孔隙较大、结实耐用的布料做包布，以利于沥水。使用前，应先将包布用碱水煮好，并用清水洗净。然后将包布挫角铺入木制或镀锌铁皮制有活动底板的方盒子模型内，再将破脑后的豆脑舀入包内。一般先用优质脑铺面，后一般脑，这样既可保证豆腐表面光滑，又可防止粘包布。浇制时，要四角上足，中间部位略高于四周，然后将包布对角拢好、包严，再在包布上放一平整木板，即可加压成型。

10. 加压成型

加压的作用有二：一是加快排除蛋白质网络间的多余水分；二是使脑内分散的蛋白质网络更好地黏结成一个整体。加压时要掌握好温度高低和压力大小。一般上包加压的温度以 70 ℃左右为宜，这样蛋白质网络的黏合力较强，又易操作，压出的豆腐有韧性。压力大小因成品含水量的要求和厚度而定。要求成品含水量少，压力可适当大些；厚度小时，因排水畅快，压力可适当低些。

11. 冷却

拆包后的豆腐仍有一定温度，内部结构松软，容易变形破碎。因此，必须迅速冷却，使其形状和组织稳定下来。冷却可以采用放在通风处、洒冷水或浸在凉水中等方法。第 3 种方法不仅冷却迅速，而且可以将豆腐表面未形成皮膜的蛋白质及豆腐中游离的氯化镁和残留的豆腐水除去，这不仅可以防止微生物作用于豆腐表面而发黏、变质，又可以改进豆腐的口味。采用传统工艺，一般 1 kg 大豆可生产 3.5~3.7 kg 北豆腐。

（三）提高豆腐产量的几种方法

1. 冷水冲浆

用土法做豆腐，一般 1 kg 黄豆可制成 2.5 kg 左右的豆腐，而用冷水冲浆，黄豆的出品率可提高 30% 以上，其做法是：先把豆浆浇开，倒入木桶内，待豆浆冷却到不烫手时，倒入 1 桶冷水（磨 5 kg 豆子放 1 桶水）。再充分搅拌使温度冷却均匀，倒入冷水后 8~10 min，往豆浆中洒下一铁勺石膏水。用铁勺沿木桶四周的底部轻轻搅动一圈，再过 6~7 min，洒第 2 次石膏水，用铁勺在豆浆的中层部分搅动一圈。过 5 min 后洒第 3 次石膏水（用量与前两次相同），这次只在豆浆最上层搅动一次即可。过 10 min 左右，豆腐全部生成，再进行包扎过滤。

2. 加碱面

大豆中不溶性蛋白质占蛋白质总量的 30% 左右，这些不溶于水的蛋白质存在于豆浆中，点豆腐时不能形成豆腐。若在浸豆时，按豆子与碱面 500 : 1.9 的用量加入碱面，便可将部分不溶性蛋白质转为可溶性蛋白质，这样，在点豆腐时可以凝固豆腐，从而提高产量。

3. 不产豆渣

先将大豆反复冲洗除杂，然后浸泡大豆，使其增重 2.2~2.5 倍，除去大豆皮，再将大豆冻结。用粉碎机将大豆粉碎成糊状物，其含水量为大豆原重量的 10~11 倍。然后将糊状物加热至 100 ℃，保持 3~4 min 停止加热，自然降温。当温度降至 70~80 ℃时，添加相当于大豆重量 2~2.5% 的硫酸钙，使糊状物凝固，再将凝固物轻轻搅拌，除去浮液，放入有孔的箱中，盖布、加压、去水即可。

4. 先取油后加工

将大豆冷榨，分离出油和豆饼，用豆饼制作豆腐。每 100 kg 大豆冷榨 2 次，可取油 9~10 kg，榨成豆饼 80~82 kg。然后用豆饼做豆腐，冷榨豆腐不需要磨浆，可直接热煮豆浆，每 10 kg 豆浆兑水 70 kg 左右，装入木桶浸泡 7~8 h，用勺搅匀倒入锅内，一面加热，一面不停地搅拌，防止豆浆糊锅。点浆，用 1 : 7 石膏水绕浆缸慢慢倒入，直至出现豆乳脑为止，之后的制作工艺与传统方法相同。

四、内酯豆腐

（一）内酯豆腐生产工艺流程

内酯豆腐生产工艺流程：清理→浸泡→制浆→滤浆→煮浆→脱气→冷却→混合→罐装→凝固成型→冷却。

（二）操作要点

与北豆腐一样的操作要点不再重复叙述。

1. 制浆

采用各种磨浆设备制浆，使豆浆浓度控制在 5%~6%。

2. 脱气

采用消泡剂消除一部分泡沫，采用脱气罐排出豆浆中多余的气体，避免出现气孔和砂眼，同时脱除一些挥发性的气味成分，使内酯豆腐质地细腻，风味优良。

3. 冷却、混合与罐装

根据 δ- 葡萄糖酸内酯的水解特性，内酯与豆浆的混合必须在 30 ℃以下进行，如果浆温过高，内酯的水解速度过快，造成混合不均匀，最终会导致粗糙、松散，甚至不成型。按照0.25%~0.30%的比例加入内酯，添加前用温水溶解，混合后的浆料在15~20 min内罐装完毕。采用的包装盒或包装袋需要耐100 ℃的高温。

4. **凝固成型、冷却**

包装后进行装箱，连同箱体一起放入85~90 ℃恒温床，保温15~20 min。热凝固后的内酯豆腐需要冷却，这样可以增强凝胶的强度，提高其保形性。冷却可以采用自然冷却，也可以采用强制冷却。通过热凝固和强制冷却的内酯豆腐，一般杀菌、抑菌效果好，储存期相对较长。

五、腐竹

腐竹是由煮沸后的豆浆，经过一定时间的保温，豆浆表面蛋白质成膜形成软皮，揭出烘干而成的。煮熟的豆浆保持在较高温度条件下，一方面豆浆表面水分不断蒸发，表面蛋白质浓度相对提高；另一方面蛋白质胶粒热运动加剧，碰撞机会增加，聚合度加大，以致形成薄膜。随着时间的延长，薄膜厚度增加，当薄膜达到一定厚度时，揭起的就是腐竹。

（一）腐竹生产工艺流程

腐竹生产工艺流程：清理→脱皮→浸泡→制浆→滤浆→煮浆→揭竹→烘干→包装。

（二）操作要点

与北豆腐一样的操作要点不再重复叙述。

1. **制浆**

腐竹生产的制浆方法与豆腐生产制浆一样，这里要求豆浆浓度控制在3.5%~4.5%。豆浆浓度过低难以形成薄膜；豆浆浓度过高，虽然膜的形成速度快，但是形成的膜色泽深。

2. **揭竹**

将制成的豆浆煮沸，使豆浆中的大豆蛋白质发生充分的变性，然后将豆浆放入腐竹成型锅内成型揭竹。在揭竹工序中应该注意3个因素。

(1) 揭竹温度。一般控制在(82±2) ℃。温度过高，产生微沸会出现“鱼眼”现象，容易起锅巴，腐竹的成品率低；温度过低，成膜速度慢，影响生产效率，甚至不能形成膜。

(2) 时间。揭竹时每支腐竹的成膜时间为10 min左右。时间过短，形成的皮膜过薄，缺乏韧性，揭竹时容易破；时间过长，形成的皮膜过厚，色泽深。

(3) 通风。揭竹锅周围如果通风不良，成型锅上方水蒸气浓度过高，那么会导致豆浆表面的水分蒸发速度慢，形成膜的时间长，影响生产效率和腐竹质量。

3. **烘干**

湿腐竹揭起后，搭在竹竿上沥浆，沥尽豆浆后要及时烘干。烘干可以采用低温烘房或机械化连续烘干法。烘干最高温度控制在60 ℃以内。烘干至水分含量达到10%以下即可得到成品腐竹。

六、豆乳

豆乳制品主要包括豆乳、豆炼乳、酸豆乳、豆乳晶等。该类产品采用现代技术与设备，已实现了规模化工业生产。豆乳制品具有特殊的色、香、味，营养也非常丰富，可与牛奶相媲美。

（一）豆乳生产的基本原理

豆乳生产是利用大豆蛋白质的功能特性和磷脂的强乳化特性。磷脂是具有极性基团和非极性基团的两性物质。中性油脂是非极性的疏水性物质，经过变性后的大豆蛋白质分子疏水性基团大量暴露于分子表面，分子表面的亲水性基团相对减少，水溶性降低。这种变性的大豆蛋白质、磷脂及油脂的混合体系，经过均质或超声波处理，互相之间发生作用，形成二元及三元缔合体，这种缔合体具有极高的稳定性，在水中形成均匀的乳状分散体系即豆乳。

（二）豆乳生产工艺

豆乳的生产工艺流程：清理→脱皮→浸泡→制浆与灭酶→浆渣分离→真空脱臭→调制→均质→杀菌→包装。

（三）操作要点

1. 清理与脱皮

大豆经过清理除去所含杂质，得到纯净的大豆。脱皮可以减少细菌，改善豆乳风味，限制起泡性，同时还可以缩短脂肪氧化酶钝化所需要的加热时间，极大地降低储存蛋白质的变性，防止非酶褐变，赋予豆乳良好的色泽。脱皮方法与油脂生产一致，要求脱皮率大于 95%。脱皮后的大豆应迅速进行灭酶。这是因为大豆中致腥的脂肪氧化酶存在于靠近大豆表皮的子叶处，豆皮一旦破碎，油脂即可在脂肪氧化酶的作用下发生氧化，产生豆腥味成分。

2. 制浆与灭酶

豆乳生产的制浆工序与传统豆制品生产中制浆工序基本一致，都是将大豆磨碎，最大限度地提取大豆中的有效成分，除去不溶性的多糖和纤维素。制浆和分离设备通用，但是豆乳生产中的制浆工序必须与灭酶工序结合起来。制浆中抑制浆体中异味物质的产生，可以采用制浆前浸泡大豆工艺，也可以不经过浸泡直接制浆。要求豆浆磨得要细，豆糊细度要达到 120 目以上，豆渣含水量在 85% 以下，豆浆含量一般为 8%~10%。

3. 真空脱臭

真空脱臭的目的是要尽可能地除去豆浆中的异味物质。真空脱臭首先利用高压蒸汽（600 kPa）将豆浆迅速加热到 140~150 ℃，然后将热的豆浆导入真空冷凝室，对过热的豆浆突然抽真空，豆浆温度骤降，体积膨胀，部分水分急剧蒸发，豆浆中的异味物质随着水蒸气迅速排出。从脱臭系统中出来的豆浆温度一般可以降至 75~80 ℃。

4. 调制

调制是指在调制缸中将豆浆、营养强化剂、赋香剂和稳定剂等混合在一起，充分搅拌均匀，并用水将豆浆调整到规定浓度的过程。豆浆经过调制可以生产出不同风味的豆乳。

（1）豆乳的营养强化。根据大豆蛋白乳的特点，需要进行 3 个方面的营养强化：添加含硫氨基酸（如蛋氨酸）；强化维生素，维生素的添加量以每 100 g 豆乳为标准，需要补充维生素 A 880 μg、维生素 B_1 0.26 mg、维生素 B_2 0.31 mg、维生素 B_6 0.26 mg、维生素 B_{12} 115 μg、维生素 C 7 mg、维生素 D 176 μg、维生素 E10 μg；添加碳酸钙等钙盐，每升豆浆添加 1.2 g 碳酸钙，才能使含钙量与牛奶的接近。

（2）赋香剂。添加甜味剂，可直接采用双糖，因为添加单糖杀菌时容易发生非酶褐变，使豆乳色泽加深。甜味剂添加量控制在 6% 左右。若生产奶味豆乳，可采用香兰素调香，也可以用奶粉或鲜奶。奶粉添加量为 5%(占总固形物)左右,鲜奶为 30%(占成品)。生产果味豆乳,采用果汁、果味香精、有机酸等调制。果汁(原汁)添加量为 15%~20%。添加前首先稀释,最好在所有配料都加入后添加。

(3)豆腥味掩盖剂。尽管生产中采用各种方法脱腥,但总会有些残留,因此添加掩盖剂很有必要。据悉,在豆乳中加入热凝固的卵蛋白可以起到掩盖豆腥味的作用,其添加量为 15%~25%。添加量过低效果不明显,高于 35% 则制品中会有很强的卵蛋白味(硫化氢味)。另外,棕榈油、环状糊精、荞麦粉、核桃仁、紫苏、胡椒等也具有掩盖豆腥味的作用。

(4)油脂。豆乳中加入油脂可以提高口感和改善色泽,其添加量为 1.5% 左右(使豆乳中脂肪含量控制在 3%)。添加的油脂应选用亚油酸含量较高的植物油,如豆油、花生油、菜籽油、玉米油等,以优质玉米油为最佳。

(5)稳定剂。豆乳中含有油脂,需要添加乳化剂提高其稳定性。常用的乳化剂以蔗糖酯和卵磷脂为主,此外还可以使用山梨醇酯、聚乙二醇山梨醇酯。两种乳化剂配合使用效果更好。卵磷脂添加量为大豆重量的 0.3%~2.4%。蔗糖酯除具有提高豆乳乳化稳定性的作用外,还可以防止酸性豆乳中蛋白质的分层沉淀。另外,要根据不同特色的豆乳,进行调整添加乳化剂的种类和数量。

5. 均质

均质是提高豆乳口感和稳定性的关键工序。均质效果的好坏主要受均质温度、均质压力和均质次数的影响。一般豆乳生产中采用 13~23 MPa 的压力,压力越高效果越好,但是压力大小受设备性能及经济效益的影响。均质温度是指豆乳进入均质机的温度,温度越高,均质效果越好,温度应控制在 70~80 ℃较适宜。均质次数应根据均质机的性能来确定,最多采用 2 次。

均质可以放在杀菌之前,也可以放在杀菌之后,各有利弊。杀菌前处理,杀菌能在一定程度上破坏均质效果,容易出现“油线”,但污染机会减少,储存安全性提高,而且经过均质的豆乳再进入杀菌机不容易结垢。如果将均质放在杀菌之后,则情况正好相反。

6. 杀菌

豆乳是细菌的良好培养基,经过调制的豆乳应尽快杀菌。在豆乳生产中经常使用 3 种杀菌方法。

(1)常压杀菌。这种方法只能杀灭致病菌和腐败菌的营养体,若将常压杀菌的豆乳在常温下存放,由于残存耐热菌的芽孢容易发芽成为营养体,并不断繁殖,成品一般不超过 24 h 就会败坏。若经过常压杀菌的豆乳(带包装)迅速冷却,并储存于 2~4 ℃的环境下,可以存放 1~3 周。

(2)加压杀菌。这种方法是将豆乳装于玻璃瓶中或复合蒸煮袋中,装入杀菌釜内分批杀菌。加压杀菌通常采用 121 ℃、15~20 min 的杀菌条件,这样即可杀死全部的耐热型芽孢,杀菌后的成品可以在常温下存放 6 个月以上。

(3)超高温短时间连续杀菌(UHT)。这是近年来豆乳生产中普遍采用的杀菌方法,是指将未包装的豆乳在 130 ℃以上的高温下,经过数十秒的时间瞬间杀菌,然后迅速冷却、包装。

超高温杀菌分为蒸汽直接加热法和间接加热法。目前我国普遍使用的超高温杀菌设备为板式热交换器间接加热法。其杀菌过程大致可分为 3 个阶段,即预热阶段、超高温杀菌阶段和冷却阶段,整个过程均在板式热交换器中完成。

7. **包装**

包装根据进入市场的形式有玻璃瓶包装、复合袋包装等。采用哪种包装方式，是豆乳从生产到流通环节上的一个重大问题，它决定成品的保藏期，也影响质量和成本。因此，要根据产品级别、生产工艺方法及成品保藏期等因素做出决策。

（四）豆乳品质的改进

豆乳制品中的异味物质，有的是原料自身带来的，有的是在加工过程中形成的。大豆加工过程形成的异味物质主要是大豆中不饱和脂肪酸的氧化，而脂肪氧化酶是促使不饱和脂肪酸氧化的主要因素。不饱和脂肪酸氧化后形成氢过氧化物，它们极不稳定，很容易发生分解，分解后形成异味化合物。化合物的种类包括前面提及的 6 大类异味成分。改善豆乳口味的方法，从原理出发可以归纳为如下几种。

1. **热处理法**

热处理法是使蛋白质发生适度的热变性，以使脂肪氧化酶失活，进而抑制加工过程中异味物质的产生。具体方法有：干热处理法、汽蒸法、热水浸泡法、热磨法和热烫法。其中，热水浸泡法和热磨法适合于不脱皮的生产工艺。热水浸泡法是把清洗过的大豆用高于 80 ℃的热水浸泡 30~60 min，然后磨碎制浆；热磨法是将浸泡好的大豆沥净浸泡水，另加沸水磨浆，并在高于 80 ℃条件下保温 10~15 min，然后过滤制浆；热烫法适合于脱皮大豆，它是将大豆迅速放入 80 ℃以上的热水中，并保持 10~30 min，然后磨碎制浆，温度越高，时间越短。

2. **酸碱处理法**

酸碱处理法是依据 pH 对脂肪氧化酶活性的影响，通过酸或碱的加入，调整溶液的 pH，使其偏离脂肪氧化酶的最适 pH，从而达到抑制脂肪氧化酶活性、减少异味物质的目的。常用的酸主要是柠檬酸，调节 pH 至 3.0~4.5，此法在热水浸泡法中使用。常用的碱有碳酸钠、碳酸氢钠、氢氧化钠、氢氧化钾等，调节 pH 至 7.0~9.0，碱可以在浸泡时、热磨时或热烫时加入。单独使用酸碱处理法效果不够理想，常配合热处理法一起使用。加碱对消除苦涩味有明显的效果，而且可以提高蛋白质的溶出率。

3. **添加还原剂和铁离子络合剂的方法**

添加还原剂和铁离子络合剂的方法是利用氧化还原反应或络合反应来抑制脂肪氧化酶活性的。

4. **生物工程法**

生物工程法是利用微生物及酶的作用，通过一系列复杂的生化反应来达到脱腥、脱涩的目的。例如，在大豆中加入 1%~2% 米曲，加水保持 pH 在 4~7，待其浸泡后制浆，即可制得脱腥、脱涩的豆乳。

拓展知识

豆腐虽好可不要贪多

豆腐含有丰富的亚油酸，可降低胆固醇，但也有以下缺点。

(1)引起消化不良。豆腐含有丰富的蛋白质，一次食用过多不仅会阻碍人体对铁的吸收，而且容易出现腹胀、腹泻等症状。

(2)增加肾脏负担。大量食用豆腐会导致人体摄入过多的植物性蛋白质，增加肾脏的负担，不利于身体健康。

(3)痛风患者要少食。豆腐含有较多嘌呤,因此嘌呤代谢失常及血尿酸浓度偏高的人群食用需谨慎。

任务二 大豆蛋白的生产技术

【任务导入】

问

大豆蛋白有什么不一样?

大豆蛋白是指以豆粕为原料,分离提取的大豆分离蛋白、大豆组织蛋白等新型大豆制品,其有着动物蛋白不可比拟的优点。大豆蛋白是唯一含有人体所需的9种必需氨基酸且含量满足人体需求的一种植物蛋白。

大豆蛋白也非常适合健身者、乳糖不耐者和老年人使用。

必备知识

一、大豆蛋白质及其制品的分类

(一)大豆蛋白质的分类

常用的蛋白质分类方法有:根据溶解度分类的方法、根据构成蛋白质的最基本单位分类的方法、根据生理功能分类的方法等。

大豆蛋白质是存在于大豆种子中诸多蛋白质的总称,并不是指某一种蛋白质。根据蛋白质的溶解特性,大豆蛋白可分为两类,即清蛋白和球蛋白,二者的比例因品种及栽培条件不同而略有差异。清蛋白一般占大豆蛋白质的5%(以粗蛋白计)左右;球蛋白占90%左右。大豆球蛋白加酸调pH至4.5或加硫酸铵(55%)至饱和,则沉淀析出,故又称为酸沉蛋白。而清蛋白因无此特性,故又称为非酸沉蛋白。从免疫学的角度出发,大豆球蛋白又可分为大豆球蛋白(占40.0%)、α-伴大豆球蛋白(占13.8%)、β-伴大豆球蛋白(占27.9%)、γ-伴大豆球蛋白(占3.0%)。

根据构成蛋白质的最基本单位来分类,大豆蛋白质基本上都属于结合蛋白,即水解后所得产物不只是氨基酸,还含有一些配体,如糖等。可以说大豆蛋白质绝大部分都是糖蛋白,只是含糖多少不同。

根据生理功能来分类,大豆蛋白质可分为贮藏蛋白和生物活性蛋白两类。贮藏蛋白是主体,占总蛋白的70%左右(如11 S球蛋白、7 S球蛋白等),它与大豆的加工性关系密切;生物活性蛋白包括的较多,如胰蛋白酶抑制剂、β-淀粉酶、血球凝集素、脂肪氧化酶等,它们在总蛋白中所占比例虽不多,但对大豆制品的质量却非常重要。

(二)大豆制品的分类

大豆制品种类非常多,主要包括以豆腐为中心的传统大豆制品(图9-1)和以大豆蛋白为中心的新型大豆制品(图9-2)。

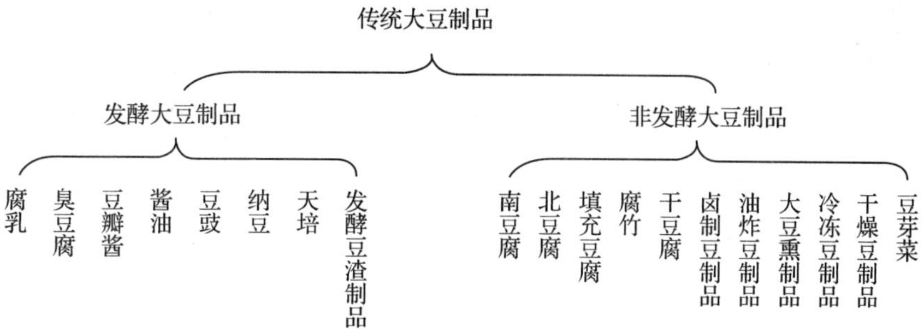

图 9-1 传统大豆制品

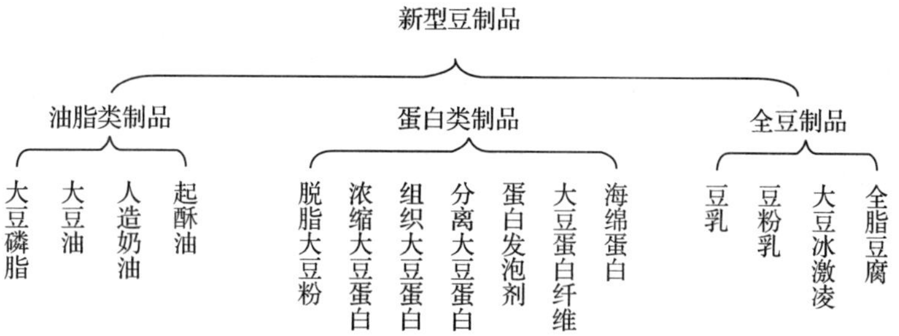

图 9-2 新型大豆制品

二、大豆蛋白质的营养品质

蛋白质的营养品质一般由以下因素决定。

（一）必需氨基酸的组成

大豆蛋白质富含人体所需的各种必需氨基酸，与动物蛋白质接近，是国际上公认的较为理想的蛋白质。大豆蛋白质与动物蛋白质的必需氨基酸含量比较如表 9-2 所示。

表 9-2 大豆蛋白质与动物蛋白质的必需氨基酸含量比较 g/100 g

氨基酸种类	蛋白质来源			
	大豆	牛肉	牛奶	蛋
赖氨酸	6.3	9.4	8.5	6.3
色氨酸	1.4	—	1.6	1.7
苯丙氨酸	4.9	4.5	5.3	5.9
甲硫氨酸	1.4	2.8	2.6	3.1
苏氨酸	3.9	4.8	4.6	5.0
亮氨酸	7.7	8.7	10	9.0
异亮氨酸	5.3	5.5	5.7	6.8
缬氨酸	5.2	6.3	7.1	7.4
精氨酸	7.3	6.8	3.5	6.6
组氨酸	2.4	2.4	2.4	2.4

（二）蛋白质的消化率

大豆产品的蛋白质消化率可以与肉、蛋、奶中的相媲美。不同大豆产品的蛋白质消化率不同，蒸煮大豆、全脂豆粉、脱脂豆粉、豆腐、大豆分离蛋白的蛋白质消化率分别为65%、75%~92%、84%~90%、93%、93%~97%。

三、大豆蛋白质的性质

（一）溶解性

大豆蛋白质的溶解性会随着pH的变化发生很大变化，大豆蛋白质随pH变化的溶解度曲线如图9-3所示。pH为4~5时，溶解度最小，这与大豆蛋白质的等电点一致。

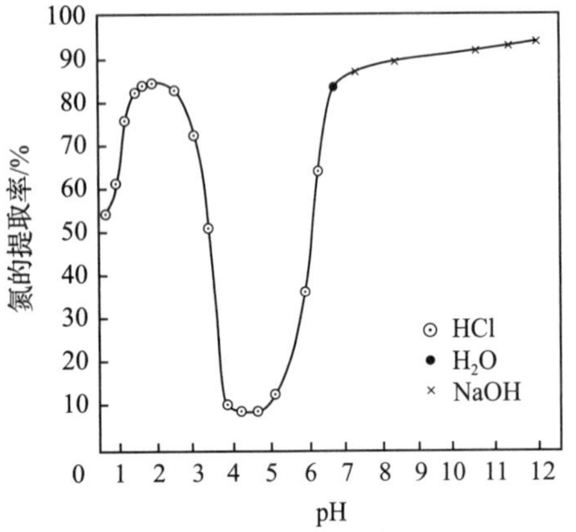

图9-3 大豆蛋白质随pH变化的溶解度曲线

在等电点处，蛋白质所带电荷被中和，由电荷引起的各残基之间的静电排斥力消失，蛋白质分子便紧密地排列在一起，降低了与水分子的结合能。大豆蛋白质属于球蛋白，精制的大豆球蛋白几乎不溶于水，加入盐类以后会促使其溶解。盐溶液种类不同，溶解度也不同。大豆蛋白质放在0.5 mol/L的盐溶液中，其溶解效果如下。

阴离子：$F^- < Cl^- < SO_4^{2-} < Br < I$

阳离子：Ca<Mg<Li<Na<K

在这个顺序中，越往左，溶解度越小，越容易盐析；相反，越往右，蛋白质越容易与水结合，显示较强的盐溶性，有时也会发生变性。众所周知，制作豆腐时向豆乳中加入一些Ca^{2+}、Mg^{2+}，会使蛋白质溶解度降低而产生凝聚，就是这个道理。与β-伴大豆球蛋白相比，大豆球蛋白在低Ca^{2+}浓度下，更容易产生凝聚。另外，也可以用两者在盐析中的反应差异将大豆球蛋白和β-伴大豆球蛋白分开。

（二）解离与聚合

大豆球蛋白在离子强度和pH发生变化时，容易发生解离或聚合现象。在离子强度为0.5、pH为7.6的缓冲液中，大豆蛋白不会发生解离与聚合现象。为此，在实验中常将这种缓冲液称为标准缓冲液，并广泛应用于大豆球蛋白的溶解。

四、大豆蛋白质的变性

引起大豆蛋白质变性的有物理因素和化学因素。物理因素有过度加热、剧烈震荡、过分干燥、超声波处理等；化学因素有极端pH、有机溶剂、重金属、尿素、亚硫酸钠等。

在变性因素的作用下，维持蛋白质分子空间构象（一、三、四级结构）的次级键被破坏，双硫键变为巯基，使二硫键充分舒展，形成新的构象。这些变化在偏离等电点的酸碱条件下发生时，变性分子仍带有相同的正（负）电荷，由于同性相斥而不至于沉淀或絮凝；这些变化发生在等电点的pH范围内时，变性的电中性分子因布朗运动相互碰撞而吸引，互相凝聚而析出絮状物。提供能量（如加热）可使碰撞加剧，分子相互聚集而形成凝固物。絮状物及凝固物的形成是蛋白质变性作用的直接结果。

(一)酸碱引起的变性

随着 pH 的变化，大豆蛋白质溶解性也发生变化。在极端的酸性和碱性条件下，大豆蛋白质解离成低分子，并发生不可逆的变性现象。这是由于处在极端的酸性或碱性条件下的蛋白质分子全部带有正电荷或负电荷，相互之间发生静电排斥作用，破坏了蛋白质的高级结构。

当酸沉蛋白质在 pH 11.0 以下时，蛋白质产生了凝聚及水和反应，使得溶液黏度增加，这时通过透析可得到未变性的蛋白质。可是，当 pH 达到 11.0~12.0 时，蛋白质发生解离，分子被完全解开，露出疏水基，S—S 键也被破坏。如果透析时蛋白质浓度较高，则会发生凝胶化现象，而低浓度时则不会凝胶化。当 pH 达到 12.0 时，露出的疏水基和 S—S 键均被破坏。

(二)热变性

蛋白质含量为 0.01%~0.02% 的大豆球蛋白稀溶液，在适当的 pH 或盐存在的条件下，会发生溶解，在此浓度下，即使加热也不会形成凝胶。将 0.5% 的大豆球蛋白溶液在 100 ℃下加热 5 min，大豆球蛋白便会形成 80~100 s 的巨大可溶性凝聚物，此后随着该凝聚物的减少，不溶性沉淀开始增加，最后会达到一定的值。不同的加热条件引起的大豆蛋白变性程度也不同。当大豆球蛋白在 70~80 ℃下加热时，解离成酸性亚基和碱性亚基。酸性亚基成为 4 S 可溶性低聚物，而碱性亚基则发生聚合，在高离子强度下，形成可溶性聚合物；在低离子强度下则易生成沉淀。β- 伴大豆球蛋白在低离子强度条件下加热易发生解离，而在高离子强度下则容易发生凝聚现象。

(三)冷冻变性

大豆蛋白质溶液冷冻会产生冻结变性，从而失去可溶性。冻豆腐就是利用这个性质制作而成的。大豆蛋白质溶液在冷冻前进行加热处理，这种热变性的蛋白质冷冻变性快于未热变性的蛋白质。欲使大豆蛋白冻结变性而不溶解，−5~−1 ℃的高温好于 −20 ℃以下的低温。在 −5~−1 ℃时，有 10%~20% 的水未被冻结，此时的蛋白质被浓缩在未冻结的水中。由于水的存在促进了各种化学反应，促进了 S-S 键以及其他分子间的相互作用，聚合的蛋白质之间保持着狭小的间隔。在 −20 ℃时，全体均被冻结，失去了液态水分，蛋白质分子间不能很好地接近，侧链不能发生反应，因而导致冻结聚合性不好。

(四)变性后的性质

1. 溶解度下降

由于肽链舒展，疏水基团外露，阻碍了蛋白质分子的溶解，因此溶解度下降。

2. 黏度增加

蛋白质变性时，紧密的分子结构被破坏，多肽链充分舒展，分子体积增大，分子质量一定，黏度随蛋白质分子体积的增大而增加。

3. 生物活性丧失

酶是具有生物活性的蛋白质，在分子结构被破坏的同时，酶分子表面的活性部位被破坏而失活。

4. 容易被酶水解

当变性蛋白质分子结构变得松散和舒展后，肽链暴露，酶分子就可能与其发生作用进而发生水解。

五、大豆蛋白质的功能特性

（一）凝胶化

大豆蛋白质的凝胶化在豆腐的形成以及用作畜肉、鱼肉制品添加剂方面起着重要作用。凝胶化是指蛋白质分子之间依靠 S-S 键和非共价键等分子间的相互作用，形成一个有持水能力的网状结构。凝胶除了具有较高的黏性外，还具有可塑性、弹性等性质。

凝胶的形成及其弹性、持水性等物理性质均受蛋白质的种类、浓度、加热温度和时间、pH、离子强度及变性剂的作用等各种各样的因素影响。

（二）乳化性

大豆蛋白质是表面活性物质，加入大豆蛋白质能够使油在水中形成稳定的乳化液。蛋白质覆盖在油滴表面，形成了保护层，促进了水包油型乳浊液的形成，阻止了油滴聚集，提高了乳化液的稳定性。

红肠、蛋黄酱、稀奶油、甜点等都是蛋白质的乳化作用在食品中的具体应用。蛋白质除了和油形成乳浊液外，其乳化性还与乳浊液中脂肪的稳定性和食品的风味物质吸附与保持有重要作用。

（三）发泡性

蛋白质的发泡性常被应用于甜点食品中。蛋白质发泡类似于乳化，由于空气比油滴具有更强的疏水性，因此使蛋白质在气泡表面形成了薄膜。显然，蛋白质的亲水性、柔软性、疏水性、坚固的结构对蛋白质发泡能力和形成泡沫的稳定性起着重要作用。

发泡性评价包括发泡能力和形成泡沫的稳定性两个方面。大豆蛋白质发泡性与溶解性和乳化性相似，在等电点附近减少。气泡的破坏率在等电点处最高，稳定性最低。随着蛋白质浓度的升高，发泡性增强，稳定性减小。利用酸和酶将大豆蛋白质部分地加水分解，获得的部分水解蛋白有很强的发泡性。市场上销售的大豆蛋白粉就是根据此原理加工而成的。

（四）吸油性

大豆蛋白质在食品加工过程中，能促进脂肪的吸收和结合。脂肪的吸收只是乳化作用的一种表现。大豆蛋白质在油炸或煎炸食品表面形成抗脂肪层，有助于防止食品吸收过多的脂肪，还可起到稳定食品外形的作用。

（五）吸水性

大豆蛋白质的肽链结构中含有许多极性基团，能够吸收水分并保留水分，某些极性部位是可以电离的（如羧基和氨基）。pH 的变化可以改变其极性，从而影响大豆蛋白质的吸水性，当 pH 大于或小于 4.5 时，保留水分的量急剧增加。在焙烤食品、糖果的生产中，添加大豆粉等会增加产品的吸水力，延长食品的保鲜期。

（六）组织化作用

大豆蛋白质能够使各种传统食品和新型食品具有组织化作用，如含有 8% 以上分离蛋白质的溶液，加热能够形成胶体；含有 16%~17% 的分离蛋白质溶液，经过加热后能够得到有弹性的自承重凝胶。也有方法能够使大豆粉和大豆分离蛋白具有和肉相类似的组织。

（七）其他特性

大豆蛋白质能够使各种传统食品和新型食品具有组织化作用：脱脂大豆粉与 40%~60% 的水混合形成“面团”，经高温蒸煮后在表面可形成薄膜，阻止食品味道散失；大豆粉在面包中用作漂白剂，其脂肪氧化酶使不饱和脂肪酸氧化，使小麦粉中黄色的类胡萝卜素漂白并去色。面包表面色泽的增加是大豆蛋白和小麦粉中的碳水化合物反应的结果。

大豆蛋白质在食品加工中良好的应用特性，使其在食品加工业中的应用越来越广泛。以脱脂大豆粕为原料制得的蛋白质产品，根据其制取工艺及特性不同分为分离蛋白、浓缩蛋白、组织蛋白、全大豆粉、脱脂豆粉及水解蛋白等。目前，我国大豆蛋白的加工主要有浓缩大豆蛋白、分离大豆蛋白和组织大豆蛋白三大类。

六、大豆浓缩蛋白的制取

大豆浓缩蛋白(SPC)是指以脱脂豆粉为原料，除去其中的低分子可溶性非蛋白质成分，包括可溶性糖、灰分和各种气味成分等，使蛋白质的含量从45%~50%提高到70%左右获得的制品。

生产大豆浓缩蛋白，主要是要除去脱脂豆粉中的可溶性非蛋白质成分。常用的生产方式有：湿热浸提法、稀酸浸提法和含水乙醇浸提法等。第1种方法生产的浓缩大豆蛋白因为在热处理过程中有少量蛋白质与糖之间发生反应，所以导致产品色泽较深，而且部分蛋白质发生热变性，导致产品的功能性质不好，目前基本已被淘汰。第2种方法生产的浓缩大豆蛋白，没有经过高温加热处理，所以色泽浅，而且蛋白质的功能性质也较好，但是产率低且酸碱消耗量较大。第3种方法生产的大豆浓缩蛋白色泽浅，而且产率较高，但是蛋白质发生了变性，功能性质也不佳。表9-3为用不同制取方法制取浓缩蛋白质含量比较。

表9-3　用不同制取方法制取浓缩蛋白质含量比较

任务	含水乙醇浸提	稀酸浸提	湿热浸提
NSI/%	5.0	69.0	3.0
1∶10水分胶液pH	6.9	6.6	6.9
蛋白质含量/(N×6.25%)	66.0	67.0	70.0
水分含量/%	6.7	5.2	3.1
脂肪含量/%	0.3	0.3	1.2
粗纤维含量/%	3.5	3.4	4.4
灰分含量/%	5.5	4.8	3.7

从表9-3可以看出，以稀酸浸提法制取的浓缩蛋白的氮溶解指数(NSI)最高，可达69%；而湿热浸提和含水乙醇浸提的蛋白质NSI未超过5%。这说明湿热浸提和含水乙醇浸提引起了蛋白质的变性。但以质量分数为50%~70%的酒精洗除低温粕中所含的可溶性糖类(如蔗糖、棉子糖、水苏糖)、可溶性灰分及可溶性微量成分后获得的浓缩大豆蛋白，在气味上优于用其他两种方法制取的产品。

(一)稀酸浸提法

稀酸浸提法，又称酸洗法等。此法利用大豆蛋白质在浸提液处于等电点状态下(pH为4.3~4.5)时，蛋白质的溶解度最低，用离心法将不溶性蛋白质、多糖、可溶性碳水化合物及低分子蛋白分开，然后再中和、浓缩并进行干燥脱水，得到大豆浓缩蛋白粉，此法可同时除去大豆的腥味。目前，国内的大豆浓缩蛋白生产还是主要采用此法。

1. 工艺流程

生产时，先将通过100目的低温脱溶豆粕粉加入酸洗罐中，加入10倍重量的水搅拌均匀后，加入 37%的盐酸，调节 pH 至 4.6，搅拌 1 h。这时，大部分蛋白质沉析，粗纤维形成浆状物。

如图 9-4 所示，一部分可溶性糖、灰分及低分子蛋白质形成乳清，经泵 P-1 循环回流，送入碟式离心机 C-1 中进行液固分离。固态浆状物流入一次水洗池 T-2 内，在此连续加水洗涤，然后经泵 P-2 注入碟式离心机 C-2 中分离脱水。浆状物流入二次水洗池 T-3 中进行二次水洗，然后由泵 P-3 注入蝶式离心机 C-3 中分离废水，浆状物流入中和罐 T-4 内，加入适量碱液调节 pH 为中性，再经泵 P-4 压入干燥塔 D 中脱水干燥，即得到成品。

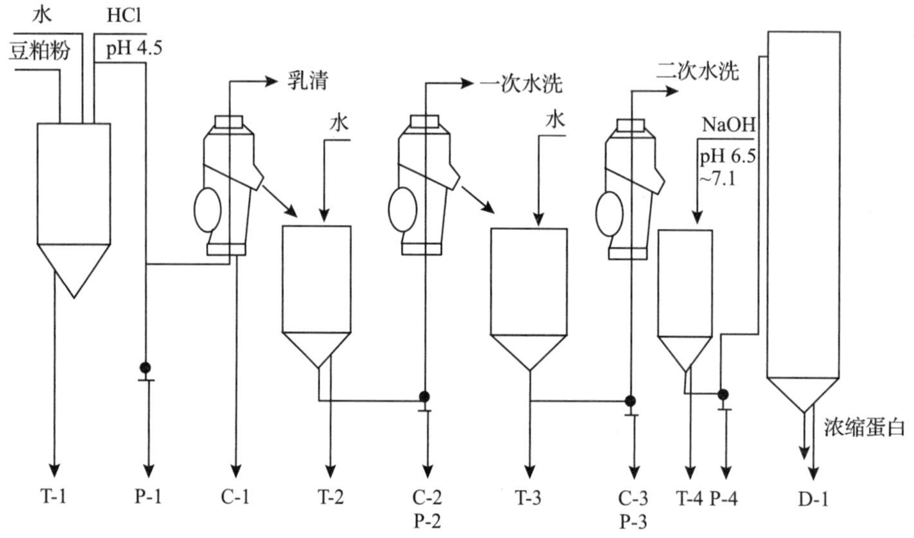

T-1. 酸洗池；T-2. 一次水洗池；T-3. 二次水洗池；T-4. 中和罐；C-1. 碟式浆液分离机；C-2. 一次水洗分离机；C-3. 二次水洗分离机；P-1. 浆液输送泵；P-2. 浆液输送泵；P-3. 浆液输送泵；P-4. 浆液输送泵；D-1. 干燥塔

图 9-4　稀酸浸提法制备浓缩大豆蛋白工艺流程

2. **操作要点**

(1)粉碎。通过粉碎将豆粕粉加工至 0.15~0.30 mm。

(2)浸酸。在豆粕粉中加入 10 倍水，再在不断搅拌下缓慢加入 37% 盐酸，调节 pH 至 4.6~4.8，50 ℃恒温搅拌、浸提 40~60 min。

(3)分离、洗涤。酸浸后，将混合物搅拌并注入蝶式离心机中进行分离，分离所得的固体浆状物流入一次水洗池内，在此池内连续加入 10 倍、55 ℃的温水洗涤搅拌。分离废水与二次水洗如前所述。

(4)中和、干燥。待浆状物流入中和池内，在池中加碱进行中和处理。然后采用真空干燥，也可采用喷雾干燥。真空干燥，干燥温度最好控制在 60~70 ℃；喷雾干燥，在洗涤后再加入调浆，使其浓度在 18%~20%，然后用喷雾干燥塔干燥。

用稀酸浸提法生产的浓缩大豆蛋白粉，蛋白质的水溶性较好，但会消耗大量的酸和碱，并排出大量含糖等营养物质的废水，从而造成后处理困难(浸出物中有一定的蛋白质损失)，产品的风味不是很好。

(二)含水乙醇浸提法

最初采用浸没式工艺，传统醇法制备的大豆浓缩蛋白生产工艺一般以脱脂大豆低温脱溶成品豆粕粉为原料，由于受原料的影响，只能采用大固液比、间歇式的方法进行生产。该生产方法存在的问题是：乙醇溶剂消耗量大；需蒸馏回收乙醇的量较大，因此生产中能源消耗量也较高。目前，醇法大豆浓缩蛋白基本上都采用逆流浸出工艺。逆流浸出工艺的优点是处理能力大，适合连续化生产，并且酒精浸出溶液(混合溶剂)的固形物含量较高。

1. **工艺流程**

含水乙醇浸提法制备浓缩大豆蛋白工艺流程如图 9-5 所示。

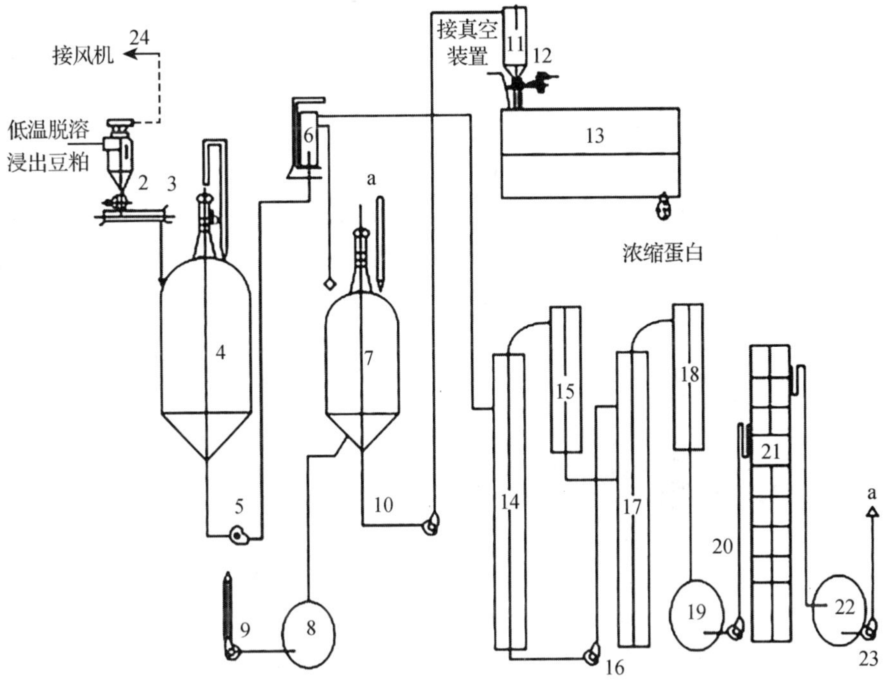

1. 集料器；2. 封闭阀；3. 螺旋运输器；4. 酒精洗涤罐；5. 离心泵；6. 管式离心机；7. 二次洗涤罐；8. 酒精暂存罐；9. 酒精泵；10. 浆液泵；11. 暂存罐；12. 闸板阀；13. 真空干燥器；14. 一效蒸发器；15. 分离器；16. 酒精泵；17. 二效蒸发器；18. 分离器；19. 浓酒精暂存罐；20. 酒精泵；21. 蒸馏塔；22. 酒精存罐；23. 酒精泵；24. 吸料风机

图 9-5　含水乙醇浸提法制备浓缩大豆蛋白工艺流程

2. **操作要点**

(1) 选料。应选取无霉变、含皮量低、杂质少、蛋白质含量高(干基含量≥50%)、氮溶解指数 50%~70% 的豆粕做原料。原料进浸出器前必须筛选除去碎末，以免溶剂渗滤性不好，堵塞浸出器筛板。残油不能太高，否则会影响酒精溶剂的渗透性。

(2) 浸出。按料液比为 1∶7 的比例在豆粕粉加入 60%~65% 的含水乙醇溶液，在 50 ℃ 的条件下搅拌 60 min，每 1 h 为一个生产周期。在洗涤过程中，豆粕粉中的可溶性糖分、灰分和可溶性微量成分溶解于含水乙醇溶液中。

蛋白质的溶出率和浸提效果主要受乙醇浓度、加液量、浸提温度、浸提时间等因素影响。

当含水乙醇溶液的浓度在 65% 左右时，可溶性大豆蛋白质的溶解度最低，可进一步提高浓缩蛋白产品中的蛋白质含量。

加液量大，可提高蛋白质的溶出率和浸提效果。但超过一定量时，会加大后续回收乙醇工艺的难度及能耗，最佳加液量的豆粕：乙醇比例为 1：6~1：8。

浸提过程中，温度越高浸提效果越好。但当温度过高时，物料黏度增大，会造成分离困难，且易使蛋白质发生严重变性，增加耗能，因此最佳浸提温度在 50 ℃左右。

浸提时间的长短主要影响蛋白质含量和溶出率，在一定条件下，浸提时间越长，浸提效果越好。但当浸提时间达到一定范围后，浸出效果趋于恒定，继续下去已失去意义。最佳的浸提时间应在 1 h 左右。

(3) 薄膜蒸发。洗涤后，从罐中将蛋白质淤浆物由泵送入管式离心机中进行分离，分离出固形物和酒精溶液。管式离心机结构如图 9-6 所示。分离出来的酒精要进行回收再利用，分离出来的酒精被送入一效蒸发器中进行初步浓缩，再由泵送入二效蒸发器中进一步蒸除酒精，其操作真空度为 66.7~73.3 kPa，温度为 80 ℃。最后，浓缩糖浆由二效蒸发器底部排出，另作他用。从一效、二效蒸发器出来的酒精流入浓酒精暂存罐中，通过泵送入工作温度为 82.5 ℃酒精蒸馏塔中蒸馏，一方面制取浓酒精，另一方面脱除酒精中的不良气味。

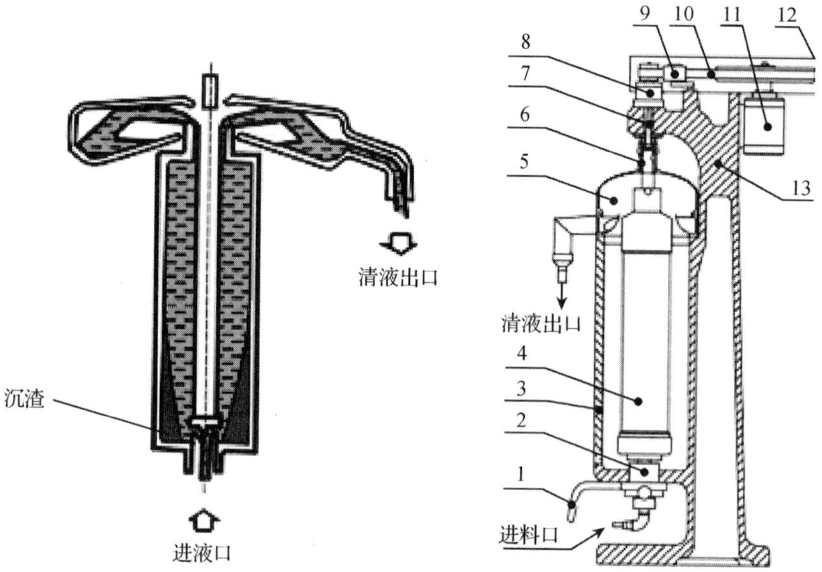

1. 手柄；2. 滑动轴承组件；3. 机身门；4. 转鼓组件；5. 集液盘组件；
6. 保护套；7. 主轴；8. 机头组件；9. 压带轮组件；10. 皮带；
11. 电机传动组件；12. 防护罩；13. 机身

图 9-6　管式离心机结构

(4) 湿粕脱溶。稀浓度乙醇两次浸出不仅可以把更多的呈色、呈味物质提取出来，提高产品质量，而且更重要的是浓乙醇浸出起到了脱水的作用，有利于湿物料的脱溶。稀乙醇湿物料在闪蒸脱溶机、真空脱溶机中脱溶干燥效果较差，浓乙醇湿物料中大部分溶剂的脱除采用闪蒸脱溶机较好。

(5) 干燥。经过两次洗涤后的淤浆物，由泵送入真空干燥器上的暂存罐中，经闸门阀流入卧式真空干燥器进行脱水干燥，得到大豆浓缩蛋白粉，干燥温度最好控制在 60~70 ℃，脱水时间控制在 60~90 min，真空度控制在 77.3 kPa。喷雾干燥结构如图 9-7 所示。

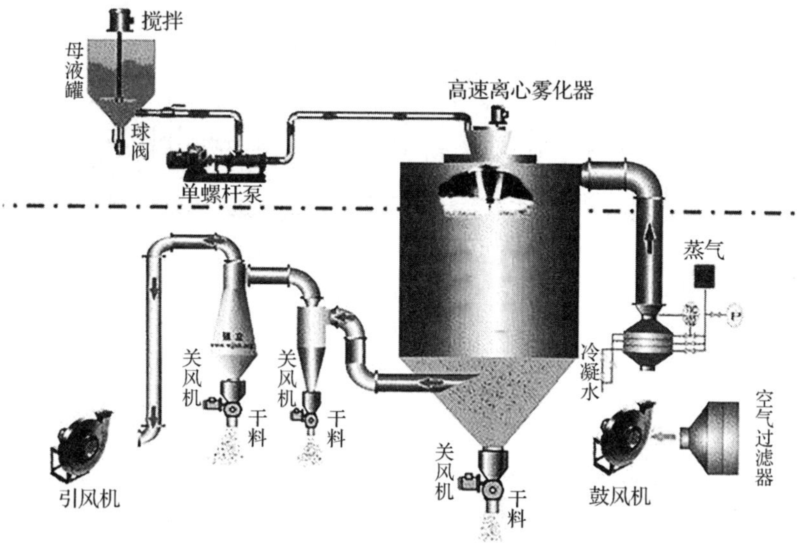

图 9-7　喷雾干燥结构

七、大豆分离蛋白的制取

大豆分离蛋白(SPI),又称为等电点蛋白粉,是指除去大豆中的油脂、可溶性及不可溶性碳水化合物、灰分等的可溶性大豆蛋白质而制得的蛋白质含量在90%以上的大豆蛋白制品。它是一种蛋白纯度高、具有加工功能性的食品添加用的中间原料,广泛应用于肉食品、乳制品、冷食冷饮、焙烤食品及保健食品等行业。

大豆分离蛋白提取过程比较复杂,主要包括酸沉、分离、解碎、中和、杀菌及喷雾干燥等工艺。与大豆浓缩蛋白相比,大豆分离蛋白中不仅去除了可溶性碳水化合物及其他可溶性物质,而且去除了一部分不溶性纤维,其蛋白质含量更高,但相应地,得率低些,一般在30%~40%。

我国大豆分离蛋白的制备方法,按工艺特点分,主要有3种方法:碱提酸沉法、超滤法(膜分离法)和离子交换法。

(一)碱提酸沉法

1. 工艺流程

如图9-8所示,在强酸及中碱条件下,大豆蛋白质具有较好的溶解性,而在大豆蛋白质的等电点附近(pH为4.5)时,大豆蛋白质的溶解性小。碱提酸沉法就是利用大豆蛋白质的这一特性,将低温脱溶豆粕的蛋白质溶解在稀碱溶液里,经分离除去豆粕中的不溶物,再用酸调节提取液的pH至4.5左右,使蛋白质处于等电状态而凝聚沉淀,再经分离、干燥,即得大豆分离蛋白。

考虑到加强酸、强碱会导致大豆蛋白质过度变性,而pH在7~9时即可取得较理想的浸提效果,因此,目前主要采用氢氧化钠在pH为7~8条件下溶解蛋白质,而采用盐酸在pH为4.5条件下对滤液中的蛋白质进行沉析浓缩。

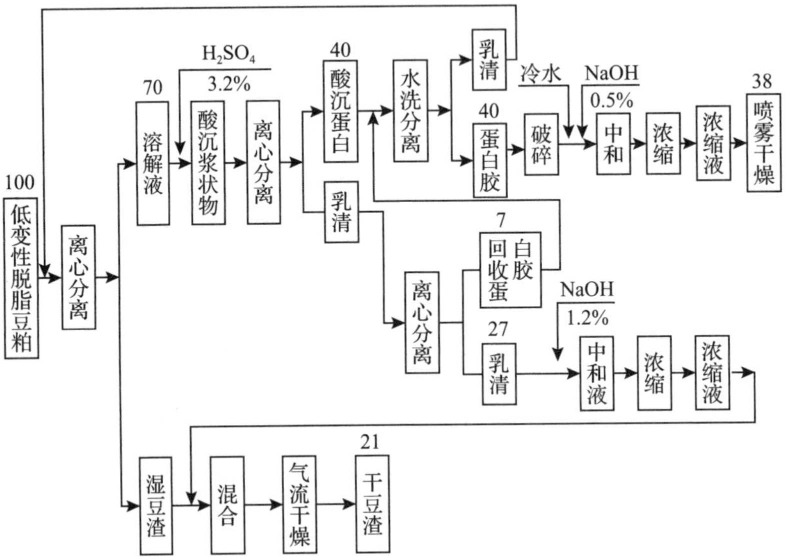

图 9-8　碱提酸沉法制备大豆分离蛋白工艺流程

2. **操作要点**

(1) 原料选择。高质量的豆粕是获得高质量和高得率的大豆分离蛋白的前提。生产大豆分离蛋白的豆粕应是低温或闪蒸脱溶后的低变性豆粕，具有大豆粕固有的气味，无霉变，含壳量低，含杂质少，蛋白质含量较高（含量≥50%），尤其是蛋白质的氮溶指数应较高（NSI>70%）。

(2) 粉碎与浸提。低变性脱脂大豆粕采用锤片式粉碎机粉碎至能通过 100 目筛网，加入豆粕重量 14~15 倍的水，再用稀碱液将 pH 调为 7.1 ± 0.1。锤片式粉碎机外形及结构如图 9-9 所示。浸提温度一般控制在 30~60 ℃，浸提时间控制在 120 min 以内，搅拌速度为 30~35 r/min，提取终止前 30 min 停止搅拌。提取液从滤筒放出，剩余残渣进行二次浸提。

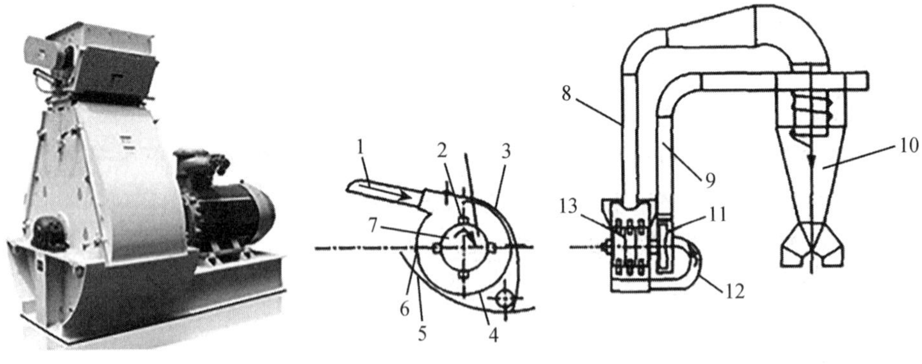

1. 喂料斗；2. 锤片；3. 齿板；4. 筛片；5. 下机体；6. 上机体；7. 转子；
8. 回料管；9. 出料管；10. 集料筒；11. 风机；12. 吸料管；13. 锤架板

图 9-9　锤片式粉碎机外形及结构

大豆分离蛋白的生产以往多采用的是干法粉碎，即在原料豆粕入水前将其粉碎到能通过 40~60 目筛网，然后与水混合进行浸提。采用二次湿磨技术，对提高蛋白质的溶出率和浸提效率有显著效果。二次湿磨技术即豆粕粉入水浸提一段时间后,再用胶体磨二次研磨,然后再继续浸提。

pH>7 的情况下,未变性蛋白质的溶出率随 pH 增高而增加,但从实用的角度出发,浸提时 pH 不宜太高,否则由于大豆蛋白质长时间处于强碱性条件下,会使有用的氨基酸转变成有毒的化合物,而且影响产品风味,丧失食用价值。一般 pH 宜控制在 7.0~8.5。

(3)粗滤与一次分离。粗滤与一次分离目的是除去不溶性残渣,将二次浸提液经过滤筒放出来,即完成了粗滤。把两次浸提液合并,通过离心分离除去浸提液中的细豆渣。粗滤时的筛网一般在 60~80 目,离心机的筛网一般在 100~140 目。

(4)酸沉。将两次浸提液合并,输入酸沉罐中,在搅拌速度为 30~40 r/min 条件下,边搅拌边缓缓加入 10%~35% 的食用 HCl 溶液,调整溶液的 pH 至 4.4~4.6。注意,在加酸时要不断抽测 pH,当全部溶液都达到等电点时,应立即停止搅拌,静置 20~30 min,使蛋白质在等电状态下能形成较大的颗粒而沉淀下来,沉淀的速度越快越好。

酸沉工序的加酸速度和搅拌速度是操作的关键。控制不好会很容易出现:pH 虽然达到等电点,但蛋白质凝集下沉极为缓慢,且含水量高,上清液混浊,结果不但会降低蛋白质的酸沉得率,而且对后续工序操作不利。酸沉时的搅拌速度宜慢不宜快。

(5)二次分离与洗涤。用离心机将酸沉下来的沉淀物离心脱水,除去上清液。经酸沉分离出的蛋白质凝乳,用 50~60 ℃的温水冲洗两次,去除残留的大量的氢离子,水洗后蛋白质溶液 pH 应在 6 左右。

现在某些企业在酸沉后采用含水乙醇冲洗,这样虽可以避免蛋白质流失,但蛋白质往往要发生一定程度的变性,影响产品质量。

(6)打浆、回调及改性。由分离机排出的蛋白沉淀物呈凝乳状,且有较多的团块,为进行喷雾干燥,需加适量的水并搅打(或研磨)成均匀的浆液。为了提高凝乳蛋白的分散性和最终产品的实用性,可加入一些 5% NaOH 溶液,进行中和回调,回调 pH 在 6.5~7.0,回调时的搅拌速度为 85 r/min。

为了突出大豆蛋白质的功能特性,可在打浆、回调时或回调后进行一定的处理,如将回调后的分离大豆蛋白浆液在 90 ℃加热 10 min 或在 80 ℃加热 15 min,不仅可以起到杀菌作用,而且可以明显提高产品的凝胶性。根据加热条件的不同,可生产出各种特性的大豆分离蛋白。

(7)灭菌与干燥。经打浆、回调及改性的浆状大豆分离蛋白,需经 140 ℃ 15 s 的灭菌处理后方可进行干燥。大豆分离蛋白的干燥普遍采用的是喷雾干燥法。喷雾干燥时,对浆料的一个最基本的要求就是浓度,进入喷塔的浆料浓度过高、黏度过大,易阻塞喷嘴,喷塔工作不稳定;浓度过低,产品颗粒小,重量、体积过大,不利于应用和运输。一般浓度应控制在 12%~20%,视其黏度而定,制取大豆分离蛋白宜选用压力喷雾,这样可以提高浆料浓度和产品质量。喷粉时的进风温度以 150~170 ℃为宜,塔体温度为 95~100 ℃,排潮温度为 85~90 ℃。

碱提酸沉法是大豆分离蛋白工业化生产的通用方法,在长期的应用实践中逐渐地发现,该法虽简单易行,却存在着许多难以克服的不足,例如,可溶性成分除去不彻底,耗酸、耗碱较多,产品纯度低,氮溶解指数小等。

(二)超滤法

超滤法是 20 世纪 70 年代初发展起来的新技术,又称作超滤膜过滤技术,简称膜过滤技术,即UF技术。超滤法具有无相变、能耗低、常温下进行操作等特点,在很多领域付诸工业化生产。将其应用到大豆分离蛋白生产中,是将碱液浸提所获得的滤液用超滤膜进行浓缩,而不是用酸来使蛋白质凝沉,因而产品质量较高,即内含植酸量少、消化效率高、色泽浅且无咸味。同时,应用超滤及反渗透技术能回收浸出液中的低分子成分,且废水可以循环使用,因而不存在污染问题。因此,超滤法大豆分离蛋白生产不但可有效地改善产品质量、提高蛋白质的得率,而且对高效回收大豆低聚糖、缓解污水排放和水的再利用都具有十分重要的意义。

1. **工艺流程**

超滤法在植物蛋白质领域的应用,始于大豆乳清的处理,继而发展到大豆分离蛋白的制取。超滤膜提取工艺主要包括两次浸提、离心分离、超滤处理、干燥等工序。超滤法制取大豆分离蛋白工艺流程如图9-10所示。超滤膜组件工作原理如图9-11所示。

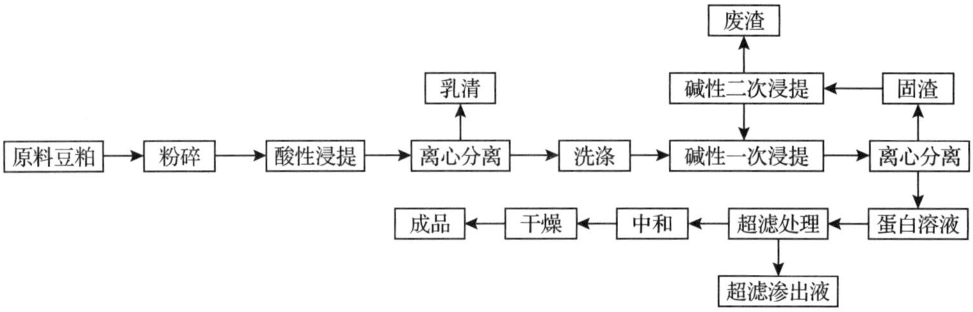

图9-10 超滤法制取大豆分离蛋白工艺流程

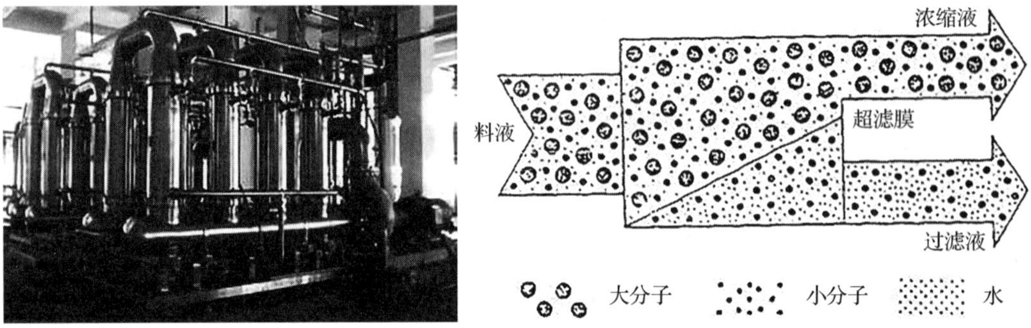

图9-11 超滤膜组件工作原理

2. **操作要点**

(1)选料、粉碎。选用无霉变、杂质含量低、溶剂残留量少的低变性脱脂豆粕,粉碎至粒度0.15~0.30 mm。

(2)浸提。粉碎后的豆粕粉加入10~16倍的水,同时用食用HCl调pH到4.3~4.6,在50~60 ℃温度下,提取30~40 min,过滤式离心分离;将分离出的固形物用8~10倍重量的40~50 ℃温水冲洗两次,滤去清液,在滤渣中加12~16倍的清水,用NaOH调pH至8.5~9.0,在40~50 ℃的条件下浸提1~2 h。先粗滤后离心,使固液分离得到浸提液;将粗滤渣按一次萃取条件萃取,时间为30~40 min,萃取液二次利用。

(3)超滤。将一次浸提液由隔膜泵或蠕动泵送至超滤膜组进行循环超滤处理,随着透过液不断地透过，及时向循环料液罐补充新的料液，直至全部料液加完后，再加水进行洗滤，得到蛋白浓缩液，固形物含量为13%~15%。

(4)干燥。蛋白液浓缩采用喷雾干燥的方式进行干燥后，即得大豆分离蛋白粉。

(三)离子交换法

离子交换法生产大豆分离蛋白的原理与碱提酸沉法基本相同，区别是离子交换法通过离子交换调节溶液pH，使蛋白质溶解及沉淀，而不是用酸碱调整溶液的pH。

1. 工艺流程

离子交换法制取大豆分离蛋白工艺流程如图9-12所示。

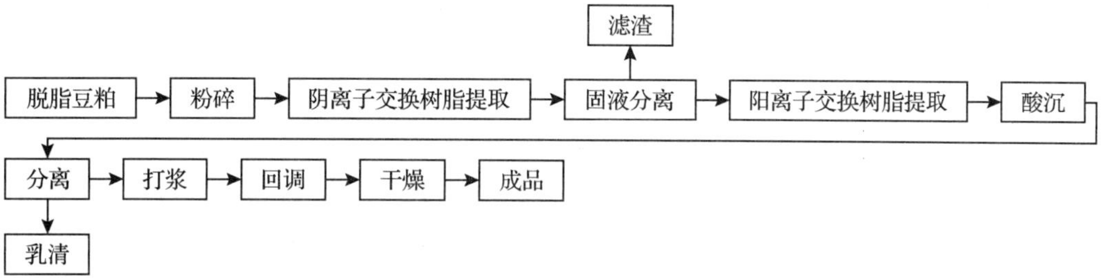

图9-12　离子交换法制取大豆分离蛋白工艺流程

2. 操作要点

将粉碎的脱脂豆粕放入提取罐中，用1∶(8~10)的比例加水搅拌均匀。打开提取罐与阴离子交换树脂罐的连接阀，使提取罐中的提取液循环交换，直至提取液pH达9以上，停止交换。固液分离除去滤渣，将提取液用阳离子交换树脂处理，方法与阴离子交换浸提相似，pH降至6.5~7.0时，停止交换。后续工序与碱溶酸沉法相同。

这种工艺生产的大豆分离蛋白，纯度高、灰分少、色泽浅，但生产周期过长，目前尚处于实验阶段，有待进一步推广、开发和应用。

八、大豆组织蛋白的制取

大豆组织蛋白是指以浓缩大豆蛋白(蛋白质含量为70%)、低温脱脂豆粕粉、大豆分离蛋白等为原料，加入一定量的水及添加剂混合均匀，经加温、加压、成型等机械或化学的方法改变蛋白质组织结构，具有食用方便、价格低廉等优点。

这类蛋白质结构呈粒状、块状或条状，具有多孔性肉样组织，并有优良的保水性与咀嚼感；经过短时高温、高水分与压力条件下的加工，消除了大豆中所含的胰蛋白酶抑制剂、尿素酶、皂苷及血球凝素等多种有害物质的生理活性，显著提高了蛋白质的吸收消化能力；膨化时，易去除大豆制品中产生不良气味的物质。以这类产品为原料，通过加入适量的调味料，经干燥、冻结，也可用于快餐食品的辅助原料或添加到香肠等食品中，作为肉类的替代品，如各种形状的烹饪食品、罐头、灌肠、仿真营养肉、盒式营养餐食品等，用途极广泛。

生产大豆组织蛋白目前应用最广泛的主要有两种，即挤压膨化法和纺丝黏结法(也称纤维化法)。

(一)挤压膨化法

挤压膨化机筒内具有一定水分的物料，在螺杆的推动作用和模头或机筒内的节流装置的反向阻滞作用下，由于外部的加热和剪切、摩擦的作用，使物料处于高温、高压状态下。其压力超过了挤压温度下的饱和蒸汽压，使机筒内物料的水分不会沸腾蒸发，物料呈现熔融状态。物料一旦从模头挤出，压力骤然降低为常压，物料中水分瞬间蒸发，产品随之膨胀，使物料成为具有一定形状的多孔结构的膨化产品。

大豆组织蛋白生产的一次膨化工艺流程如图 9-13 所示。加工过程中应注意如下问题。

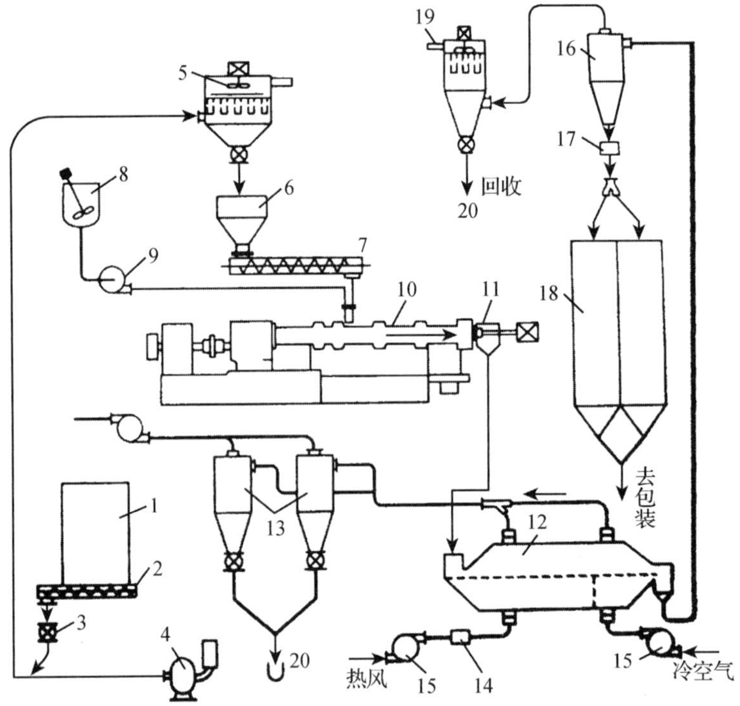

1. 原料粉储罐；2. 绞龙；3. 封闭喂料器；4. 压缩机；5. 集粉器；6. 料斗；7. 喂料绞龙；8. 溶解槽；9. 定量泵；10. 膨化机；11. 切割刀；12. 干燥冷却器；13、19. 集尘器；14. 热交换器；15. 风机；16. 成品收集器；17. 金属探测器；18. 成品罐；20. 集粉

图 9-13　大豆组织蛋白生产的一次膨化工艺流程

1. 原料与粉碎

可用于大豆组织蛋白生产的原料很多，如低温脱脂豆粕、高温脱脂豆粕、冷榨豆粕、脱皮大豆粉、浓缩蛋白、分离蛋白等。一般要求原料豆粕蛋白质含量应高于 50%，脂肪含量不高于 6%。国外主要以低温脱脂豆粕和低变性大豆浓缩蛋白为主，国内则多选择低温脱溶豆粕与冷榨豆粕。原料应通过粉碎，将粒度调整到能通过 40~100 目的筛网。

2. 调制

将粉碎后的原料粉加适量的水、改良剂及调味料调制成面团。

加水是调制工序的关键，水加得适量，挤压膨化时料才能进得顺利、产量高。不同的原料、不同的季节、不同的机型，调粉时加水量都不相同。若想组织化效果好，原料水分含量应调整至 25%~30%；用碱作为挤压膨化生产大豆组织蛋白的组织改良剂，使用最多的是碳酸氢钠和碳酸钠，调节物料的 pH，添加量一般在 1.0%~2.5%，pH 的最佳范围应控制在 6.5~7.5；添加 1%~3% 的食盐和 2% ~3% 的卵磷脂，有利于提高产品的复水性和口感。调粉时还可添加一些调味料、营养强化剂（维生素 C、维生素 B、氨基酸等）、香料、漂白剂及着色剂等，可提高产品的营养价值和风味，常用的调味料有食盐、味素、酱油、香辛料等。食盐的加入量一般在 0.5% 左右，酱油的加入量一般为 1%~5%。

3. **挤压膨化**

挤压膨化是生产过程中的关键工序，挤压膨化机结构如图 9-14 所示。要想生产出质量好、色泽均一、无硬芯、富有弹性、复水性、组织性强的大豆组织蛋白，除要选好机型、原料、调好水分外，必须控制好挤压工序的加热温度和进料量。

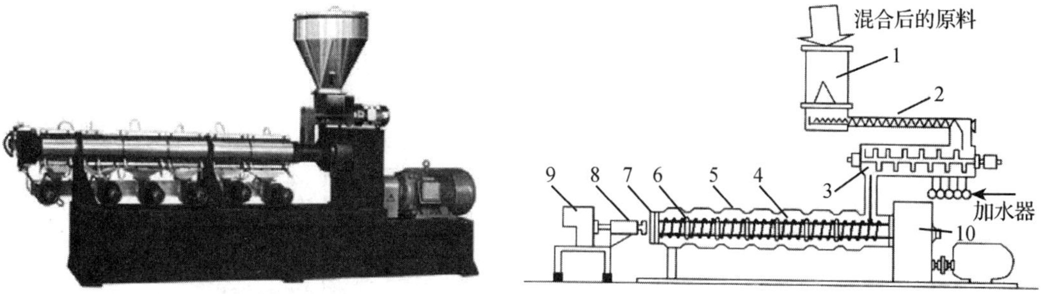

1. 圆形喂料器；2. 变速定量喂料螺旋输送机；3. 物料混合器；4. 螺旋轴；5. 机膛；6. 加热部件；7. 模头；8. 变速切割机；9. 割刀传动装置；10. 主传动装置

图 9-14　挤压膨化机结构

在挤压膨化过程中，温度是一个重要的因素，温度的高低决定着蛋白质组织结构的好坏。低变性原料，温度相对要求较低；高变性原料，温度相对要求较高。一般挤出机的出口温度不应低于 180 ℃，入口温度应控制在 80 ℃左右。

挤出工序进料量及均匀度也影响大豆组织蛋白的质量，进料量要与机轴转速相配合，特别注意不能空料，否则不但产品不均一，而且易喷爆、焦烟。

4. **干燥**

可采用流化床干燥、鼓风干燥或真空干燥，干燥时温度控制在 70 ℃以下，最终水分控制在 8%~10%。

（二）纺丝黏结法

将高纯度的大豆分离蛋白溶解在碱溶液中，大豆蛋白质分子发生变性，形成具有一定黏度的纺丝液。将这种纺丝液通过有数千个小孔的隔膜，挤入含有食盐的醋酸溶液中，蛋白质凝固析出，在形成丝状的同时，使其延伸，并使其分子发生一定程度的定向排列，从而形成纤维。将蛋白纤维用茹合剂压制，就得到似肉状的大豆组织蛋白。纤维的粗细、软硬，可以根据最终产品进行调整。

1. **工艺流程**

纺丝黏结法制取大豆组织蛋白工艺流程如图 9-15 所示。

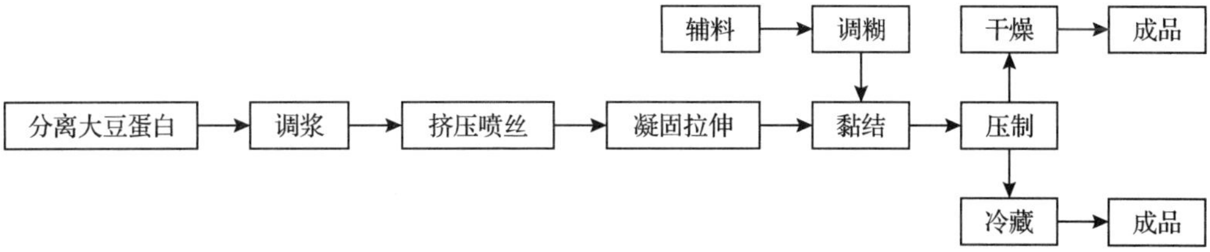

图 9-15　纺丝黏结法制取大豆组织蛋白工艺流程

2. **操作要点**

(1) 调浆。把分离大豆蛋白用稀碱液调制成蛋白质含量为10%~30%、pH为9~13.5的纺丝液。纺丝液的黏度主要取决于蛋白质的浓度、加碱量、老化时间和温度。纺丝操作应在调浆后1 h内完成。

(2) 纺丝。经喷丝和凝固拉伸两步完成。老化后的喷丝液，经喷丝机的喷头被挤压到盛有pH为4.0~4.2、浓度为4%食盐和醋酸溶液的凝聚池中，蛋白质凝固的同时进行适当的拉伸，即可制得蛋白纤维。

(3) 黏结整形。将调好的黏结剂和蛋白纤维在压聚机上进行黏结整形，常用的黏结剂有蛋清、蛋白和其他具有热凝固性的蛋白，以及淀粉、糊精、海藻胶和羧甲基纤维素等。为了使仿肉制品具有良好的口感和风味，可在调制黏结剂时加入一些风味剂、着色剂及品质改良剂。适量的植物油可赋予仿制品以柔软的感觉。

聚合后的粗纤维束再切成适当的形状，干燥或冷藏即得到成品。

拓展知识

大豆蛋白在食品体系中的特性

如今，在食品加工的各个领域中，大豆蛋白的应用越来越广泛。一方面是大豆蛋白的资源丰富、营养价值高、原料成本低；另一方面是大豆蛋白还具有与食品的嗜好性、加工性等相关的各种功能特性。

食品体系中，蛋白质功能特性是指在食品加工、储存和消费中，蛋白质和其他食品组分相互作用表现出的物理、化学性质的总和(如溶解性、乳化性、起泡性、凝胶性等)。决定蛋白质的功能性的因素有蛋白质本身的性质(蛋白质分子大小、形状，氨基酸的组成和序列，电荷分布和净电荷，表面疏水性，空间结构，分子的柔性及刚性)、所处体系的性质(温度、pH、离子强度和离子种类、脂类和糖类、食品添加剂等)以及蛋白质分子内和分子间的相互作用。从分子水平上看，蛋白质的功能性是指蛋白质的水合性质和与蛋白质表面性质有关的性质。蛋白质的功能特性也可以看作蛋白质—水的相互作用、蛋白质—蛋白质的相互作用、蛋白质—空气的相互作用，体现了蛋白质的流体力学性质和界面性质。

大豆蛋白的利用无论是直接利用天然资源，还是已开发产品中蛋白质的再利用，都要综合考虑大豆蛋白的功能和营养特性。营养特性是蛋白质资源的基础，而功能特性则决定蛋白质的加工性能。大豆蛋白往往含有脂肪、糖类及矿物质等，在加工过程中还需加入抗氧化剂、乳化剂、稳定剂等非蛋白组分，这些成分都会不同程度地影响蛋白质的内在性质。因此，只有充分了解大豆蛋白的功能特性和营养特性，以及加工过程中加热、冷却、电渗析、膜过滤等工艺对植物蛋白质功能、性质的影响，才有可能生产出符合市场需求的优质食品。

复习思考题

1. 大豆蛋白质的分类及主要特征?
2. 简述大豆分离蛋白、大豆浓缩蛋白、大豆组织蛋白的区别及应用。
3. 大豆制品中不良气味的产生原因和防止措施有哪些?
4. 传统豆制品有哪些种类? 主要工艺特点是什么?

精彩微课

大豆蛋白概述

大豆分离蛋白

大豆组织蛋白香肠的加工

组织状大豆蛋白加工

项目十

特殊人群的功能性粮食食品

【学习目标】

【知识目标】

1. 掌握不同人群、不同体质的膳食配制原则。
2. 掌握不同人群食疗膳食中的有效成分。

【能力目标】

1. 能制作适合不同人群的功能性粮食食品。
2. 能制订有效的不同人群的膳食方案。

【素质目标】

1. 能将爱国、敬业、诚信、友善融入学习全过程。
2. 能恪守职业道德,具有严谨认真、团队协作等综合素质。
3. 培养创新思维和发展能力。

【思维导图】

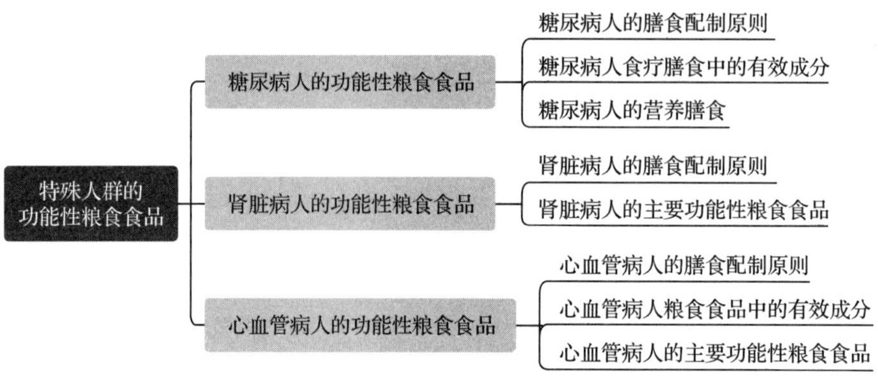

【项目描述】

我国自古就有“药食同源”的文化，功能食品与中国传统的食疗内涵极为一致，中医食疗经过几千年的发展为我们提供了宝贵的财富，可供借鉴。在生产功能性粮食食品时，优选潜在的粮谷类医食同源的功能性成分或有效活性成分，可以防范和改善人体代谢综合征，提高公众营养和健康水平。因此，功能性粮食食品将是不可阻挡的“明日之星”、待开的“明日之花”。

面对新机遇，形成新动能，要求我国粮食食品在质量上要讲营养平衡、讲健康食效，开发以粮食食品为载体的功能食品，努力为人们提供既优质又品种多样的功能性粮食食品，助力“健康中国”，这是我国粮食食品科技工作者和粮食企业义不容辞的责任和担当。同时，普及健康知识、传播健康理念、服务健康需求、共创“健康中国”，也是我国粮食食品科技工作者和粮食企业的共同心愿和终生为之奋斗的目标。

任务一 糖尿病人的功能性粮食食品

【任务导入】

糖尿病是一种以高血糖为特征的代谢性疾病，属于一种依赖性高血糖临床综合征，直接影响着人体健康和生存质量。引发糖尿病的原因有很多，有遗传因素，更有膳食和生活方式等外在因素，运动量减少、饮食结构失衡，与我国糖尿病发病率升高有着密切联系。更让专家忧心的是，人们对糖尿病的发生、发展及其对自身健康的危害和防治还没有足够的认识，尤其是如今很多人“不会吃”了，如暴饮暴食、三高（高脂肪、高蛋白、高热量）的膳食方式和食俗——中国传统的“享受”观念，还有些人“食商”较低，使营养伪科学泛滥，这是一项急需改变的公共卫生现象。

> **问**
>
> 引发糖尿病的原因有哪些？

糖尿病是一种内分泌代谢性疾病，只要认真按照《中国居民膳食指南（2023）》推荐的食物多样、谷类为主；多吃蔬果、奶类、大豆；少盐少油、控糖限酒；吃动平衡、健康体重等核心条目，保持膳食平衡，合理使用药物，选用可以调理降血糖的功能性粮食食品，阻击糖尿病之战是一定可以取得胜利的。

必备知识

一、糖尿病人的膳食配制原则

糖尿病是人体糖、蛋白质、脂肪等物质代谢紊乱性综合征。饮食是这些物质之源，要控制好血糖与其他物质在体内的水平，改善代谢紊乱症状，以巩固治疗效果和治疗达标，必须将饮食作为糖尿病的治疗基础，以此提高患者生活质量以及延长寿命。实践证明，调节患者的膳食结构和热量，是当今糖尿病饮食治疗的原则，其主要内容如下。

（一）低热量食品

糖尿病患者的饮食疗法原则，是选择能够缓慢释放葡萄糖的糖类（淀粉），避免食用大量葡萄糖、麦芽糖和蔗糖、甜味剂等限量糖的代用品(果糖、木糖醇、山梨糖醇)。在热能方面可使用还原麦芽糖浆,其发热量约 167.4 J/100 g,相当于砂糖的 1/10。

以还原麦芽糖浆制成的低热量糖果或果酱类食品,其热能比一般产品降低 50% 以上。低热量食品是患糖尿病、高血糖等特殊人群的重要疗效食品,主要有低糖小麦粉、全谷物食品、低 GI 值食品、杂粮复合食品、降糖糕点、荞麦制品、燕麦片等。

(二)非热源食品

适合患糖尿病、高血糖等特殊人群食用的非热源食品,主要是多糖类琼脂食品、魔芋食品及制品等。还有以甘露醇、花生酱、海藻酸钠、小麦麸皮、黄豆皮等为原料,加以调味所制成的膳食纤维疗效食品。

(三)强化疗效食品

糖尿病患者食品中一般是强化矿物质和维生素,限制刺激性香辛料。硒是抗氧化剂,能调节糖、脂等物质的代谢及利用,改善其在血管壁上的沉积,稀释血液黏稠度,减少冠心病、高血压等血管并发症的发生和发展。我国粮食食品的有些产品已将硒元素作为强化剂,生产的强化疗效食品(富硒大米、富硒小麦面粉、硒化卡拉胶强化营养挂面等)已投放市场。

(四)低 GI 值膳食

低 GI 值膳食,也就是低血糖生成指数(GI)的科学膳食。而血糖生成指数的定义则在 GB 29922-2013《食品安全国家标准 特殊医学用途配方食品通则》明确注释,含 50 g 碳水化合物的试验食品的血糖应答曲线下面积,与等量碳水化合物的标准参考物(葡萄糖或白面包)的血糖应答曲线下面积之比,数据认定如下:

GI≤55 为低 GI 食物,GI 55~70 为中 GI 食物,GI≥70 为高 GI 食物。GI 值仅为临床指导指标,而非质量控制指标。

GI 的解读是:食物中碳水化合物的吸收速率越慢,引起的血糖升高水平越低,GI 值就越小。文献表明,低 GI 值膳食的效果是:体重减轻、血糖和甘油三酯(TAG)下降、血压改善等。迄今为止,超过 2500 种食物的 GI 值已被权威部门检测和公布。常见食物的 GI 值见表 10-1。

表 10-1 常见食物的 GI 值

名称	GI 值	名称	GI 值	名称	GI 值
黄豆	23	脱脂奶	46	木瓜	58
绿豆	31	小麦面条	47	乌冬面	58
扁豆	35	杧果	51	杏	61
梨	37	泰国香米	55	米粉(干)	61
全麦面包	38	玉米粥	55	通心粉	64
绿豆面	39	苹果	55	全麦粉	67
米粉(湿)	40	荞麦面条	56	寿司	67
橙	42	江西米粉(煮)	56	台湾细粉(煮)	68
白面包	70	牛奶什锦	81	香蕉	88
嘉顿牛奶	73	碎米	86	糯米	94
山药	73	燕麦粥	87	煮土豆	100
橙汁	75	干炸面(煮)	88	米脆	111

食用低GI值的膳食，不仅可以降低Ⅱ型糖尿病的风险，还可以给膳食控制糖尿病的患者带来益处，控制病情及并发症。

（五）全谷物食品

全谷物食品营养全面，富含多种功能性成分，经常食用，可降低血脂、血糖，减少患糖尿病、肥胖症的风险。健康的生活方式与富含全谷物食品的平衡膳食可以预防和减少多种慢性与营养有关的疾病，此浪潮正席卷全球。

全谷物食品主要有全小麦粉、全糙米粉、全燕麦粉、全荞麦粉及其制品（全麦粉馒头、挂面、面条、面饼等）、全谷物方便冲调粉（糊状类）、糙米粉（冲调糊状类）、全粒杂粮、全谷物膨化食品等系列食品。

全谷物大米制品主要有发芽糙米、糙米粥、糙米年糕、糙米面条、糙米片、糙米面包、发芽糙米等系列食品。发芽糙米除富含原有功能性成分外，还改善了糙米的食味和物性，增加了γ-氨基丁酸、肌醇、阿魏酸等多种功能性成分，γ-氨基丁酸的含量尤其丰富（100 g发芽糙米中，γ-氨基丁酸的含量达15 mg以上）。γ-氨基丁酸是一种天然的活性成分，对人体健康十分有益。发芽糙米的生理功效显著，可以降低糖尿病、肥胖症等疾病的患病风险，还可以减轻更年期障碍和精神紧张、改善大脑功能。发芽糙米的血糖生成指数（GI值）与白米相比约低40%，如果将白米和发芽糙米混合煮饭，GI值也会根据不同的混合比率而相应降低。

二、糖尿病人食疗膳食中的有效成分

糖尿病功能性粮食食品含有调节血糖的多种功能性成分。研究得知，现有食品中可能含有多种调节血糖的功能性成分。这些功能性成分有的能促进胰岛素分泌或调整胰岛素的水平，有的则能提高胰岛素受体活性或增加受体的数量，还有些成分具有间接调节血糖的作用。

（一）多糖类化合物

这类食物成分可促进胰岛素释放，增加肝糖原合成等作用。糖尿病患者的食疗食品大多都含有多糖类化合物，种类及多少有所差异。一般根茎类富含淀粉多糖，花草类含纤维多糖较多。自然界含有多糖类的食物品种很多，常用于防治糖尿病的有薏苡仁、葛根、茯苓、南瓜、苦瓜、魔芋、桑葚等，其粮食制品包括魔芋挂面、百合桑葚糕等。

（二）萜类化合物

萜类化合物可抑制体内非糖物质的无氧糖酵解，增加肝脏对糖的摄取和肝糖原的贮存，并可扩张血管，促进血液循环，改善血液黏稠度，调节血糖水平。同时还能增强组织的呼吸、加强对糖的利用等。自然界含萜类化合物较为丰富的食品有人参、灵芝、茯苓、枇杷、橄榄、薏苡仁等，其粮食制品包括山药茯苓饼干、茯苓饼、茯苓挂面、五仁香芋酥、八宝米糕等。

（三）黄酮类化合物

黄酮类化合物在改善胰岛β细胞功能、促进胰岛素分泌功能中均有积极作用。黄酮类中的槲皮素、水飞蓟素等对醛糖还原酶活力有明显的抑制作用，这种作用能降低机体组织蛋白的非酶糖化，减少其糖化终端产物的沉积，对高血糖的并发症也有防治作用。自然界富含黄酮类化合物、常用于糖尿病食疗的食品有山药、山楂、大豆、荞麦等，其粮食制品包括用山药粉、荞麦粉、薏苡仁粉、小麦粉制成的“四合面馒头”，山药泥花卷五豆长寿浆、五豆健康饼等。

（四）甾醇类化合物

甾醇类调节血糖的机理，被认为与“磺胺类降糖药”类同。通过餐后刺激胰岛 β 细胞释放胰岛素，增加靶细胞胰岛素受体数目，提高外周靶细胞组织对胰岛素的敏感性，调节血糖水平。自然界富含甾醇类化合物的食品有荠菜、山药、五味子等，其粮食制品包括四合面馒头、山药南瓜饼、冬瓜山药饼等。

（五）含硫化合物

含硫化合物可以促进人体新陈代谢，这类是具有挥发性和刺激性的有机化合物。新鲜的洋葱、大蒜、大葱、芹菜、萝卜中都含有含硫化合物，通常含维生素 B_1 较多的就含有含硫化合物，如葱花饼、萝卜馅饺子（包子）、新疆抓饭（有洋葱配料）等。

（六）不饱和脂肪酸

这类成分通过改善人体血管功能和降低血黏度，调节血糖水平。富含不饱和脂肪酸的食物有大豆、花生、核桃、芝麻、杏仁等，其粮食制品包括花生油、大豆油、芝麻油、核桃油、花籽油、茶籽油、玉米油、橄榄油等。

（七）生物碱

生物碱可以促进人体对脂肪的吸收利用，扩张冠状动脉及内脏血管，从而促进减肥、调节血压和血糖。富含生物碱的食物有山药、桑葚、百合等，其粮食制品包括山药泥花卷、百合桑葚糕等。

（八）多肽、胰岛素、氨基酸类

多肽与胰岛素具有互补和协调的作用，有调节或降低血糖的功效。富含多肽类的食物有灵芝、香菇、木耳等。胰岛素是生物体内唯一有调节血糖作用的内分泌激素，存在于多种动物的胰脏中，有些食物中存在类似胰岛素的物质，有类似胰岛素的作用，如苦瓜、柚子肉、蚕蛹，百合、桑葚糕等。氨基酸能保护人体细胞模完整，增加血管弹性，间接调节血糖。富含氨基酸的食物有牛奶、瘦肉、豆制食品、水果、新鲜蔬菜等。

（九）皂苷类化合物

它以皂苷、氨基酸、肽和胰岛素等激素样前体物质组成，能影响或减慢糖类、脂肪和蛋白质在人体内代谢的速度。自然界富含皂苷类化合物的食品有山药、苦瓜、大豆、黑豆、山药等。

（十）*D*- 手性肌醇

D- 手性肌醇为白色粉末，微甜，易溶于水，是粮食作物荞麦、大豆、米糠、小麦中的活性因子。在自然界中以化合物的形式存在于豆类、荞麦等植物种子中。粮食作物中 *D*- 手性肌醇的含量见表 10-2。

表 10-2　粮食作物中 *D*- 手性肌醇的含量　　g/kg

名称	角豆豆荚	大豆	大豆胚芽	大豆叶	大豆豆荚	大豆乳清（干燥）	大豆低聚糖	脱脂大豆	荞麦	小麦	大米
D- 手性肌醇含量	40.4	4.82	7.05	8.25	7.05	20.0	17.4	6.45	1.55	0.17	0.50

D- 手性肌醇是肌醇的 9 种异构体中具有旋光性的一种。研究发现，除具有肌醇促进肝脏脂代谢的功能外，它还具有一些特殊的生理功能，如胰岛素增敏、降血糖、抗氧化，因此，可以作为医药、保健品原料等。

D-手性肌醇可提高胰岛素敏感性，调节血糖，有效改善糖尿病以及并发症。将富含此物的荞麦和苦瓜配制，用于糖尿病动物，也取得了显著的效果。研究发现，*D*-手性肌醇还有保护神经、提高耐力等功能，对预防动脉粥样硬化、高尿酸血症等也有良好效果。

三、糖尿病人的营养膳食

糖尿病人由于遗传因素、内分泌失调等原因引发食物营养成分的代谢紊乱。调整营养素的含量及比例可以为患者治疗提供有力的营养支持，建议方案如下。

（一）建议食用全营养配方食品

糖尿病人食用的全营养配方食品，属于特殊医学用途配方食品，是为了满足“进食受限、消化吸收障碍、代谢紊乱”或其他特定疾病状态人群对营养的特殊需要，专门配制成的食品。资料表明，特殊医学用途配方食品在患者治疗、康复及机体功能维持过程中，是必要的营养支持，其本质是食品，不是药品，不具特定治疗作用。糖尿病人用全营养配方食品是 CB 29922-2013 的重要内容之一。

糖尿病人用全营养配方食品需满足如下要求。

(1)为低血糖生成指数(GI)配方，GI 值应不超过 55。

(2)饱和脂肪酸的含量不大于 10%。

(3)碳水化合物热能为 30%~60%，膳食纤维含量不低于 0.3 g/100 kJ。

(4)钠含量不低于 7 mg/l00 kJ，不高于 42 mg/kJ。

（二）建议进行营养治疗

营养治疗是指临床上对特定疾病的营养障碍采取的特定营养干预措施，国际上也一致推荐其作为治疗糖尿病的重要支撑。

(1)糖尿病合并高血压病人的营养支撑与普通高血压病人相似。

(2)降低糖尿病人并发心血管疾病风险的生活方式：保持正常体重、健康饮食、戒烟、适量饮酒、适当增加活动量、控制血压、控制糖化血红蛋白(<7.0%)。

(3)糖尿病合并高血压病人需限制每天钠摄入量，摄入量要少于 1 700 mg(相当于 4.25 g 氯化钠)。

(4)对于合并脂代谢异常糖尿病人，建议减少饱和脂肪酸、反式不饱和脂肪酸及胆固醇摄入量；增加 *n*-3 不饱和脂肪酸、膳食纤维及植物固醇摄入量；增加活动量；控制体重。每天膳食胆固醇不超过 200 mg，可溶性膳食纤维 10~25 g，植物甾醇 2 g。

(5)关注高果糖摄入量对血尿酸水平升高的影响，它的摄入会升高血尿酸水平，增加痛风风险。

(6)低血糖生成指数(LGI)膳食，有助于降低 LDL-C；对于Ⅱ型糖尿病，LGI 和低碳水化合物饮食有助于升高 HDL-C。

(7)坚持“地中海”饮食可升高 HDL-C，降低甘油三酯(TG)及血压，同时降低空腹血糖指数及胰岛素抵抗。

(8)高尿酸血症也是引起糖尿病和心血管疾病的危险因素。

(9)对于调整血糖及膳食营养后，仍存在高 LDL-C 和(或)高 TG 血症的病人，建议配合进行药物治疗。

拓展知识

糖尿病人主要功能性粮食食品

功能食品是当今国际上食品加工发展过程中新的增长点。全球功能食品总量在食品中占 10%~15% 的市场份额，正在逐年增长。开发功能食品已成为食品研究热点——将一些能调节健康的功能成分，加入普通食品中，使之成为特定的保健食品。

馒头、面条等是我国传统饮食文化的瑰宝，在制作过程中，功能成分易于添加，是发展不同人群所需功能食品最理想的载体。为适应我国不同人群和常见多种（发）慢性病患者的需要，以及针对健康和亚健康人群防病抗病的诉求，除了研发新药和保健品外，开发各种功能食品，并使之进入一日三餐，显得更为重要和迫切。

广大消费者迫切希望市场上有更多既好吃，又有防病抗病功能的食品，其中，功能性粮食食品占据首位。糖尿病功能性粮食食品是指以预防糖尿病、维护人体健康为目的而生产的一类含有特定营养与功能性成分的粮食食品。

任务二　肾脏病人的功能性粮食食品

【任务导入】

问

一般肾脏病患者的膳食配制为什么要选用低蛋白质食品？

我国最新流行病学的调查显示，成年人的慢性肾脏病发生率为 10.8%，其中，约 1% 的患者为终末期肾衰竭（尿毒症），需要透析治疗。这不仅对患者个人的健康造成危害，还会给家庭、社会带来沉重的负担。统计显示，我国慢性肾脏病和尿毒症患者的第一病因是慢性肾小球肾炎，其中半数是中青年人，20 多岁的患者并不少见，年轻化的趋势越发严重。因此，做好全民慢性肾脏病防治迫在眉睫，其中，功能性粮食食品可以为该病患者的康复助一臂之力。

必备知识

一、肾脏病人的膳食配制原则

肾脏是人体的过滤器，负责血液的过滤和尿液的排泄，使血液保持清洁和水分的平衡与稳定，同时把多余的盐类、代谢废物排出体外。肾脏对人体的健康至关重要。肾脏疾病分为肾炎、肾病。近几年用饮食疗法治疗肾病已取得较大进展。饮食治疗需根据人体肾功能不全的不同阶段进行调整，主要分为急性期、急性症状消失和恢复期，以及透析疗法膳食、尿毒症膳食等。

（一）一般肾脏病患者的膳食配制原则

(1) 选用低蛋白质食品。这类食品的主食主要有面条、粉丝、米制品等，它们的蛋白质含量低（每天限制在 30~35 g），但其品质较优，适于各类一般肾脏病患者食用。蛋白质太多会增加肾脏的负担而不利于康复。

(2)选用低(无)蛋白质、高热量食品。此类食品主要是淀粉的水解物,水解至甜味适当和容易消化的程度。还有一类是在饴糖粉(或饴糖浆)中添加中碳链脂肪,以增加热量。这些增热量食品可与果汁、红茶等饮料一起食用,也可制成饼干、果酱等食用。

(3)选用高蛋白质食品。这类食品适用于肾病症手术后及非有肝病、胃溃疡的病人。选用优质蛋白质,例如动物性蛋白、大豆蛋白、花生蛋白及谷朊粉等。以大豆为原料的蛋白质含量可高达85%(如速溶高蛋白豆浆晶等),粉末状的高蛋白食品,食用时可按比例添加到果汁和冰激凌中,以满足病人对优质蛋白质的需要。

(二)尿毒症患者的膳食配制原则

尿毒症是指由于肾功能衰竭引起的严重代谢紊乱(特别是水和电解质的平衡失调),加上肾脏不能清除毒性产物而导致的自身中毒综合征。配合食疗会取得一定的治疗效果。尿毒症膳食配制的原则如下。

(1)选用低蛋白质食品,每日蛋白质限制在20 g左右,以减少蛋白质代谢所产生的废物(尿素等)在血液中的含量,减轻肾脏清除毒物的负担。

(2)对于尿毒症病人,要根据尿量的多少,确定能否喝水及喝水多少。尿毒症病人多数尿量减少或无尿,因此要限制喝水量,喝水量要在肾科医生的指导下来确定。

(3)选用高碳水化合物食品,如米、面制品等。

(4)严格限制(乃至禁用)食盐和含碱食物。

(5)最优膳食配制选用小麦淀粉代替面粉(每100 g干小麦淀粉含蛋白质0.6 g,热能346 kcal),可用来蒸包子、烙饼等,以大米为主要热量来源。也可选用含蛋白质少的粉皮、粉丝、粉条等。我国生产的小麦淀粉及制品已投放市场,可供选用。

(三)肾脏病人用全营养配方食品

肾脏病人用全营养配方食品属于特殊医学用途配方食品,是GB 29922-2013规定的重要内容之一。这类食品适用于成人慢性肾脏病(CKD)人,配方根据透析或非透析慢性肾脏病人对营养素的不同需求,通过调整蛋白质及电解质的水平,满足患者营养需要,以利于病情稳定和康复。

(1)对于非透析慢性肾脏病人,膳食配制的原则是:蛋白质含量不高于0.65 g/100 kJ。其他营养素配制见GB 29922-2013。

(2)对于透析慢性肾脏病人,膳食配制的原则是:蛋白质含量不低于0. 8 g/100 kJ。其他营养素配制见CB 29922-2013。

二、肾脏病人的主要功能性粮食食品

肾脏病人食用的功能性粮食食品是指以辅助治疗肾脏疾病,稳定和缓解病情为目的而研发的一类含有特定营养与生物功能性成分,具有肾脏疾病特定消费人群和功能指向的一类食品。

(一)肾炎健康面包

肾炎健康面包的特点是蛋白质含量低,氨基酸组成平衡,不易老化,其外观、组织、口感等感官指标与普通面包相同,适合于肾炎辅助治疗,也可供肾功能低下者食用。

1. 肾炎健康面包配方

肾炎健康面包配方:小麦淀粉1 000 g、酵母40 g、起酥油110 g、水110 g、乳清蛋白浓缩物(75%)150 g、汉生胶60 g、蔗糖脂20 g、食用糖110 g、食盐7 g。

2. **制作要点**

(1)将上述配方中的小麦淀粉、汉生胶、蔗糖酯、乳清蛋白浓缩物粉体原料混合,制成预混合粉。

(2)在粉体中添加酵母、砂糖、食盐等溶解液及水,进行搅拌。

(3)添加起酥油后,搓制成面团,进行预发酵(20~30 ℃,30 min)。

(4)切割成 350 g 的小块,成型,放在相对湿度为 85%、温度为 28 ℃的发酵室中进行后发酵(50 min)。

(5)放入烤炉中,用 160 ℃的温度烘焙 40 min,取出,在室温中自然冷却 3 h,包装入库。

(二)杂粮南瓜九合面粉

杂粮南瓜九合面粉是在杂粮九合面粉中添加鲜南瓜粉配制而成的,既保证了产品的筋性,又增加了香甜的口感,可用于制作馒头、烙饼、面条、包子、饺子和各种糕点等。配方有玉米、小米、高粱米、黄米、荞麦仁、稷子米、大豆、薯全粉、绿豆 9 种,采用低温水磨制粉工艺制成。经检验,该产品蛋白质、维生素 E、镁、锌、铁、钙的含量分别比精制小麦粉提高 57.5%、116%、40%、128. 5%、37%、92.9%,达到营养互补、平衡的目的,可用于制作适合慢性肾病患者的功能性粮食食品。

(三)沙苑子(茶)及制品

沙苑子,形似小米粒,呈金黄色(或黄褐色),是陕西省秦东地区的一种特有农作物。据我国《药典》记载,炮制后的沙苑子,味甘、性温、无毒,对人体具有补肾、养肝、明目等食疗功效,可用于辅助治疗头晕、目眩、腰膝酸软、尿频余沥及医治小儿遗尿等症。沙苑子茶是用沙苑子为原料,加工制成的一种新型滋补健康饮料。检测结果显示:它含有丰富的碳水化合物、脂肪、蛋白质、维生素 C、维生紧 B、生物碱、β- 谷甾醇、黄酮苷以及微化元素等成分。茶汤具有碧绿、透明,香味浓郁和口感清醇的特点。

河北一家医药研究中心将沙苑子提取液浓缩、提纯、改良后,配以民间传统药方制成了方便服用的“沙苑子胶囊”。这种产品对人体具有补肾虚、清虚热、活瘀血等食疗功效。

(四)五谷养肾糊

我国五谷杂粮(面)的维生素和微量成分,本身就是优良的天然养肾、药食兼备的营养素,这就是五谷养肾糊配方的组方依据,也适合高尿酸等特殊膳食人群食用。

1. **原料配方**

小米 250 g,黑米 250 g,富硒大米 150 g, 红小豆 50 g,绿豆 50 g。加权平均嘌呤含量为 30~40 mg/100 g;加权平均生糖指数值为 45~55;加权平均抗氧化容量(ORAC)为 300~4 000。

2. **制作和食用方法**

选用豆浆机料杯量取 1~1.5 杯粮、谷、豆混合物 75~120 g,用水清洗干净后,按豆浆机说明书要求操作,即可制得五谷养肾糊。每日 1~2 餐适量服食。

(五)复方扶元糊(浆)

依据我国中医学固本扶元的理论及现代营养学的抗氧化理论,配制的复方扶元糊(浆),不仅对肾病患者有益,还有抗癌、防癌的食疗作用。

1. **原料配方**

富硒大米 200 g,小米 150 g,黑米 150 g,黑豆 50 g,红小豆 50 g,绿豆 50 g,白芸豆 50 g,

花芸豆 50 g。加权平均生糖指数值为 35~40;加权平均抗氧化容量为 6 500~7 500。

2. **制作和食用方法**

选用豆浆机料杯量取 1~1.5 杯粮、谷、豆类混合物 75~120 g,用清水清洗干净后,按豆浆机说明书要求操作,即可制得复方扶元糊(浆)。食用前加入亚麻子油 5 g,疗效更佳。每日 1~2 餐适量服食。

(六)复方早餐糊

复方早餐糊是精选药食同源的山药、茯苓、鸡内金、莲子肉、薏苡仁、芡实、紫苏子以及燕麦、发芽糙米等原辅料,分别清理干净后,按科学配方,由南京农业大学食品科技学院研制的专利产品。具有不用熬煮、冲调即食、入口即溶、易消化吸收的特点。适用于肾虚、心悸、气短,以及“三高”特殊膳食人群等当早餐食用。

(七)蚕豆营养复合粉

蚕豆营养复合粉是以蚕豆粉、大豆粉、荞麦粉、玉米粉、糙米粉等五谷杂粮为原料,按照科学比例、营养互补的原则制成的一种功能食品,具有生物效价高、营养全面均衡、口感风味独特、符合现代膳食结构新理念的特点。可用于制作各种粮食食品,适合肾脏病人等特殊膳食人群食用。

1. **原料配方**

蚕豆粉 30%,糙米粉、玉米粉、小麦粉各 20%,大豆粉、荞麦粉各 5%。

2. **配制要点**

(1)先将优质蚕豆、大豆、荞麦、糙米、玉米、小麦等原料,分别清理干净,并研磨成粉状后烘干,备用。

(2)将以上粉料,按配方比例进行搭配并混合均匀,即得到成品,可用于制作各种粮食食品(馒头、面包、糕点等)。

(八)养生挂面

养生挂面是优选药食同源的百合、葛根、薏苡仁、猴菇以及小麦面粉等原料制成的产品,其方法是:将百合、葛根、薏苡仁、猴菇分别清理干净并加工成粉状,按科学配方,分别与小麦面粉混合,按照挂面的制作工艺,制成养生百合挂面、葛根挂面、薏苡仁挂面和猴菇挂面,它们的功效如下。

(1)百合挂面。中医学认为百合有润肺止咳、宁心安神、补中益气的药用价值。百合挂面滑嫩,对人体具有安神补气的功效。

(2)葛根挂面。《本草纲目》记载,葛根味甘辛、性平、无毒,食之可生津止渴,清热解毒。葛根挂面滑爽易熟,对人体具有清热解毒的功效。

(3)薏苡仁挂面。《本草纲目》记载,薏苡仁健脾益胃,补肺清热,祛风祛湿。薏苡仁挂面柔软细腻,对人体具有清热除湿的功效。

(4)猴菇挂面。《本草纲目》记载,猴菇性平、味甘,有“利五脏,助消化”的功效。猴菇挂面香味浓郁,对人体具有养胃、润肠、通便的功效。

这些养生挂面,营养丰富,口感、风味独特,符合现代膳食结构新理念,适合肾脏病人等特殊膳食人群选择食用。

拓展知识

既是食品又是药品的物品名单(药食同源)

丁香、八角茴香、刀豆、小茴香、小蓟、山药、山楂、马齿苋、乌梢蛇、乌梅、木瓜、火麻仁、代代花、玉竹、甘草、白芷、白果、白扁豆、白扁豆花、龙眼肉(桂圆)、决明子、百合、肉豆蔻、肉桂、余甘子、佛手、杏仁(甜、苦)、沙棘、牡蛎、芡实、花椒、赤小豆、阿胶、鸡内金、麦芽、昆布、枣(大枣、酸枣、黑枣)、罗汉果、郁李仁、金银花、青果、鱼腥草、姜(生姜、干姜)、枳子、枸杞子、栀子、砂仁、胖大海、茯苓、香橼、香薷、桃仁、桑叶、桑葚、橘红、桔梗、益智仁、荷叶、莱菔子、莲子、高良姜、淡竹叶、淡豆豉、菊花、菊苣、黄芥子、黄精、紫苏、紫苏子、葛根、黑芝麻、黑胡椒、槐米、槐花、蒲公英、蜂蜜、榧子、酸枣仁、鲜白茅根、鲜芦根、蝮蛇、橘皮、薄荷、薏苡仁、薤白、覆盆子、藿香。

(《卫生部关于进一步规范保健食品原料管理的通知》卫法监发〔2002〕51号)

任务三　心血管病人的功能性粮食食品

【任务导入】

问

如何做到“富贵病”人的平衡膳食?

今日的中国,国富民强,丰衣足食,吃饱已不成问题。然而心血管疾病却逐渐成为“富贵病”的代表,年轻患者不在少数,其不再是中老年人的“专利”。

据2015年我国慢性病防控中心公布的一项调查得知:超重、肥胖、高血压、血脂异常、血糖异常(糖尿病)及亚健康人群近些年来不断攀升。全国18岁及以上成人中超重者为30.1%,高血压患病率为25. 2%,较10年前呈逐年上升趋势。

现代“富贵病”日趋“低龄化”,直接危害着人们的健康和生活安宁。

阻击“富贵病”的尖端武器是平衡膳食,应认真按照《中国居民膳食指南(2016)》的6个核心条目调整生活习惯。

必备知识

一、心血管病人的膳食配制原则

心血管系统疾病的范围很广,如高脂血症、动脉硬化、冠心病、高血压以及各种类型的心脏病等,与饮食关系都比较密切。医学专家普遍认为,防治心血管疾病的首要举措是膳食疗法。心血管疾病患者的膳食配制原则如下。

(一)选用低热能食品

如果患者体重超标,那么就需要节制饮食并选用低热能食品,以每日每千克体重供给126~147 kJ能量为宜。总热能过高时,血清胆固醇也会升高,从而导致其他。

(二)控制胆固醇的摄入量

研究表明,血清胆固醇含量超过 260 mg/100 mL 的冠心病发病率,比 200 mg/ 100 mL 者高 5 倍。若经常大量摄入高胆固醇食物,会破坏体内胆固醇的动态平衡,最终导致动脉粥样硬化和冠心病。含胆固醇高的食物有动物脑、内脏以及某些甲壳动物(蚌、蟹黄等)。年龄超过 40 岁的人,即使血清胆固醇不高,也应避免经常食用过多的动物脂肪及胆固醇含量较高的食品。最好代之以植物油脂及黄豆和豆制品(豆腐、豆浆等)。血液中胆固醇的含量增高,会导致动脉硬化的发生,高血压便随之而至。常见食物中胆固醇的含量见表 10-3。

表 10-3　常见食物中胆固醇的含量　　mg/100 g

名称	含量	名称	含量	名称	含量
猪蹄	6 200	鳗鱼	186	鲫鱼	90
猪心	3 640	小牛肉	140	草鱼	85
牛脑	2 300	肥猪肉	126	鸭肉	70~90
鸡蛋黄	2 000	费牛肉	125	鸡肉	60~90
鱿鱼	1 170	牛油	110	兔肉	65
羊肚	610	猪油	110	山羊肉	60
全蛋	450	牛肉	106	瘦猪肉	60
猪肝	420	猪排骨	105	瘦牛肉	24
奶油	300	火腿	100	海参	0

(三)限制脂肪的摄入量

限制脂肪的摄入量,主要是限制动物性脂肪(即含饱和脂肪酸多者)。这是因为胆固醇与饱和脂肪酸有依赖关系,胆固醇只有溶解在饱和脂肪酸中,才能在动脉内膜中沉积并逐渐形成动脉粥样硬化。而不饱和脂肪酸则可使血胆固醇下降。饱和脂肪酸主要存在于动物油脂中,常用植物油主要含不饱和脂肪酸。常用油脂含饱和脂肪酸从多到少的排列顺序是:羊油、牛油、猪油。含不饱和脂肪酸从多到少的顺序是:茶籽油、葵花籽油、豆油、芝麻油、玉米油、花生油、米糠油。如能在膳食中合理选用,对防治高血脂、动脉硬化及冠心病具有积极意义。但是食用植物油的量也要限制(每天以 20~30 g 为宜),否则,大多数人会变胖,不利于健康,更不利于疾病患者恢复健康。

(四)合理供给蛋白质

摄取蛋白质可以预防高血压、脑卒中。蛋白质含氨基酸,具有抑制血压升高的作用,并且由于氨基酸种类的不同,对高血压管壁的阻抗作用也不同。合理的蛋白质供给,普通人以每千克体重每天 1 g 为宜,动物性和植物性蛋白质占一半最为理想。

(五)限量供给食盐

食盐的主要成分是钠和氯。钠摄入过量,在内分泌物的作用下,会使血压升高。钠还有吸收水分的作用,如果体内钠盐积聚过量,就会增加心脏负担。限量供给食盐可降低血压,减少血管壁损害,也可降低冠心病的危险。食盐摄入量宜限量在 6 g 以下,可以以低钠盐代替普通食盐。

(六)摄入必需的矿物质

铬元素可使人体血清胆固醇水平显著下降,缺乏铬会导致动脉粥样硬化。精制的白糖可使机体内的铬流失,红糖则含有较多的铬。镁元素对心脏活动具有重要的调节作用,有利于心脏的舒缓和休息,还可以保护心血管,减少血液中胆固醇的含量,防止动脉硬化。含镁较多的食物有香蕉、红果、青豆、黄豆、红豆、玉米面、荞麦、面粉、花生、核桃、蘑菇等。钾元素可以保护心肌细胞。人体缺少钾会引起心动过速和心律不齐。含钾高的食物有苋菜、小白菜、西红柿、洋白菜、冬瓜、苦瓜、芋头、慈姑、山药等。碘元素有防止脂质在动脉壁沉着的作用。多吃海带和紫菜对防治心血管有好处。

(七)摄入足量的维生素

维生素 C 对心血管疾病患者具有加强心血管弹性、韧性,减少脆性和防止血管出血等作用。维生素 C 含量高的食物,首推绿叶蔬菜和水果,如红枣、猕猴桃、山楂、葡萄、草莓以及柑橘类含量高。维生素 B_6 与亚油酸协同作用,可降低血脂,维生素 B_6 含量较多的是酵母、动物肝脏、糙米、鱼、蛋、牛奶、豆类、花生等食物。医学研究表明,有 30%~ 40% 的男性心肌梗死与叶酸的缺乏密切相关,为此,人们宜常吃富含叶酸的食物,如豇豆、豌豆、蚕豆、菠菜、莴苣、橙等。

(八)适量增加全谷物食品

膳食纤维在防治动脉硬化和冠心病方面,具有特殊功能。首先,高膳食纤维的饱腹感强,可避免过食,从而防治高血脂和肥胖症;其次,它在肠腔内可与胆固醇代谢物胆酸结合排出体外,减少冠心病发病的危险;最后,它的"清道夫"和通便功能对防治高血压和冠心病也大有好处。因此,适当增加全谷物食品(尤其是杂粮食品)是心血管病人膳食配制的重要原则之一。

(九)选用富含类黄酮的食物

类黄酮是一种良好的血管清理剂,可抑制低密度脂蛋白氧化,减少血栓形成。常吃富含类黄酮的食物,可减少心脏病的发生,可有效防治老年性冠心病。除苹果外,富含类黄酮的食物还有葡萄、洋葱等。

二、心血管病人粮食食品中的有效成分

心血管病人食用的功能性粮食食品中含有多种调节血脂的有效成分,主要有大豆蛋白质、植物甾醇、大豆皂苷等,对人体都具有直接或间接的调节血脂和脂质代谢的作用。

(一)大豆蛋白质

有关大豆蛋白质对人体的降低血清胆固醇的效果,早在 40 年前就有报道,之后有研究确认了它的这种功效。美国等国家都已确认大豆蛋白质是降低人体血液胆固醇的功能食品。FDA 批准大豆蛋白食品可标明"具有保健效果"。人体每天摄入 25 g 以上大豆蛋白质,即可降低血液胆固醇。我国研究者认为,大豆蛋白含有与胆汁酸相结合的组分,此组分在人体消化过程中会游离出来与胆汁酸结合,从而抑制对胆固醇的吸收。

(二)植物甾醇(谷甾醇)

在芬兰等国家,植物甾醇已被批准为"具有降低人体血液胆固醇的功能食品",并生产出含有 60% 谷甾醇的医药保健品,食用及临床效果均显著。植物甾醇降低血清胆固醇的作用机理是:

(1)抑制胆固醇在肠道的吸收。

(2)阻止胆汁酸与胆固醇形成复合体。

(3)能使胆固醇吸收酶减少。

(4)吸收的植物甾醇可抑制体内胆固醇的合成,从而降低人体血液胆固醇的含量。

(三)大豆皂苷

大豆皂苷是大豆重要功能性成分之一,大豆中的含量为0.1%~0.3%。大豆皂苷具有表面活性,其三萜或类甾醇部分为疏水性,而糖的部分为亲水性。大豆皂苷的这种特性,使其具有溶血和降低胆固醇的作用,还有直接降低人体血液中胆固醇浓度的作用。

大豆皂苷还具有抑制血小板凝集、促进人体内纤维蛋白的溶解、调整冠状动脉与脑血管流量以及提高心肌供氧量等功能。人们经常食用富含大豆皂苷的食品,可以预防心脑血管系统疾病的发生和发展。富含大豆皂苷的食品,如豆腐、腐竹、冻豆腐等。

(四)大豆异黄酮

大豆异黄酮是一种苯酚化合物,单独或与糖结合作为苷存在,是冠心病的预防功能性成分。它具有抗氧化效果,可防止人体低密度脂蛋白的氧化,从而降低血液胆固醇,也可抑制高血压、预防心脑血管疾病等。

(五)植酸

植酸是肌醇分子结构式上带有6个磷酸的物质,是大豆的功能性成分之一,含有1%~2%。植酸与蛋白质(或淀粉、矿物质)结合,能降低其消化吸收率,因此被认定为营养素。它对心脑血管疾病具有防治作用,还可抑制淀粉生成葡萄糖,对预防心脑血管疾病和糖尿病也有一定效果。

(六)芝麻木酚素(芝麻素)

芝麻木酚素是植物中所含有的一类生物调节物质。人们食用的芝麻油、芝麻酱中就含有丰富的木酚素类化合物,包括异芝麻素、芝麻素酚、芝麻林素、芝麻林素酚以及芝麻酚等功能性成分。研究证实,芝麻木酚素具有降低人体血液胆固醇在胆汁酸胶束中的溶解性,从而发挥阻碍从肠道吸收胆固醇的效果,还能降低合成胆固醇相关酶的活性。专供心血管病人用的芝麻木酚素与维生素E相结合的功能食品已经面市。

(七)结构脂质

结构脂质是指甘油的羟基通过结合新的脂肪酸,改变脂肪酸的位置或分布而重新构建的脂质,水解后游离出的特殊脂肪酸能发挥生理功能,降低人体血液胆固醇。我国开发出的结构脂质主要有低热量油脂、高氧化稳定性油脂、酯交换油脂、类可可脂、代可可脂等产品,其中,低热量油脂是碱肥者上佳的功能食品。

(八)共轭亚油酸

共轭亚油酸作为亚油酸的几何以及位置外构体,是一类分子内具有共轭二重键结合的化合物的总称。共轭亚油酸的生理功能,主要是抑制肥胖、减轻动脉硬化、阻碍脂肪的积累。已研制出的共轭亚油酸健康食品,受到运动员的欢迎,食用后既可保持旺盛的体力,又可以减肥,可谓一举两得。

(九)其他调节脂质代谢的功能成分

除上述的八类调节血脂、调节脂质代谢的有效功能性成分外,还有γ-亚麻酸及抗消化蛋白(荞麦蛋白、丝蛋白等),对人体具有降低血液胆固醇和减肥的效果。

三、心血管病人的主要功能性粮食食品

心血管病人的功能性粮食食品是指以预防心血管疾病、维护人体健康为目的而生产的一类含有特定营养与功能性成分，具有补充特殊营养、保健的功能，是根据心血管病特定消费人群和功能指向所制成的粮油食品。

（一）低钠食品

医学证明，少吃盐能预防中风，低钠盐和低钠食品对原发性高血压患者有明显的降压作用，而且，低钠食品还可以降低血浆中的胆固醇，改善体内钾、钠的不平衡状态，有利于身体健康。低钠食品是指那些钠被限制或排除，具有特殊食用价值的食品。

低钠产品有低钠、特低钠、特殊低钠、特殊特低钠之分，其钠含量（100 g 食品中）在120~140 mg。我国已生产的低钠食品有低钠酱油、低钠保健调味品、无盐面条等。低钠食品适用于高血压及因心脏病和肾病引起的全身性浮肿，其钠的含量一般在同类食品的一半以下，其他营养成分的含量不变，如低钠酱油、低盐豆酱等，有些甚至无盐或含钠很低(麦淇淋、酥脆饼干、无盐面条、牛奶等)。

（二）油脂强化营养食品

这类食品只使用植物油脂（对动脉硬化有良好疗效者），有米糠油、红花油、玉米油、芝麻油、亚麻油、核桃油、茶籽油、葡萄籽油、小麦胚芽油和葵花籽油等。它们具有降低血清胆固醇的作用。以这些油脂强化矿物质及维生素配制成的食品有蛋黄酱、人造奶油和色拉油等。

（三）植物蛋白食品

研究表明，植物蛋白具有降低血液胆固醇的作用，因此植物蛋白食品是心血管病患者的疗效食品。大豆蛋白、核桃蛋白、小麦蛋白、花生蛋白及葵花蛋白为这类功能食品开辟了广阔的途径。各种功能食品，均可添加一定量的植物蛋白（大豆粉、花生粉、大豆浓缩蛋白、花生浓缩蛋白、大豆分离蛋白、花生分离蛋白、核桃蛋白以及葵花蛋白等）。我国大豆蛋白主要用于面包和面条的加工。早餐食品、医疗食品、肉制品、罐头制品等。花生蛋白主要用于花生糖果、花生酱、花生复合食品、奶制品、高蛋白营养食品、冷饮、疗效食品等。

（四）降血脂面制品

1. 苦荞挂面

苦荞挂面的比例，小麦粉 75%，苦荞麦粉 25%。该产品含有蛋白质中的赖氨酸较多，淀粉容易糖化，易被人体消化吸收。四川凉山彝族人长期以荞麦为食，因此高血压、脑出血患者很少见。由此说明荞麦的确是防治高血压及心脑血管疾病的“高手”。

2. 全麦食品及制品

全麦食品是指用带麸皮的小麦、燕麦、黑小麦、荞麦面粉制成的食品。我国全谷物食品开发以传统主食为切入点，已逐步由家庭自制向社会化供应转变。现已推出全麦馒头、花卷、大饼、包子；全麦馕等；以荞麦、紫米为原料的杂粮馒头、发糕；黑麦面包、馒头、发糕；燕麦全麦食品等；全谷物杂粮挂面，其中的杂粮使用量均高达 51%；青稞挂面、苦荞挂面、红高粱挂面等。

3. 无糖粗粮养生月饼

月饼作为一种“三高”食品，对肥胖症等患者而言，大快朵颐会损害健康。破解的方法

是把月饼的组分进行“改革”：把其中的精白面粉替成各种粗面粉，白糖替换成低聚糖，降低富油果仁和馅料的占比。在色泽、香味、滋味不变的情况下，把传统月饼改制成时尚月饼，让人们在中秋佳节全家共赏月之时，能够开心地享受这种既能饱口福又能保健康的团圆饼。

4. 青稞膳食纤维饼干

饼干是人们的零食，最受欢迎的有夹心饼干、曲奇饼干和苏打饼干等，可能会导致“三高”。如何像月饼的革新那样，破解人们（尤其是儿童、女性）在月饼吃与舍问题上的两难呢？

2015 年，一家公司推出了一种以“吃不胖”为卖点的青稞膳食纤维饼干。检测得知，青稞的膳食纤维含量为 16%，其中，不可溶性为 9.63%，是小麦的 8 倍；可溶性为 6.37%，是小麦的 15 倍。此外，由于高寒地区的锤炼，青稞制品含有很多强身健体的成分。

（五）降血脂大米制品

1. 降血脂大米粉

降血脂大米粉是以早籼糙米为原料，红花子油、月见草油和米糠油为物料，制成的一种功能性粮食粉状系列食品，含有 60%~80% 的早籼糙米粉，以及 1%~9% 的米椒油、2%~10% 的月见草油、1%~9% 的红花籽油按比例混合制得的粉末油脂。其制作流程如下。

（1）优质早籼糙米粉碎，过筛，加水调成浆料。辊筒干燥后粉碎成粉备用。

（2）3 种油按比例混合后经过滤、加糊精调和、乳化、杀菌、均质、喷雾干燥制成粉末油脂备用。

（3）将大米粉和粉末油脂按比例进行复配，即得符合设计要求的降血脂大米粉产品。

2. 降血脂红曲米（粉）

红曲，药食同源，是传统的功能性发酵产品。我国红曲生产已颇具规模，主要产于福建、广东、浙江等省，一般用于制酒（福建的红曲酒等），具有营养、保健功效。

（1）红曲米（粉）。

我国已生产出含洛佛他丁（有降血脂的功能）0. 4% 以上的红曲，有的高达 1.0% 以上，被视为“功能红曲”，美国已从中国进口作为食物功能强化剂推向市场；欧洲则以食品配料从中国进口红曲，用于火腿肠的生产。

中国红曲包括红曲米和红曲米粉两类产品，被认为是非常有前途的降血脂物质之一。

我国传统红曲生产是用籼米为主料，现在以小米为主料的生产已获成功。小米红曲色价高，出曲率可达 30%~35%。此外，还培育出富硒红曲等菌种，为开发红曲健康食品提供了新菌株。

（2）红曲米（粉）系列食品。

籼米红曲米被称为“心脑血管的保护神”。降脂红曲米对降低血脂、防治冠心病具有显著的药用效果，其主要原因是红曲中含有药理功能性物质：红曲红色素、抗菌活性物质、活性酶类（糖化酶、淀粉酶、蛋白酶、果胶酶、麦芽糖酶等）、降血压物质、降血液胆固醇活性物质等。

我国中科院一家研究所生产了 4 种产品：红曲红素、降脂红曲原粉、红曲胶囊和洛佛他丁纯品（原料药）。用其生产的红曲火腿肠、饼干、面包、发糕（红曲加入量为面粉总量的 3%）、面条、糖果、豆腐、醋饮料等系列功能食品，还有红曲健身酒和红曲海鲜调味汁等新产品已相继面市。

3. 发芽糙米及制品

发芽糙米除含有糙米的营养成分外，还增加了 γ- 氨基丁酸、肌醇、阿魏酸等多种功能性成分。研究表明，发芽糙米的生理功效显著，可以降低高血压，以及糖尿病等与营养相关疾病的患病风险；可以减轻更年期障碍和精神紧张；改善大脑功能。发芽糙米富含的 γ- 氨基丁酸是一种功能性成分，要求 100 g 发芽糙米中 γ- 氨基丁酸的含量在 15 mg 以上。发芽糙米的血糖生成指数（GI 值）与白米相比约低 40%，健康价值高。

拓展知识

心血管病人食疗药膳

食疗药膳是指一种含有药物成分的特殊膳食。它是由药物、食物和调料三者精制而成的一种既有药物功效，又有食品美味，用以防病治病、强身益寿的特殊膳食。药膳方既有谷米效果，又有药物疗效，因此具有食治、药补的双重叠加效应。食借药力，药助食威，两者相辅相成，相得益彰。食疗药膳在预防高（低）血压、高血脂、动脉粥样硬化等心血管疾病方面的应用易于接受和实践，可以达到医食结合、同治并补、防病、强身、养生的目的。

精彩微课

糖尿病人的膳食配制原则

糖尿病人的营养膳食

糖尿病人食疗膳食中的有效成分

肾脏病人主要功能性粮油食品

心血管病人的主要功能性粮食食品

心血管病人粮食食品的有效成分

参 考 文 献

[1] 周显青．稻谷精深加工技术[M]. 北京：化学工业出版社，2006.
[2] 尤新．玉米深加工[M]. 北京：中国轻工业出版社，2008.
[3] 宋玉卿，王立琦．粮油检验与分析[M]. 北京：中国轻工业出版社，2008.
[4] 彭珊珊，许柏球，冯翠萍．食品掺伪鉴别检验[M]. 北京：中国轻工业出版社，2010.
[5] 康臻．食品分析与检验[M]. 北京：中国轻工业出版社，2009.
[6] 李梦琴，张剑．玉米深加工技术[M]. 郑州：中原农民出版社，2006.
[7] 李小平．粮油食品加工技术[M]. 北京：中国轻工业出版社，2000.
[8] 刘长虹．蒸制面食生产技术[M]. 北京：化学工业出版社，2005.
[9] 陆启玉．粮油食品加工工艺学[M]. 北京：中国轻工业出版社，2005.
[10] 李里特．粮油贮藏加工工艺学[M]. 北京：中国轻工业出版社，2002.
[11] 田建珍．专用小麦粉生产技术[M]. 郑州：郑州大学出版社，2004.
[12] 王瑞元．植物油料加工产业学[M]. 下册．北京：化学工业出版社，2009.
[13] 胡永源．粮油加工技术[M]. 北京：化学工业出版社，2006.
[14] 李新华．粮油加工学[M].2 版．北京：中国农业大学出版社，2009.
[15] 曾洁．粮油加工实验技术[M]. 北京：中国农业大学出版社，2009.
[16] 殷涌光，刘静波．大豆食品工艺学[M]. 北京：化学工业出版社，2006.
[17] 王丽琼．粮油加工技术[M]. 北京：化学工业出版社，2007.
[18] 李新华，刘雄．粮油加工工艺学[M]. 郑州：郑州大学出版社，2011.
[19] 迟玉杰．大豆蛋白质加工新技术[M]. 北京：中国科学技术出版社，2008.
[20] 石彦国．大豆制品工艺学[M]. 北京：中国轻工业出版社，2005.
[21] 江连洲．植物蛋白工艺学[M]. 北京：中国科学技术出版社，2011.
[22] 李荣和，姜浩奎．大豆深加工技术[M]. 北京：中国轻工业出版社，2010.
[23] 姚茂昌．实用大豆制品加工技术[M]. 北京：化学工业出版社，2009.
[24] 张金诚，白满英．功能性粮油食品[M]. 北京：中国轻工业出版社，2019.
[25] 宋宏光．粮油食品加工技术[M]. 北京：中国农业出版社，2019.